MANUEL

PRATIQUE ET ÉLÉMENTAIRE

DES

POIDS ET MESURES.

QUINZIÈME ÉDITION.

AVERTISSEMENT.

Onze éditions, publiées de 1799 à 1813, attestent suffisamment l'utilité de ce Manuel.

La douzième a paru en 1826 ; on y trouve l'extrait des réglemens de décembre 1825 sur la vérification des poids et mesures, et des additions relatives au poids médicinal, au numérotage des fils de coton, au nouveau moyen d'évaluer la force des eaux-de-vie, etc.

La treizième, publiée en 1828, offre des tables et instructions sur les *Monnaies coloniales*, d'après l'ordonnance du 30 août 1826.

La 14e, publiée en 1830, outre l'extrait de la loi du 14 juin 1829 sur la refonte des anciennes monnaies, contient deux additions importantes, relatives au mode de mesurage des distributions d'eau et de la force des machines.

Cette nouvelle édition contient les dispositions de l'ordonnance du 8 novembre 1830, sur la fabrication des pièces d'or de 100 et 10 fr. et un article sur la dimension des monnaies.

Il reste encore, chez *Roret, libraire*, et chez *Merlin*, quai des Augustins, n° 7, des exemplaires du même Ouvrage, format in-8°. Prix : 3 fr. 50 c.

Impr. de J. Smith, rue Montmorency, n° 16.

MANUEL

PRATIQUE ET ÉLÉMENTAIRE

DES

POIDS ET MESURES,

DES MONNAIES,

ET DU CALCUL DÉCIMAL;

Contenant les Tables et Instructions les plus propres à étendre la connaissance du système métrique et des Mesures usuelles.

Ouvrage utile à tous les banquiers, Marchands, Entrepreneurs, Arpenteurs, Notaires Propriétaires, Employés des administrations, Instituteurs, et élèves des écoles du royaume, et aux Etrangers.

QUINZIÈME ÉDITION,

Revue et corrigée d'après les nouvelles lois et ordonnances, et augmentée de plusieurs articles importans.

PAR M. TARBÉ DES SABLONS,

Membre correspondant de l'Académie de Rouen, ancien Chef de division au Ministère du Commerce, et à l'Administration générale des Douanes.

PARIS,

ROItET, LIBRAIRE, RUE HAUTEFEUILLE,

AU COIN DE CELLE DU BATTOIR, N° 12.

1833.

C.

EXTRAIT DES LOIS CONSTITUTIVES

DU NOUVEAU SYSTÈME DES MESURES (1).

L'uniformité des poids et mesures était désirée depuis long-temps ; ce vœu ayant été renouvelé lors de la convocation des états-généraux, une loi du 22 août 1790 chargea l'académie des sciences de déterminer la longueur du pendule, et d'en déduire un modèle invariable pour toutes les mesures et pour les poids.

« La longueur du pendule avait d'abord paru devoir servir de base au système des mesures, comme facile à déterminer, et par conséquent à vérifier, si quelques accidens arrivés aux étalons en amenaient la nécessité ; mais on a observé que prendre, comme on l'avait proposé, pour unité de mesure, la longueur du pendule simple battant les secondes, c'était employer, pour déterminer une mesure de longueur, non seulement un élément hétérogène, le temps, mais encore une division arbitraire, la 86,400ᵉ partie du jour. On a donc préféré choisir une unité de longueur qui ne dépendît d'aucune autre quantité ; et l'on verra ci-après (*Précis des expériences, etc.*), que les observations du pendule n'en pourront pas moins être employées comme moyen de vérifier, et même de retrouver cette unité de mesure, encore bien qu'elles n'aient pas servi de base à sa détermination. Une unité de mesure, prise sur la terre même, a l'avantage d'être parfaitement analogue à la plu-

---

(1) Nous donnons séparément ci-après, *page 14*, les *Dispositions pénales et réglementaires*.

part des mesures qui se prennent aussi sur la terre, telles que les distances entre des points de sa surface, ou l'étendue de portions de cette même surface. Au reste, on a observé que, la dix-millionième partie du quart du méridien ou le mètre ne différant du pendule battant les secondes à Paris que d'environ six millimètres, l'une et l'autre unité auraient conduit à des résultats presque absolument semblables. »

L'académie fut également chargée d'indiquer l'échelle de division la plus convenable pour les poids et mesures, ainsi que pour les monnaies.

La loi du 30 mars 1791, pour fixer une unité de mesure, naturelle, invariable, et qui, dans sa détermination, ne renfermât rien d'arbitraire, ni de particulier à la situation d'aucun peuple sur la terre, adopta, d'après l'avis de l'académie, du 19 du même mois, la grandeur du quart du méridien terrestre, pour base du nouveau système des mesures.

« Le quart du méridien a dû être préféré au quart de l'équateur, à raison des grandes difficultés qu'auraient présentées les opérations nécessaires pour déterminer ce dernier élément, et leur vérification, si jamais on eût voulu y recourir. La régularité de ce cercle n'est pas plus assurée que la similitude ou la régularité des méridiens. La grandeur de l'arc céleste répondant à la portion d'équateur qu'on aurait mesurée, est moins susceptible d'être déterminée avec précision : enfin, chaque peuple appartient à un des méridiens de la terre, une partie seulement est placée sous l'équateur. »

Le nouveau système des poids et mesures,

fondé sur la mesure du méridien de la terre,
et sur la division décimale, a été adopté par
la loi du 1ᵉʳ août 1793, sous une nomenclature et sur des bases, qui ont depuis éprouvé
des changemens : la nomenclature, par la
loi du 18 germinal an 3 ; les bases, par celle
du 19 frimaire an 8. Nous donnerons l'extrait de ces deux dernières lois.

« Cette nomenclature, modifiée par la loi du 30 nivôse an 2, n'admettait point les multiples décimaux
déca, *hecto*, *kilo* et *myria*, mais seulement les sous-
multiples *déci* et *centi*. Pour y suppléer, on avait
adopté plusieurs dénominations dans chaque classe
de mesures. Ainsi, le *millaire* exprimait 1000 mètres ;
le *grade*, 100,000 ; le *cadil* répondait au litre, le *cade*
au kilolitre, le *gravet* au gramme, le *grave* au kilogramme, le *bar* à 1000 kilogrammes ; et les mots *déci-
cadil*, *centicadil*, *décicade*, *centicade*, *décigravet*,
centigravet, *décibar*, et *centibar*, exprimaient les
dixièmes et centièmes de ces différentes unités. Le
nom d'*arc* avait été donné à la mesure actuellement
nommée *hectare*, le *franc* devait être du poids de
10 *gravets*, c'est-à-dire, le double de ce qu'il est aujourd'hui. D'après cet aperçu, l'on conviendra aisément que la nomenclature adoptée par la loi du 18 germinal an 3 est plus méthodique, plus conforme aux
principes de la numération ordinaire, et dès-lors plus
susceptible de toutes les applications du calcul décimal. »

Quelques lois appliquèrent aussi l'échelle
décimale à la division du jour et de l'année,
pour lesquels rien ne réclamait un tel changement ; elles ont été successivement abrogées. Voir ci-après, titre *Division du temps*.

EXTRAIT *de la loi du* 18 *germinal an* 3, *relative aux Poids et Mesures.*

ART. II. Il n'y aura qu'un seul étalon des poids et mesures ;..... ce sera une règle de platine, sur laquelle sera tracé le *mètre*,.... unité fondamentale de tout le système des mesures.

« L'art. 2 de la loi du 19 frimaire an 8 reconnaît aussi le kilogramme pour étalon. »

V. Leur nomenclature est définitivement adoptée comme il suit (1) : on appellera

Mètre, la mesure de longueur, égale à la dix-millionième partie de l'arc du méridien terrestre, compris entre le pôle boréal et l'équateur ;

Are, la mesure de superficie pour les terrains, égale à un carré de dix mètres de côté ;

Stère, la mesure destinée particulièrement au bois de chauffage, et qui sera égale au mètre cube ;

Litre, la mesure de capacité, tant pour les liquides que pour les matières sèches, dont la contenance sera celle du cube de la dixième partie du mètre ;

Gramme, le poids absolu d'un volume d'eau pure, égal au cube de la centième partie du mètre, à la température de la glace fondue.

---

(1) Voir ci-après les arrêtés des 13 brumaire an 9, et 28 mars 1812, *pages* 8 et 11.

Enfin, l'unité des monnaies prendra le nom de *franc*, pour remplacer celui de *livre* usité jusqu'aujourd'hui.

« Les lois relatives aux monnaies sont rapportées ci-après, titre *des Monnaies.* »

VI. La dixième partie du mètre se nommera *décimètre*, et sa centième partie *centimètre*. On appellera *décamètre* une mesure égale à 10 mètres, ce qui fournit une mesure commode pour l'arpentage. *Hectomètre* signifiera la longueur de 100 mètres. Enfin, *kilomètre* et *myriamètre* seront des longueurs de 1000 et de 10,000 mètres, et désigneront principalement les distances itinéraires.

VII. Les dénominations des mesures des autres genres seront déterminées d'après les mêmes principes que celles de l'article précédent. Ainsi, *décilitre* sera une mesure de capacité dix fois plus petite que le litre ; *centigramme* sera la centième partie du poids d'un gramme.

On dira de même *décalitre*, pour désigner une mesure contenant 10 litres ; *hectolitre* pour une mesure égale à 100 litres ; un *kilogramme* sera un poids de 1000 grammes.

On composera d'une manière analogue les noms de toutes les autres mesures.

Cependant, lorsqu'on voudra exprimer les dixièmes ou centièmes du franc, unité des monnaies, on se servira des mots *décime* et *centime*, déjà reçus en vertu de décrets antérieurs.

VIII. Dans les poids et les mesures de capacité, chacune des mesures décimales de ces deux genres aura son double et sa moitié, afin de donner à la vente des divers objets toute la commodité que l'on peut désirer : il y aura donc le *double litre* et le *demi-litre*, le *double hectogramme* et le *demi-hectogramme*, et ainsi des autres.

« En n'admettant, dans les poids et mesures de capacité, que les doubles et les moitiés de chacune des mesures décimales de ces deux genres, on n'avait pas donné à la vente des divers objets toute la commodité qu'elle exige, puisque cette division n'offre aucun moyen d'opérer la fraction du quart, si simple, si naturelle, et si souvent employée dans les usages ordinaires de la vie. On s'était borné aux doubles et aux moitiés, parce que le nombre 10 n'a pas d'autres diviseurs que 2 et 5 : mais les mesures les plus usuelles, comme l'hectolitre et le kilogramme, admettant, dans leur dénomination, dans leur emploi, et dans la numération qui leur est propre, les fractions de centièmes et de millièmes, rien n'empêchait qu'on employât aussi le nombre 4 comme diviseur de 100, et même le nombre 8 comme diviseur de 1000.

En vain avait-on pensé que la fraction du cinquième suppléerait à celle du quart. D'abord, il faut quelque attention pour se rappeler que le double hectogramme est le cinquième du kilogramme : ensuite, si la division par 5 est commode pour le calcul, elle ne l'est point du tout pour l'usage ordinaire. Contraire aux habitudes du peuple, à qui l'on ne fera jamais comprendre ce que c'est qu'un diviseur exact, elle ne répugne pas moins à la nature de nos percep-tions ; le géomètre le plus exercé ne pouvant l'effec-tuer sans compas, même sur une ligne, la plus simple de toutes les quantités, tandis que l'homme le moins instruit saisit, juge à l'œil et opère sans instru-ment, avec assez d'exactitude, la division en 4, sur quelques quantités que ce soit, et quelle qu'en soit la forme.

La justesse de ces observations, présentées avec plus de développement dans nos précédentes édi-tions, (*août* 1807 et *avril* 1809,) a été appréciée par le gouvernement ; le décret du 12 février 1812, *ci-après, page* 10, a autorisé la confection d'instrumens de pesage et mesurage, qui présentent, soit les frac-tions, soit les multiples des unités légales, les plus en usage dans le commerce, et accommodés aux besoins du peuple. »

EXTRAIT *de la loi du* 19 *frimaire an* 8, *qui fixe définitivement la valeur du Mètre et du Kilogramme.*

ART. Ier. La fixation provisoire de la lon-gueur du mètre à 3 pieds 11 lig. 44 centièmes, ordonnée par les lois des 1er août 1793 et 18 germinal an 3, demeure révoquée et comme non avenue. Ladite longueur, for-mant la dix-millionième partie de l'arc du méridien terrestre compris entre le pôle nord et l'équateur, est définitivement fixée, dans son rapport avec les anciennes me-sures, à 3 pieds 11 lignes 296 millièmes.

« Telle est la fixation légale, qui doit être prise pour base de tous les calculs relatifs aux poids et mesures.

encore bien qu'exactement la fraction soit de 295,936 millionièmes de ligne. Voir ci-après, *Fixation définitive de l'unité de mesure.*

II. Le mètre et le kilogramme en platine, déposés le 4 messidor dernier au corps législatif par l'Institut national des sciences et arts, sont les étalons définitifs des mesures de longueur et de poids.

« D'après les précédentes lois, le kilogramme répondait à 18,841 grains, poids de marc ; il est fixé définitivement à 18,827 grains 15 centièmes. Voir ci-après, titre *Fixation définitive*, etc. »

EXTRAIT *de l'Arrêté du 13 brumaire an 9, qui fixe les nouvelles dénominations des Poids et Mesures.*

« Cet arrêté n'a pas reçu d'exécution, et se trouve abrogé de fait par l'arrêté du 28 mars 1812, qui attribue plusieurs de ces nouvelles dénominations à des mesures tout-à-fait différentes, notamment celles de *boisseau, livre, once, gros* et *grain* : nous l'insérons cependant ici pour l'intelligence des ouvrages où l'on aurait pu employer ces dénominations, pendant que l'usage en a été autorisé. »

ART. II. Les dénominations données aux mesures et aux poids pourront, dans les actes publics comme dans les usages habituels, être traduits par les noms français qui suivent :

NOMS SYSTÉMATIQUES.	TRADUCTION.	VALEUR.
Mesures { Myriamètre .	Lieue	10,000 mètres.
itinérair. { Kilomètre...	Mille	1000 mètres.

NOMS SYSTÉMATIQUES.	TRADUCTION.	VALEUR.
Mesures de lon- gueur. Décamètre..	Perche	10 mètres.
Mètre........		*Unité fondamentale des mesures ; dix-millionième partie du quart du méridien terrestre.*
Décimètre ..	Palme (le)..	10e de mètre.
Centimètre..	Doigt.......	100e de mètre.
Millimètre..	Trait.......	1000e de mètre.
Mesures agraires . Hectare	Arpent	10,000 mètr. car.
Are.........	Perche carr.	100 mètr. carrés.
Centiare....	Mètre carré.	
Mes. de capacité p. liquid. Décalitre...	Velte.......	10 décimèt. cub.
Litre.......	Pinte......	décimètre cube.
Décilitre...	Verre......	10e de déc. cub.
Mesures pour ma- tières sè- ches. Kilolitre....	Muid......	1 mètre cube *ou* 1000 décim. cub.
Hectolitre ..	Setier.....	100 décim. cub.
Décalitre...	Boisseau...	10 décim. cub.
Litre.......	Pinte......	décimètre cube.
Mes. de solidité. Stère........		mètre cube.
Décistère...	Solive.....	10e de mètr. cub.
Poids.	Millier.....	1000 livr. , poids du tonneau de mer.
....	Quintal....	100 livres.
Kilogramme.	Livre......	Poids de l'eau sous le volume du décimètre cube ; contient 10 onc.
Hectogram..	Once......	10e de la livre ; contient 10 gros.
Décagramme.	Gros......	10e de l'once ; contient 10 den.
Gramme....	Denier.....	10e du gros ; contient 10 grains.
Décigramme.	Grain.....	10e du denier.

III. La dénomination *mètre* n'aura point de synonyme dans la désignation de l'unité fondamentale des poids et mesures ; aucune mesure ne pourra recevoir de dénomination publique, qu'elle ne soit un multiple ou un dividende décimal de cette unité.

V. La dénomination *stère* continuera d'être employée dans le mesurage du bois de chauffage et dans la désignation des mesures de solidité ; dans les mesures des bois de charpente, on pourra diviser le stère en dix parties, qui seront nommées *solives*.

Extrait *du décret du* 12 *février* 1812, *concernant les Poids et Mesures.*

Art. Ier. Il ne sera fait aucun change-ment aux unités des poids et mesures, telles qu'elles ont été fixées par la loi du 19 frimaire an 8.

II. Notre ministre de l'intérieur fera con-fectionner, pour l'usage du commerce, des instrumens de pesage et de mesurage, qui présentent soit les fractions, soit les mul-tiples desdites unités, les plus en usage dans le commerce, et accommodés aux besoins du peuple.

III. Ces instrumens porteront, sur leurs diverses faces, la comparaison des divisions et des dénominations établies par les lois, avec celles anciennement en usage.

IV. Nous nous réservons de nous faire rendre compte, après un délai de dix années, des résultats qu'aura fournis l'expérience, sur les perfectionnemens que le système des poids et mesures serait susceptible de recevoir.

V. En attendant, le système légal continuera à être seul enseigné dans toutes les écoles, y compris les écoles primaires, et à être seul employé dans toutes les administrations publiques, comme aussi dans les marchés, halles, et dans toutes les transactions commerciales et autres entre nos sujets.

EXTRAIT *de l'arrêté pris par le ministre de l'intérieur, le 28 mars 1812, pour l'exécution du décret ci-dessus.*

ART. Ier. Il est permis d'employer pour les usages du commerce,

1° Une mesure de longueur égale à deux mètres, qui prendra le nom de *toise*, et se divisera en six pieds ;

2° Une mesure égale au tiers du mètre ou sixième de la toise, qui aura le nom de *pied*, se divisera en douze pouces, et le pouce en douze lignes.

Chacune de ces mesures portera sur l'une de ses faces les divisions correspondantes du mètre ; savoir, la toise, deux mètres divisés en décimètres, et le premier décimètre en millimètres; et le pied, trois décimètres un tiers, divisés en centimètres et millimètres; en tout, 333 millimètres un tiers.

II. Le mesurage des toiles et étoffes pourra se faire avec une mesure égale à douze décimètres, qui prendra le nom d'*aune*. Cette mesure se divisera en demis, quarts, huitièmes et seizièmes, ainsi qu'en tiers, sixièmes et douzièmes; elle portera sur l'une de ses faces les divisions correspondantes du mètre en centimètres seulement, savoir, cent vingt centimètres, numérotés de dix en dix.

IV. Les grains et autres matières sèches pourront être mesurés, dans la vente au détail, avec une mesure égale au huitième de l'hectolitre, laquelle prendra le nom de *boisseau*, et aura son double, son demi et son quart.

Chacune de ces mesures portera son nom, et en outre l'indication de son rapport avec l'hectolitre, savoir :

Le double boisseau...........*quart d'hectolitre.*
Le boisseau..................8ᶜ   *id.*
Le demi-boisseau............16ᶜ   *id.*
Le quart du boisseau........32ᶜ   *id.*

V. Pour la vente en détail des graines, grenailles, farines, légumes secs ou verts, le litre pourra se diviser en demis, quarts et huitièmes....

VII. Pour la vente en détail du vin, de l'eau-de-vie et autres boissons ou liqueurs, on pourra employer des mesures d'un quart, d'un huitième et d'un seizième de litre...... Chacune de ces mesures portera son nom, indicatif de son rapport avec le litre.

VIII. Pour la vente en détail de toutes les substances dont le prix et la quantité se règlent au poids, les marchands pourront employer les poids usuels suivans ; savoir :

La *livre*, égale au demi-kilogramme ou 500 grammes, laquelle se divisera en 16 onces ; l'*once*, seizième de la livre, qui se divisera en 8 gros ; le *gros*, huitième de l'once, qui se divisera en 72 grains. Chacun de ces poids se divisera, en outre, en demis, quarts et huitièmes. Ils porteront, avec le nom qui leur sera propre, l'indication de leur valeur en grammes ; savoir :

La livre................*grammes*,	500
La demi-livre................	250
Le quart de livre ou quarteron........	125
Le huitième ou demi-quart...........	62.5
L'once......................	31.3
La demi-once.................	15.6
Le quart d'once ou deux gros........	7.8
Le gros	3.9

Nota. Nous donnerons ci-après, sous les titres relatifs aux diverses mesures, les tables et instructions nécessaires, pour établir la comparaison des mesures décimales avec celles qui sont autorisées par cet arrêté.

DISPOSITIONS *pénales et réglementaires, extraites des lois et arrêtés du gouvernement, concernant les Poids et Mesures.*

Observ. Nous ne donnons ici que les dispositions communes à toutes les mesures; celles qui ne concernent qu'une classe, se trouvent rapportées ci-après, dans les observations qui précèdent chaque table.

Toute fabrication et importation des anciennes mesures est interdite en France, à peine de confiscation, et d'une amende double de la valeur desdits objets. *Loi du 18 germ. an 3, art. 24.*

L'usage des nouvelles mesures est obligatoire pour tous les marchands en gros et en détail, sédentaires et ambulans. *Loi du 1er vendém. an 4, art. 2 et 7.*

Tous les marchands doivent être pourvus des poids et mesures usuels, autorisés pour le commerce en détail. *Arrêté du 28 mars 1812, art. 11.*

Sur chaque poids et chaque mesure trouvés exacts, doivent être gravés leurs noms particuliers, et apposé le poinçon déterminé par les réglemens. *Loi du 18 germ. an 3.*

Les mesures et les poids doivent porter les noms et la marque du fabricant. *Instr. du 27 oct. 1812.*

Sont réputées fausses et illégales les anciennes mesures, même vérifiées et poinçonnées précédemment, et les mesures nouvelles, ou présentées comme telles, qui n'auraient pas été poinçonnées. *Arr. des 27 pluviôse, 19 germ. et 11 therm. an 7.*

Quiconque aura trompé l'acheteur, par usage de faux poids ou de fausses mesures, sera puni d'un emprisonnement de trois mois à un an, et d'une amende, qui ne pourra excéder le quart des restitutions et dommages-intérêts, ni être au-dessous de 50 francs. Les faux poids et mesures seront confisqués et brisés. *Code pénal, art. 423.*

Si le vendeur et l'acheteur se sont servis, dans leurs marchés, d'autres poids et d'autres mesures que ceux qui ont été établis par les lois de l'état, l'acheteur sera privé de toute action contre le vendeur qui l'aura trompé par l'usage de poids ou mesures prohibés, sans préjudice de l'action publique pour la punition, tant de cette fraude, que de l'emploi même des poids et mesures prohibés. *Ibid. art. 424.*

Seront punis d'une amende de 11 à 15 fr. ceux qui auront de faux poids ou de fausses mesures dans leurs magasins, boutiques, ateliers, ou maisons de commerce, ou dans les halles, foires ou marchés, sans préjudice des peines qui seront prononcées par les tribunaux de police correctionnelle contre ceux qui en auraient fait usage : même amende pour ceux qui emploieront des poids ou mesures différens de ceux qui sont établis par les lois en vigueur. *Ibid. art.* 479.

Pourra, selon les circonstances, être prononcée la peine d'emprisonnement pendant cinq jours au plus, contre les possesseurs de faux poids et de fausses mesures, et contre ceux qui emploient des poids ou mesures différens de ceux que la loi en vigueur a établis : cette peine aura toujours lieu pour récidive. *Ibid. art.* 480 *et* 482.

Seront, de plus, saisis et confisqués les faux poids, les fausses mesures, ainsi que les poids et les mesures différens de ceux que la loi a établis. *Ibid. art.* 481.

Il est enjoint à tous officiers publics d'exprimer en nouvelles mesures toutes les quantités à énoncer dans les actes qu'ils passeront ou recevront, sous peine d'une amende de 50 fr., sans que néanmoins elle puisse être imputée aux parties pour qui les actes auront été passés. *L. du* 1er *vend. an* 4, *art.* 9. La loi du 25 vent. an 11, sur le notariat, art. 17, avait élevé pour les notaires cette amende à 100 fr.; celle du 16 juin 1824, art. 10, l'a réduite à 20 francs.

Aucun papier de commerce, livre et registre de négociant, marchand ou manufacturier, aucune facture, compte, quittance, même lettre missive, faits ou écrits depuis la mise en activité des nouveaux poids et mesures, ne peuvent être produits, et faire foi en justice, qu'autant que les quantités exprimées dans lesdits livres, papiers, etc., le seraient en nouvelles mesures ; ou du moins la traduction en sera faite préalablement, et constatée aux frais des parties par un officier public. *Ibid. art.* 10.

Les ouvriers, artistes, ou agens, qui employaient le pied, la toise, les mesures de superficie et d'arpentage, ou autres anciennes mesures analogues, ne peuvent produire en justice aucun titre dans lequel seraient rapportées des quantités de ces mesures, à moins qu'elles ne soient traduites concurremment en expressions de nouvelles mesures. *Ibid. art.* 15.

Les préfets et sous-préfets continueront d'exercer leur surveillance sur l'uniformité et la légalité des poids et mesures répandus dans le commerce ; l'inspection en sera faite, sous leurs ordres, par des vérificateurs. *Ord. du* 18 *déc.* 1825, *art.* 1er.

Il y aura dans chaque arrondissement communal un vérificateur, dont le bureau sera placé au chef-lieu : il pourra, suivant les convenances locales, être placé plusieurs bureaux dans un seul arrondissement, ou un seul bureau pour plusieurs. *Ibid. art.* 3, 4 *et* 8.

Chaque bureau sera pourvu de l'assortiment nécessaire d'étalons vérifiés et poinçonnés au bureau des prototypes, établi au ministère de l'intérieur. Tous les poinçons nécessaires aux vérifications dans les départemens seront fabriqués à Paris, par les ordres du ministre de l'intérieur : ils porteront des marques distinctes pour chaque année d'exercice. *Ibid. art.* 5.

La marque distinctive pour 1827 sera la lettre A. *Instr. du* 31 *déc.* 1825.

Les poinçons, pour la vérification des poids et mesures nouvellement fabriqués ou rajustés, seront différens de ceux destinés à constater les vérifications successives. *Ord. du* 18 *déc.* 1825, *art.* 5.

Les fabricans de poids et mesures ne pourront mettre en vente ou livrer aucun instrument neuf ou rajusté, qu'il n'ait été revêtu du poinçon de la vérification primitive, sous les peines portées par les articles 479, 480 et 481 du code pénal. *Ibid. art.* 17.

Les balances, romaines et autres instrumens de pesage autorisés ou tolérés seront soumis à la vérification primitive, et poinçonnés avant d'être exposés en vente ou livrés au public : ils ne seront pas susceptibles de la vérification périodique ; mais les poids spéciaux qui y seraient employés, y seront soumis comme tout autre poids. *Ibid. art.* 24.

La vérification périodique se fera tous les ans dans les communes d'un commerce considérable, et de deux en deux ans dans les autres lieux ; le tout suivant le tableau qui en sera dressé par le préfet. *Ib. art.* 16.

Les poids et mesures des bureaux d'octrois et autres, où les préposés comptent avec les contribuables au poids ou à la mesure, seront soumis à la vérification : là où la rétribution serait à la charge directe du gouvernement, elle sera gratuite. *Ibid. art.* 23.

La rétribution pour la vérification des poids et mesures, établie par l'arrêté du 29 prairial an 9, continuera à être perçue, sauf les modifications apportées au tarif, et dans les formes et suivant les dispositions ci-après. *Ibid. art.* 11.

Le directeur des contributions directes dressera chaque année le rôle des personnes qui, par leur profession, sont tenues d'être munies de poids et mesures poinçonnées, et assujetties à la vérification périodique. *Ibid. art.* 14.

Le rôle portera la somme de la rétribution due, à raison du *minimum* de l'assortiment des poids et mesures, dont chacun doit être pourvu suivant sa profession. Les conseils généraux et d'arrondissement pourront être consultés sur les professions à assujettir, et sur la fixation du *minimum*, relativement aux besoins et usages locaux. *Ibid. art.* 15.

Chaque commerçant ne sera taxé qu'à

raison de cet assortiment réduit à son *minimum*; le surplus de ses poids et mesures sera poinçonné gratuitement. *Instr. du* 31 *déc.* 1825.

Dans les lieux où la vérification périodique n'aura lieu que tous les deux ans, la quotité de chaque contribuable sera réduite à la moitié. *Ordonn. du* 18 *décembre* 1825, *art.* 16.

Les fabricans de mesures seront taxés chaque année, d'après le nombre effectif de poids et mesures, neufs ou rajustés, qu'ils auront présentés à la vérification, dans le cours de l'année précédente. Pour tenir lieu de la modération accordée aux fabricans par l'arrêté du 29 prairial an 9, le tarif sera réduit pour eux à moitié. *Ibid. art.* 17.

Les rôles seront arrêtés et rendus exécutoires par le préfet, et mis en recouvrement par les mêmes voies, et aux mêmes termes de recours en cas de réclamation, que pour l'impôt des portes et fenêtres. *Ibid. art.* 18.

Il est défendu aux vérificateurs de s'ingérer dans le recouvrement de la rétribution, et de percevoir ou accepter aucun salaire de la part de ceux dont ils vérifient les poids et mesures, à peine de concussion. *Ibid. art.* 22.

La rétribution n'est pas un impôt; elle a pour objet seulement de défrayer l'administration du prix d'une opération aussi nécessaire dans l'intérêt privé, que dans l'ordre public. *Instr. du 31 déc.* 1825.

Le montant du crédit ouvert pour les dépenses de la vérification ne pourra être supérieur au produit de la rétribution de l'année précédente : quand la totalité de la recette ne sera pas absorbée par la dépense, il sera pourvu à une réduction sur le tarif. *Ordonn. du* 18 *déc.*1825, *art.* 12.

Quand il y aura lieu à réduction, le premier dégrèvement sera spécial en faveur des lieux où, la vérification étant annuelle, le tarif est perçu en entier tous les ans. *Ibid. art.* 16.

Le vérificateur sera tenu, à peine de toute responsabilité et de destitution, d'accomplir la visite qui lui aura été assignée pour chaque année, et de se transporter au domicile de chacun de ceux qui sont portés au rôle, dont copie lui aura été délivrée ; il sera accompagné par le maire, l'adjoint ou un officier de police. Il visitera et poinçonnera les instrumens qui lui seront exhibés, tant ceux qui composent l'assortiment obligatoire au *minimum*, que ceux que le commerçant posséderait de surplus : il fera note du tout, sur un registre portatif qu'il fera émarger par la partie ; à défaut, le vérificateur fera certifier ses opérations par l'officier de police. *Ibid. art.* 19.

Les assujettis seront prévenus à domicile,

par le maire, du jour où la visite aura lieu ; la fermeture d'une boutique ou magasin, au jour désigné, serait considérée comme refus et contravention, dont il sera dressé procès-verbal. *Instr. du 31 déc.* 1825.

Les instrumens défectueux et non susceptibles de rajustage seront brisés ; si le propriétaire s'y refuse et prétend les conserver, ils seront saisis, et il en sera dressé procès-verbal : ceux dont le rajustage aura été reconnu possible, seront laissés, sous le sceau de la mairie, aux propriétaires, qui s'obligeront de les représenter en état d'être poinçonnés. *Ibid.*

Les vérificateurs ne pourront, sous peine de révocation, s'immiscer directement ou indirectement dans le commerce des instrumens de pesage ou mesurage ; ils devront également s'abstenir de toute coopération aux rajustages. *Ibid.*

Indépendamment des tournées à domicile, le bureau du vérificateur sera ouvert, aux jours et heures qui seront indiqués, aux personnes qui préféreraient y accomplir l'obligation de faire vérifier les poids et mesures ; ces opérations seront consignées sur la copie des rôles, par émargement. *Ordonn. du 18 déc.* 1825, *art.* 20, *et instr. du 31.*

Les maires, adjoints et officiers de police sont chargés de faire, plusieurs fois dans l'année, des visites dans les boutiques et magasins, places publiques, foires et marchés, à l'effet de s'assurer de l'exactitude et du fidèle usage des poids et mesures. *Ord. du 18 déc.* 1825, *art.* 25.

Ils s'assureront, 1° si les poids et mesures portent les marques et poinçons de vérification; 2° si, depuis la vérification, les instrumens n'ont pas souffert d'altérations, soit accidentelles, soit frauduleuses; 3° si les marchands font réellement usage de ces poids et mesures, et non d'aucun autre. *Ibid.*

Ils veilleront à la fidélité dans le débit des marchandises, fabriquées au moule ou à la forme, qui se vendent à la pièce ou au paquet, comme correspondant à un poids déterminé, telles que les pains de certaines espèces, les bougies, chandelles et autres semblables : néanmoins les formes et moules propres aux fabrications de ce genre ne seront pas réputés instrumens de pesage, ni assujettis à la vérification. *Ibid. art.* 27.

Les vases ou futailles servant de récipient aux boissons, liquides, ou autres matières, ne seront pas réputés mesures de capacité ou de pesanteur : la police municipale veillera à ce que, dans le débit en détail, les boissons et autres liquides ne soient pas vendus à raison d'une certaine mesure présumée, sans avoir été mesurés effectivement. *Ibid. art.* 28.

Il n'est apporté aucun changement dans l'usage de vendre à la pièce et sans rapport avec les mesures légales, les liqueurs ou les vins venant de l'étranger ou de crus particuliers, d'un prix supérieur aux vins de vente courante. *Ibid. art.* 29.

Le prix vénal des denrées et marchandises pourra être établi sur tous multiple et fraction décimale d'unité du système métrique, sans préjudice de l'usage, dans la vente en détail, des mesures usuelles, autorisées par le décret du 12 février 1812 : la même règle est applicable dans les cas où les bases du cours légal doivent être déterminées par l'autorité, ainsi qu'à la composition des assortimens obligatoires des poids et mesures. *Ibid. art.* 30.

En matière de poids et mesures, les arrêtés pris par les préfets, et les ordonnances de police rendues par les maires, ne seront exécutoires qu'après avoir reçu l'approbation du ministre de l'intérieur. *Ibid. art.* 31.

Toutes les contraventions auxdits réglemens et arrêtés, de la compétence des tribunaux de simple police, seront poursuivies conformément aux articles du code pénal relatifs à l'usage des poids et mesures, et à l'art. 606 de la loi du 24 octobre 1794, sur les contraventions aux réglemens de police en général. *Ibid. art.* 32.

Rétributions à percevoir pour la vérification des Poids et Mesures, sauf réduction à moitié pour les fabricans. Ordonn. du 18 déc. 1825, art. 11 et 17.

POIDS.

En fer. Poids de 50 kilogrammes............ 50 c
   De 5, 10 et 20 kilogrammes................ 25
   Kilogramme, double et demi.............. 10
   Double hectogramme et au-dessous........... 5
Usuels. Poids de 6 et 8 livres.............. 25
   De 4, 2, 1 livre, et demi-livre........... 10
   Quart de livre et au-dessous............... 5
En cuivre. Poids simples, moitié en sus.
   Poids divisés; kilogr. et au-dessous......... 30
   Double livre et au-dessous................ *Id.*

Mesures de capacité pour matières sèches.

Hectolitre.................................. 75
Demi-hectolitre............................ 50
Double boisseau, quart d'hectolitre.......... 20
Double décalitre, et boisseau.............. 15
Décalitre, et demi-boisseau............... 10
Demi-décalitre, et quart de boisseau......... 7
Double litre et au-dessous................. 5

Mesures de capacité pour liquides.

Décalitre, double et demi-décalitre......... 50
Double litre.............................. 20
Litre..................................... 15
Demi-litre et au-dessous.................. 10
Pour le lait. Double litre et litre 10
   Demi-litre et au-dessous.................. 5
Pour l'huile. Mesure d'une livre et au-dessous.. 10

Bois de chauffage.

Membrures de stère et double stère.......... 75

Mesures linéaires ou de longueur.

Décamètres, doubles et demi-décamètres.... 25

Double mètre................................... 15
Mètre et demi-mètre........................ 10
Décimètre et double décimètre............ 5
Toise, 20 c. — demi-toise, 10 c., — pied.... 5
Aune et demi-aune......................... 10

Instrumens de pesage; sans remise.

Balance à fléau au-dessus de 65 centimèt... » fr. 50 o
——— de 65 centimètres et au-dessous... » 25
Balance-bascule; portée au-dessus de 100
    kilogrammes............................ 2 »
———de 100 kilogrammes et au-dessous... 1 »
Romaine tolérée; portée de 40 kilogr. et
    au-dessous............................. » 50
——— au-dessus de 40 jusqu'à 200, la ré-
    tribution augmente de 25 cent. par
    chaque 20 kilogrammes.
——— de 200 kilogrammes et au-dessus... 2 50

Tolérances autorisées dans la fabrication des Poids et Mesures.

Il serait impossible de rendre les mesures rigoureusement égales aux étalons qui servent à les vérifier : pour éviter de trop grandes inégalités, des instructions ministérielles ont ainsi fixé les limites au-
delà desquelles elles ne peuvent s'étendre.

MESURES DE LONGUEUR.

Les erreurs tolérables sur ces mesures, tant décimales qu'usuelles, sont :	Mesures en bois; en plus seulement.	Mesures en métal; en plus et en moins.
	millimètres.	millimètres.
Double mètre............	1.5	0.2
Mètre, toise et aune.....	1.0	0.2
Demi-toise et demi-aune..	0.6	0.2
Demi-mètre.............	0.6	0.1
Double décimètre et pied.	0.4	0.1
Décimètre et demi-pied..	0.3	0.1

Les mesures trouvées inexactes sont rejetées : on ne peut tolérer de différences, qu'autant qu'elles n'excèdent pas les proportions précédentes.

Les mesures décimales brisées ne peuvent être divisées qu'en 2, 5 ou 10 parties.

Les mesures usuelles pourront être construites d'une seule pièce, ou brisées à charnière, ou de toute autre manière qu'il conviendra, pourvu que les fractions soient des parties aliquotes desdites mesures, et ne puissent, par aucune combinaison, reproduire les anciennes mesures qu'elles doivent remplacer. *Arr. du 28 mars 1812, art. 3.*

MESURES D'ARPENTAGE.

Ces mesures se fabriquent en forme de chaîne ; la longueur en est comptée depuis l'extrémité intérieure d'une des poignées ou mains jusqu'à l'extrémité intérieure de l'autre, déduction faite de l'épaisseur de l'un des chaînons. La longueur des chaînons doit être de 2 ou de 5 décimètres, et les anneaux, à chaque mètre, exécutés avec un métal de couleur différente.

Les erreurs tolérables en plus ou en moins sont, sur le double décamètre, 3 millimètres ; sur le décamètre, 2 ; sur le demi-décamètre, 1 et demi.

BOIS DE CHAUFFAGE.

Il n'est permis de tolérer aux membrures

d'erreurs qu'en plus, et elles ne doivent pas excéder 5 millimètres pour le stère, 8 pour le double stère, et 15 pour le demi-décastère, en cumulant celles qui pourraient avoir lieu, soit sur la longueur de la sole, soit sur la hauteur des montans.

Voir ci-après, titre *Bois de chauffage*, les dimensions à donner aux différentes membrures, d'après la longueur des bûches.

MESURES POUR MATIÈRES SÈCHES.

La hauteur de chaque mesure doit être égale à son diamètre ; si ces dimensions diffèrent de la grandeur fixée, les différences doivent être, l'une en plus, l'autre en moins, et ne pas excéder un vingtième.

Dans les mesures garnies de potences ou autres corps saillans, il faut que la hauteur soit un peu plus forte que celle désignée au tableau, en raison du volume de ces objets.

La vérification se fait par le moyen de la graine de navette, versée à la trémie : toute mesure, dont la contenance sera trouvée trop petite, est rejetée ; les différences en plus ne doivent pas excéder un centième pour les mesures en chêne, et un cinquantième pour celles en hêtre ou autre bois.

On trouvera ci-après, titre *Mesures de capacité*, des observations sur les formes et dimensions à donner à ces mesures.

MESURES POUR LES LIQUIDES.

Les erreurs ne doivent point excéder les suivantes :	POIDS de l'eau que doit contenir la mesure.	EXCÉDANT TOLÉRÉ en plus seulement.	
		sur les mesures à vin.	sur les mesures à lait.
	gramm.	gramm.	gramm.
Double litre....	2000	3.0	4.0
Litre	1000	2.0	3.0
Demi-litre......	500	1.5	2.0
Quart de litre...	250	1.0	....
Demi-quart.....	125	0.7	....
Seizième........	62.5	0.5	....

L'étain employé à la fabrication de ces mesures ne doit pas contenir plus de 18 centièmes de plomb ; les mesures faites en cuivre ne sont pas admises à la vérification. Celles à lait s'exécutent en fer-blanc.

Voir ci-après, titre *des Mesures de capacité*, les formes et dimensions à donner à ces mesures.

POIDS.

Les erreurs tolérables en plus seulement ne doivent pas excéder les suivantes :	POIDS en fer.	POIDS en cuivre.
	gramm.	centigr.
Poids de 50 kilogrammes....	20.0	.....
20....................	10.0	150.0
10....................	6.0	80.0
5....................	4.0	50.0
2....................	2.0	25.0
1....................	1.0	15.0

	en fer.	en cuivre.
	gramm.	centigr.
Poids de 5 hectogrammes...	0.5	10.0
2................	0.5	5.0
1................	0.2	3.0
5 décagrammes ...	0.1	2.5
2................	....	2.0
1................	....	1.5
5 grammes.......	....	1.0
2................	....	0.4
1................	....	0.2
Poids usuels.	centigr.	
Livre............	25	5.0
Demi-livre........	15	4.0
Quart............	12	3.0
Demi-quart.......	8	2.0
Once............	5	1.5
Demi-once........	3	1.0
Quart d'once.......	2	0.6
Gros............	1	0.5
Demi-gros........	1	0.4

On ne peut tolérer, sur les poids inférieurs, aucune erreur appréciable.

Les poids usuels ne peuvent être construits qu'en fer ou en cuivre ; l'usage des poids en plomb ou toute autre matière est interdit. *Arrêté du 28 mars 1812*, art. 8.

Voir ci-après, titre *des Poids*, quelques détails sur la forme à leur donner.

ROMAINES.

Les vérificateurs ne poinçonneront que les instrumens de ce genre, qui sont oscillans, et ne se permettront, sous aucun prétexte, de vérifier des pesons à ressort, de quelque forme qu'ils soient, (l'usage en étant interdit en général pour le commerce,) si ce n'est lorsqu'ils seront appelés pour faire la vérification des mesures et poids des établissemens publics, soit civils, soit militaires, où les instrumens de ce genre ne seront employés qu'au service particulier de ces établissemens. *Instruction du 27 octobre* 1812.

PESAGE ET MESURAGE PUBLICS.

Nous ne donnons point ici l'extrait des réglemens relatifs à l'établissement des bureaux de pesage et mesurage publics, encore bien qu'ils prescrivent impérativement l'emploi des nouvelles mesures, parce que celles de leurs dispositions qu'il pourrait importer de connaître sont implicitement contenues dans ce qui précède.

NOTIONS ÉLÉMENTAIRES

SUR LES NOUVELLES MESURES.

Il est peu d'abus plus choquans que la diversité des mesures : elle révolte les hommes instruits, par son absurdité ; ceux qui se livrent aux affaires, par les calculs qu'elle nécessite sans cesse ; la masse du peuple, par l'obscurité dont elle l'environne.

Elle complique les travaux administratifs, comme les opérations du commerce : aussi le gouvernement a-t-il montré, dans tous les temps, autant de bonne volonté pour l'établissement des mesures uniformes, que les peuples témoignaient d'envie de l'obtenir.

Les anciennes mesures n'appartenaient point à un *système ;* car on ne peut donner ce nom qu'à des objets liés par un petit nombre de principes communs et féconds en résultats. Au contraire, les principes de chaque genre de mesures, ses bases, ses lois de division, étaient différens ; rien ne portait l'empreinte de la méthode ; tout annonçait un choix aveugle.

Il y a lieu de croire que, dans l'origine, chaque père de famille, chaque chef de tribu, prit au hasard tout ce qui lui tombait sous la main, pour en faire ses poids et ses mesures. Le bâton sur lequel il s'appuyait, le premier vase qu'il aura fabriqué, une pierre qui avait attiré ses regards, ont pu lui servir à évaluer la longueur, le volume et le poids des corps. Il ne s'agissait que d'employer constamment les mêmes objets à cet usage. Toutes grossières qu'étaient ces mesures, on ne songea plus à en choisir d'autres, dès qu'on en eut contracté

l'habitude ; on en fit des copies durables :
et c'est ainsi que s'établirent, dans chaque
province, et presque dans chaque hameau,
des mesures tout-a-fait étrangères à celles
des lieux les plus voisins.

Comment les mesures auraient-elles eu
des rapports entre elles, lorsque les objets
qui avaient servi à les déterminer n'en
avaient point ? Le calcul en a fait décou-
vrir, parce qu'il n'est point de quantités
entre lesquelles on ne puisse établir des
points de comparaison : mais ces rapports
n'ont pas influé sur le premier choix ; en
nombres ronds, ils ne sont qu'approximatifs ; pour les exprimer d'une manière exacte,
il faut des nombres difficiles à retenir.

Dans la division des mesures, même diversité. Chacune est divisée d'une manière
particulière ; aucune ne l'est de la manière
la plus commode pour le calcul : douze ou
treize nombres sont employés comme diviseurs ; on en change souvent dans la même
opération.

Les mesures de longueur se divisent par
moitié, tiers, etc., comme l'aune ; ou en six
et en douze parties, comme la toise, le pied,
le pouce : les mesures de capacité, en deux,
en trois, en douze, en seize, comme le setier, la mine, le minot, le boisseau, etc. ;
la livre en seize onces, l'once en huit gros,
le gros en soixante-douze grains, etc.

Voilà des vices communs à toutes les mesures qui ont été jusqu'ici en usage; et celles de Paris en étaient aussi peu exemptes que les autres.

Il a donc fallu renoncer à ce qui existait, et travailler sur un plan nouveau : c'est de ce plan, conçu par des hommes justement célèbres, que nous allons rendre un compte succinct.

L'arc du méridien qui traverse la France ayant été mesuré avec toute l'exactitude que peuvent donner les instrumens et les méthodes modernes (1), on a conclu de cette opération la distance du pôle nord à l'équateur. Cette longueur a été prise pour unité. On l'a divisée ensuite d'une manière uniforme, un certain nombre de fois, afin d'avoir des mesures linéaires de différens genres. Le nombre 10 a été choisi avec raison comme diviseur, pour la facilité du calcul, et comme indiqué en quelque sorte par la nature, puisque la numération est décimale chez presque tous les peuples connus.

La centième partie de cette unité fondamentale est une mesure géographique, qu'on peut nommer degré décimal du méridien.

---

(1) Voir ci-après, titre *Fixation définitive de l'unité des Poids et mesures*, page 37.

Les millième et dix-millième parties sont des mesures itinéraires.

La millionième est une mesure propre à remplacer celles connues sous les noms de *perche linéaire, verge, chaîne d'arpenteur.*

Enfin, la dix-millionième partie est une mesure usuelle fort commode ; sa longueur est fixée, par la loi du 19 frimaire an 8, à 3 pieds 11 lignes 296 millièmes : on l'a adoptée en quelque sorte pour module, en lui donnant le nom de *mètre*, qui est devenu le nom radical de toutes les mesures de longueur.

Continuant ensuite à diviser par dix, on a des parties décimales du mètre.

On voit ainsi que toutes les mesures de longueur, depuis la plus grande jusqu'à la plus petite, se rapportent à la grandeur de la terre ; de sorte qu'on en mesurerait exactement la circonférence, en appliquant, du nord au sud, le mètre 40 *millions de fois*, et ses multiples et sous-multiples à proportion.

Les mesures de superficie et de solidité se forment en prenant le carré ou le cube du mètre, ou de ses multiples et sous-multiples.

C'est aussi de cette base que l'on a déduit les mesures de capacité, les poids et les monnaies.

Un vase de forme cubique, ayant pour

côté *la dixième partie du mètre*, (ou un vase cylindrique égal en contenance,) a paru d'une capacité convenable pour servir de mesure usuelle à la vente des grains et boissons en détail : on lui a donné le nom de *litre* ; toutes les autres mesures de capacité correspondent à ses multiples et sous-multiples décimaux. *La contenance de mille litres égale un mètre cube.*

De même, la quantité d'eau distillée, contenue dans un vase cubique, ayant pour côté *la centième partie du mètre*, étant pesée dans le vide et à la température de la glace fondante, donne un poids qu'on a désigné par le nom de *gramme* (1), et dont on a déduit, en le multipliant ou le divisant par 10, tous les poids inférieurs et supérieurs.

Les pièces de monnaie sont basées sur les nouveaux poids : le franc pèse en argent cinq grammes, et en pièces de cuivre deux cents grammes.

Ainsi tout le système des mesures repos sur les deux bases suivantes :

1° L'unité fondamentale, le prototype, est la distance du pôle à l'équateur ;

---

(1) L'étalon des poids n'est plus le *gramme*, mais le *kilogramme*, dont le poids égale celui de la quantité d'eau contenue dans un litre. *Loi du 19 frimaire an 8, page 7.* Le *gramme* n'est resté l'unité de poids, que pour la nomenclature.

2°. Le nombre 10 est le diviseur unique.

« L'usage ayant fait supprimer quelques-unes des dénominations décimales, il est quelques mesures où le diviseur est 100 : ainsi les termes *décare* et *déciare* n'étant pas usités, l'hectare se divise en 100 ares, et l'are en 100 centiares. Et de même, si l'on convertit les mesures de longueur en carrés ou en cubes, le décimètre n'est plus la *dixième*, mais la *centième* partie du mètre carré, et la *millième* du mètre cube. »

Les divisions adoptées par l'arrêté du 28 mars 1812 ne sont pas décimales, mais elles ne s'appliquent qu'aux mesures usuelles.

PRÉCIS DES EXPÉRIENCES,

Faites pour la fixation définitive de l'unité des Poids et Mesures.

CHARGÉE par la loi du 22 août 1790 de déterminer l'unité des poids et mesures, l'académie des sciences employa, comme on l'a vu dans les notions qui précèdent, le quart du méridien terrestre compris entre l'équateur et le pôle boréal, pour base de tout le système métrique ; elle adopta la dix-millionième partie de cet arc pour l'unité des mesures, et nomma *mètre* cette unité, qu'elle appliqua également aux mesures de surface et de contenance, en prenant pour l'unité des premières (l'*are*) le carré du décuple, et pour celle de conte-

4

nance (le *litre*) le cube de la dixième partie du mètre : elle choisit pour unité de poids la quantité d'eau distillée que contient le même cube, lorsqu'elle est réduite à un état constant que la nature elle-même présente (1) ; enfin, elle décida que les multiples et sous-multiples de toutes ces mesures seraient pris en suivant la progression décimale, comme la plus conforme au système de numération que l'Europe entière emploie depuis des siècles.

Tels sont les points fondamentaux et essentiels du système métrique, proposé par l'académie, et consacré par la loi du 18 germinal an 3.

D'après différentes observations déjà faites en France, et dont nous parlerons au titre *des Mesures géographiques*, on était autorisé à penser que le quart du méridien s'éloignait peu de la longueur de 5,132,430 toises ; et la dix-millionième partie de cet arc répondant assez exactement à 3 pieds 11 lignes

---

(1) En fixant la nomenclature systématique actuelle, la loi du 18 germinal an 3 donne, pour unité des poids, le *gramme,* poids absolu d'un volume d'eau pure égal au centimètre cube ; dans le projet de l'académie, l'unité des poids était le *grave,* poids du décimètre cube d'eau, et pesant un peu plus de 2 livres poids de marc. C'est cette dernière unité, correspondante au *kilogramme,* que la loi du 19 frimaire an 8 a déclaré être l'étalon définitif des poids.

44 centièmes, dans l'impatience où l'on était de prononcer à ce sujet, on décréta que telle serait la dimension du mètre provisoire.

Mais il était indispensable de constater celle que le mètre *définitif* devait tirer de la mesure effective et parfaitement exacte d'un grand arc du méridien ; on a choisi, pour cette opération, l'arc qui passe de Dunkerque à Montjouy, vers Barcelone, et qui embrasse 9 degrés 2 tiers, ce qui fait plus du dixième de l'arc qu'on avait à connaître.

Cet arc offrait, outre sa grande étendue, l'avantage d'avoir ses deux points extrêmes au niveau de la mer, de traverser le parallèle moyen (1), et de suivre la méridienne déjà tracée en France ; ce qui donnait le moyen de vérifier, par les travaux déjà faits, ceux que l'on se proposait d'exécuter.

Il a fallu lier, par des triangles visuels, tous les points éminens renfermés dans cette vaste étendue, et mesurer, tant les angles que faisaient entre elles les stations choisies, que ceux d'élévation ou de dépression de chacune de ces stations, par rapport à celle à laquelle on pointe l'instrument, afin de pouvoir réduire à l'horizon

---

(1) L'arc mesuré contient environ 6 degrés au nord, et 3 degrés et demi au midi du 45ᵉ degré de latitude.

les angles primitivement observés : il a fallu vérifier les résultats que donnaient sur ces triangles les observations et le calcul, en les rapportant à deux bases sévèrement mesurées ; l'une pour déterminer par le calcul les côtés de chaque triangle, l'autre pour vérifier l'opération et la rectifier s'il était nécessaire : il a fallu, par des observations d'azimuth (1), s'assurer de la direction des côtés de ces triangles par rapport à la méridienne ; enfin, il a fallu des observations astronomiques pour connaître l'arc céleste, auquel correspond l'arc terrestre mesuré géodésiquement.

L'académie des sciences avait confié ce travail à MM. *Méchain* et *Delambre.* Au milieu de beaucoup d'obstacles physiques et moraux, ils s'en sont acquittés avec un degré d'exactitude dont on n'avait pas eu d'idée jusqu'alors. Delambre fut chargé de la partie septentrionale, de Dunkerque à Rhodez, contenant 380,000 toises ; Méchain, de l'intervalle de Rhodez à Barcelone, long de 170.000 toises, dont la partie située sur le territoire espagnol présentait de grandes difficultés.

On s'est servi, pour la mesure des angles, du cercle répétiteur de *Borda*, remarquable

---

(1) Angle qu'une ligne ou côté d'un triangle fait avec le méridien.

par l'avantage qu'il procure de répéter l'angle à observer autant de fois qu'on le désire, et conséquemment de diminuer en même raison les erreurs, au point de les rendre à la fin insensibles. Si l'on avait quelque doute sur l'extrême exactitude qu'on obtient à l'aide de ce cercle, l'usage qu'on en a fait en cette occasion suffirait pour les dissiper entièrement. La valeur de chaque angle a été fixée d'une manière abstraite, sans faire attention, ni aux autres angles, ni à ce que pourrait fournir la somme des trois angles d'un même triangle fixé de cette manière. Les observations ont été prises telles qu'elles sont, sans y faire la moindre correction, sans rien arranger après coup ; et cependant, sur les 115 triangles qui joignent les extrémités de la méridienne, il y en a 36 dans lesquelles l'erreur des 3 angles pris ensemble est de moins d'une seconde ; et dans ceux où cette erreur est la plus forte, elle est au-dessous de 5 secondes, c'est-à-dire, d'un 720ᵉ de degré pour les 3 angles.

Deux bases ont été mesurées, l'une entre *Melun* et *Lieusaint*, l'autre entre *Vernet* et *Salces*, près de Perpignan. Ce genre d'opérations exige une infinité de précautions et de soins. Il ne suffit pas d'avoir des règles d'une longueur exacte, et de les poser exactement les unes au bout des autres ; la différence de la température influe sur les substances métalliques, et en varie la dimension, dans une proportion, infiniment petite à la vérité, mais dont il faut tenir compte, parce que, se répétant beaucoup de fois, l'erreur pourrait devenir importante. En second lieu, les lignes qui composent la base et se mesurent successivement, ne sont pas exactement de niveau; il faut donc en connaître l'inclinaison, et les ramener par le calcul à la longueur de la ligne horizontale qui y correspond. Enfin, cette ligne ainsi réduite n'est pas posée sur la surface de la mer, et c'est à ce niveau constant qu'il faut réduire tous les autres. Le cercle répétiteur dont nous avons déjà parlé, un niveau aussi simple qu'ingénieux, également inventé par Borda, et un thermomètre métallique, disposé de manière que, par la comparaison de deux lames, dont une de platine et l'autre de laiton, on peut à chaque instant évaluer la dilatation ou condensation occasionnée par la moindre variation de température, ont permis d'opérer toutes ces réductions avec la justesse la plus rigoureuse (1).

---

(1) Les règles dont on s'est servi pour cette opération ont été faites en platine, parce que c'est le plus pesant, le moins fusible, le moins attaquable par les acides, et le moins dilatable de tous les métaux connus : ces règles avaient 2 toises de longueur. La

Les observations d'*azimuth* et de latitude ont été faites, avec toute l'exactitude dont elles sont susceptibles, et calculées avec la plus grande précision.

Malgré l'avantage d'un terrain uni, et dans les deux plus belles saisons de l'année,

---

toise à laquelle on a rapporté toutes les opérations est celle de l'académie, dite *toise du Pérou*. L'étalon de la toise était une barre de fer, terminéé par deux saillies ou redans en retour d'équerre, scellée dans le mur au pied de l'escalier du grand-châtelet ; il paraît avoir été fixé en 1668, et être plus court de 5 lignes que la toise qui était alors en usage. On assure que, pour donner à ce nouvel étalon sa véritable longueur, on se servit de la mesure de la largeur de l'arcade ou porte intérieure du grand pavillon qui sert d'entrée au vieux Louvre, du côté de la place du Muséum : cette ouverture, suivant le plan, devant avoir 12 pieds de largeur, on en prit la moitié pour fixer la longueur de la nouvelle toise. L'étalon du châtelet, grossièrement construit, exposé aux chocs, aux injures de l'air, à la rouille, etc., était peu propre à régler les mesures qui exigent un certain degré de précision. Pour parer à cet inconvénient, La Condamine proposa à l'académie d'adopter pour étalon de la toise, celle qui avait servi à mesurer le méridien au Pérou, de 1737 à 1741, et qu'il avait fait faire égale à celle employée pour la même opération sous le cercle polaire. Mairan croyait plus convenable d'adopter celle dont il s'était servi pour déterminer la longueur du pendule qui fait ses oscillations dans une seconde, et qui est plus courte d'environ un dixième de ligne. La toise du Pérou fut préférée ; c'est sur cette toise que furent ajustées celles dont la déclaration du 6 mai 1766 ordonna le dépôt au châtelet de Paris et dans les principaux bailliages.

la base de Melun a employé 45 jours, et celle de Perpignan 51?

On a adopté, pour servir de fondement à tous les calculs, les deux longueurs suivantes, réduites au niveau de la mer et à la température de 16 degrés un quart du thermomètre centigrade : base de Melun, 6075 *tois*. 90; base de Perpignan, 6006.25...

Une preuve incontestable de la justesse des opérations, c'est que la base de Perpignan, conclue de celle de Melun par la chaîne des triangles qui les unissent, ne diffère de sa mesure réelle que de 10 à 11 pouces, quoique l'intervalle qui les sépare surpasse 700,000 mètres. En 1718, on avait eu sur la base de Dunkerque une toise, et sur celle de Perpignan environ 3 toises de différence entre la mesure réelle et celle résultant du calcul.

Telles sont les différentes parties d'une opération, qui surpasse par son étendue et égale par sa précision tout ce qui a été fait de plus accompli en ce genre. (V. ci-après, *Mesures géographiques*.) Outre des renseignemens précieux sur le nivellement de la France, sur la figure du globe et son aplatissement au pôle, elle a fourni toutes les données nécessaires pour fixer les bases du nouveau système métrique.

Delambre a publié sous le titre *Base du système métrique décimal, ou mesure de l'arc du méridien compris entre les parallèles de Dunkerque et Barcelone*, (3 vol. in-4°, 1806,) tous les détails de cette importante opération. Cet ouvrage précieux, qui contient l'exposé des précautions prises et des méthodes suivies par les deux académiciens dans leurs observations et dans leurs calculs, ainsi que le tableau général des triangles calculés, mettra la postérité en état de juger à quel degré de précision l'on a pu parvenir, en faisant usage de toutes les connaissances acquises à la fin du 18ᵉ siècle. Nous devons nous borner à en faire connaître les résultats.

La méridienne entre Dunkerque et Montjouy, qui sous-tend un arc céleste de 9 degrés 67 38 dix-millièmes, est de 551,584 toises 72 centièmes (1). En prenant cet arc pour base, on en a déduit le quart du méridien, par un calcul rigoureux, dans l'hypothèse elliptique, en comptant l'aplatissement de

---

(1) Méchain s'était proposé de prolonger la méridienne jusqu'aux îles Baléares, pour que l'arc total se trouvât divisé en 2 parties égales par le 45ᵉ parallèle. Après des traverses inouïes, il avait conduit ses triangles depuis Barcelone jusqu'à Tortose ; ses stations étaient choisies et reconnues jusqu'à Cullera ; encore 6 ou 7 triangles, il conduisait la mesure jusqu'à Ivice. Une fièvre épidémique, et les fatigues extrêmes qu'il avait endurées, l'ont arrêté dans sa course ; il est mort le 20 septembre 1805, à Castellon de la Plana, dans le royaume de Valence.

la terre pour un 334ᵉ, et l'on a trouvé que le quart du méridien terrestre, supposé au niveau de la mer, est de 5,130,740 toises, dont la dix-millionième partie est de 3 pieds 11 lign. 296 millièmes, ou 443 *lign.* 296 (1), dimension légale du *mètre.*

La vraie longueur du mètre étant connue, les mesures de surface, de solidité et de contenance s'en déduisent naturellement. Il n'en est pas de même de l'unité des poids : sa détermination dépend d'une foule d'expériences, d'opérations, de réductions, plus délicates les unes que les autres ; et ce n'est qu'à force de patience et de dextérité que M. Lefèvre-Gineau, auquel l'Institut avait confié ce travail, l'a porté au degré de précision désirable.

Déterminer l'unité des poids, c'est déterminer la quantité de matière qu'un certain corps qu'on emploie de préférence contient sous un volume dont on est préalablement convenu. Il faut donc, pour résoudre ce

---

(1) Le dix-millionième de 5,130,740 toises est exactement de 443 *lign.* 295,936, ce qui ne diffère de la valeur définitivement adoptée pour le mètre, que des 2 tiers d'un 10,000ᵉ de ligne, quantité imperceptible. Il ne doit être tenu dans les calculs ordinaires aucun compte de cette différence, qui ne donne qu'un excédant d'environ 4 pieds et demi sur la distance du pôle à l'équateur, et d'environ deux tiers de ligne sur un myriamètre.

problème, 1° fixer le volume qu'on emploiera pour terme de comparaison ; 2° faire choix d'un corps propre à le remplir ; 3° enfin, déterminer le poids ou la quantité de matière que ce corps contient sous ce volume.

Il peut y avoir de l'arbitraire dans le choix du volume qu'on emploie ; mais les usages de la société demandent qu'on ne prenne pas une unité trop grande ou trop petite : l'académie des sciences a sagement adopté la 1000ᵉ partie du mètre cube, ou, ce qui revient au même, le décimètre cube.

Le corps dont on fait choix pour remplir ce volume n'est nullement indifférent ; il doit être fluide, en état de conserver sa fluidité à une température qu'il soit facile d'obtenir partout, et surtout il doit être de nature à pouvoir être retrouvé partout dans le même degré de pureté. L'eau possède ces qualités plus qu'aucun autre corps que nous connaissions ; et, distillée, elle est toujours également pure. Aussi l'académie l'a-t-elle choisie pour le corps, dont la quantité de matière contenue sous le volume du décimètre cube serait l'unité de poids.

Nous n'entrerons point dans le détail de toutes les précautions employées pour connaître le poids réel du décimètre cube d'eau. Nous dirons seulement qu'on a pris pour terme de comparaison la pile de 50 marcs, conservée à la Monnaie, et qu'on appelle le poids de Charlemagne (1); que les balances dont on s'est servi étaient d'une telle mobilité, que l'une d'elles, chargée d'un peu plus de 2 livres poids de marc dans chaque bassin, était encore sensible à un 50e de grain, et trébuchait à un 10e, lorsque chaque bassin portait environ 23 livres; et que le *maximum* de densité de l'eau ayant été trouvé être, non pas à *zéro*, température de la glace fondante, mais à 4 degrés du thermomètre centigrade, c'est à cette température que les expériences ont été faites ou réduites. Le résultat des expériences est que le poids d'un décimètre cube d'eau distillée, à son *maximum* de densité et pesée dans le vide, est de 18827 grains 15 centièmes, ou de 2 livr. 5 gros 35 grains 15 centièmes poids de marc, valeur adoptée pour le *kilogramme* définitif.

L'unité de mesures et celle de poids se trouvent ainsi déterminées sur des bases

---

(1) Ce n'est point Charlemagne, mais le roi Jean, qui fit faire le poids original conservé à la Monnaie. Charlemagne avait introduit en France la livre romaine, correspondante à 12 de nos onces; par suite, on aura pris les deux tiers de cette livre pour former le marc, mesure adoptée pour la pesée de l'or et de l'argent, dont le double est devenu ensuite la livre poids de marc. C'est sur ce poids que fut étalonné, en 1494, celui du Châtelet.

puisées dans la nature, et qui n'offrent rien d'arbitraire. Les étalons prototypes en sont déposés aux archives royales ; mais telle est encore l'avantage du système, que, quand tous les étalons viendraient à être détruits, anéantis, on pourrait en retrouver parfaitement la valeur primitive.

Pour recouvrer la valeur de l'unité des poids, il n'y aurait qu'à répéter les expériences de M. Lefèvre-Gineau, en sorte qu'il ne s'agirait que dé rétablir le mètre ; mais il ne serait pas nécessaire pour cela de mesurer de nouveau l'arc du méridien terrestre.

Précisément dans l'intention d'établir un moyen conservateur du mètre, Borda avait déterminé, avec la plus grande précision, les dimensions du pendule qui bat les secondes à Paris (1). La longueur du pendule qui bat les secondes au niveau de la mer, au 45ᵉ degré de latitude, et à une température déterminée, étant connue avec la même exactitude, on peut construire, avec tout autre pendule, battant les secondes au même degré de latitude, au même niveau, à la même température, et d'après la longueur de ce pendule, qu'on saura devoir

---

(1) Les expériences faites à l'observatoire ont fait trouver ce pendule, en le réduisant à la congélation et dans le vide, égal à 0ᵐ.99385.

être de tant de millimètres, un nouveau
mètre prototype, qui sera, aussi exactement que le premier, le dix-millionième de
l'arc du méridien. Voir ci-après, *p.* 375.

Tel est le résumé général de ce qui a été fait pour
la détermination des bases du système. Il reste à en
faire l'application à la détermination de certaines unités de mesure, différant des autres, en ce qu'elles
comportent la considération de la *durée*, réunie à
celle des trois dimensions de l'espace, et qui se
rapportent, 1° à la distribution des eaux, 2° aux
quantités d'action fournies par les moteurs, animés
ou inanimés. M. de Prony a présenté à l'académie
des sciences, sur ces nouvelles mesures, plusieurs
mémoires, qui ont été renvoyés à l'examen de com-
missaires nommés *ad hoc.*

NOMENCLATURE LÉGALE.

Les dénominations vulgaires autorisées par l'arrêté
du 13 brumaire an 9, se trouvent abrogées par le
décret du 12 février 1812, qui, en permettant l'établissement des mesures usuelles pour la vente en
détail, ordonne que les mesures légales continueront
seules d'être employées pour la vente en gros et les
actes administratifs.

Les noms des mesures usuelles sont indiqués par
l'arrêté du 28 mars 1812, ci-devant, *page* 11.

En établissant la nomenclature sytéma-
tique, on a eu pour but de réduire les dénominations arbitraires au moindre nombre
possible, et d'offrir au contraire beaucoup
de ces mots composés, qui soulagent la
mémoire par les rapports qu'ils indiquent.

Voici comme on y est parvenu :

Dans chaque classe de mesures, on a choisi une espèce à laquelle on a donné un nom (1); et ce nom, diversement modifié, se retrouve dans toutes les espèces qui dépendent de la même classe.

Par exemple, le nom de *mètre* a été donné à celle dont les marchands et les architectes font le plus communément usage ; elle répond à 3 pieds 11 lignes 296 millièmes, mesure de Paris.

Pour les mesures agraires, le nom d'*are* a été donné à une surface de 100 mètres carrés, qui répond à peu près à 2 perches carrées de 22 pieds.

L'unité des mesures de capacité est le

---

(1). Les noms des nouvelles mesures ont une anaogie parfaite avec les objets qu'ils désignent.

MÈTRE, qui signifie *mesure*, était déjà connu sous cette acception dans la langue française, où il entre dans la composition de plusieurs mots familiers, *géomètre*, *thermomètre*, etc.

ARE, analogue aux mots *aire* ou surface, *arpent*, *acre*, *aratoire*.

LITRE ; on nommait à Paris *litron*, une mesure ayant à peu près la même contenance.

GRAMME, nom grec du poids que les Romains nommaient scrupule, et dont notre gramme ne diffère que très-peu.

STÈRE, signifie solide, et entre sous cette acception dans la composition des mots *stéréométric*, *stéréotype*, etc.

litre, qui équivaut à peu près à une pinte 1 treizième, mesure de Paris, et à 5 quarts de litron, même mesure.

Pour les mesures de pesanteur, le nom de *gramme* a été donné à un poids qui répond à environ 19 grains.

Enfin, le nom de *franc* est resté à l'unité monétaire, qu'on désignait indifféremment par ce nom ou celui de *livre tournois*.

Il y a aussi le nom de *stère*, donné par la loi du 18 germinal an 3 au *mètre cube* considéré comme mesure du bois de chauffage, et pour remplacer les noms de *voies, cordes, anneaux*, et autres semblables.

Les mesures 10 fois, 100 fois, 1000 fois, 10,000 fois plus grandes que celles qui ont reçu le nom primitif, sont désignées par l'addition des noms numériques *déca, hecto, kilo, myria* : ces mots empruntés du grec signifient *dix, cent, mille*, et *dix mille*.

Les mesures 10 fois, 100 fois, 1000 fois plus petites que le mètre, le litre, le gramme, etc., sont désignées par l'addition des noms numériques *déci, centi* et *milli*, dérivés du latin, et analogues à ceux de dixième, centième et millième.

Tous ces noms numériques se placent avant les noms primitifs, *mètre, are, litre, gramme* et *stère*, qui deviennent ainsi les noms propres de toute la classe. Il en résulte des mots composés d'une manière simple et analogue : ils ont, sur les divisions des anciennes mesures, l'avantage d'exprimer le rapport des mesures inférieures et supérieures, avec l'unité principale.

Le mot *centimètre* exprime la centième partie du mètre ; le *décilitre*, la dixième partie du litre, etc. : de même, le nom numérique, *myria*, qui signifie 10,000, étant placé avant le mot *mètre*, donne naissance au mot composé *myriamètre*, qui exprime une distance ou mesure itinéraire de 10,000 mètres ; le nom numérique *kilo*, placé avant le mot *gramme*, exprime un poids de mille grammes ; un décamètre est une mesure de 10 mètres ; un décalitre, 10 litres, etc. La terminaison du mot indique la classe de mesures à laquelle il appartient ; et le commencement, le rang qu'il occupe dans l'échelle décimale. Il suffit ainsi de 5 mots primitifs et de 7 annexes, pour désigner toutes les espèces de mesures.

Le nom de chaque mesure se place immédiatement après les unités et avant les fractions ; ainsi, 3 mètres 45 centièmes doivent s'écrire 3 *mètr.* 45. Il sera plus commode encore de désigner chaque espèce de mesures par les lettres initiales, M. A. L. G. F. C., pour *mètre, are, litre, gramme, franc* et *centime*.

Nous donnons ici l'indication de toutes les nouvelles mesures, avec leur valeur, et l'usage auquel chacune devra être employée.

MESURES DE LONGUEUR.

Millimètre, millième partie du mètre.

Centimètre, centième partie du mètre ; contient 10 millimètres.

Décimètre, dixième partie du mètre ; contient 10 centimètres.

Mètre, étalon des nouvelles mesures ; dix-millionième partie du quart du méridien ; longueur de 3 pieds 11 lignes 296 millièmes : sert pour l'aunage des étoffes et le toisé ; hauteur ordinaire d'une canne que l'on peut avoir à la main ; contient 10 décimètres ; (3 *pieds usuels.*)

Décamètre, dix fois la longueur du mètre ; environ 30 pieds 9 pouces 5 lignes ; chaîne d'arpentage ; (30 *pieds usuels.*)

Hectomètre, longueur de 100 mètres ; il est peu usité ; l'hectomètre carré est un hectare.

Kilomètre, mesure itinéraire équivalant à 1000 mètres, ou environ 513 toises d'ordonnance ; (500 *toises usuelles.*)

Myriamètre, égal à 10,000 mètres, ou environ 5130 toises d'ordonnance ; (5000 *toises usuelles* ;) le demi-myriamètre équivaut à 1 lieue moyenne.

MESURES AGRAIRES.

Centiarc, mètre carré, 100e partie de l'are.

ARE, unité des mesures d'arpentage : c'est l'équivalent d'un décamètre carré, ou de 100 mètres carrés ; environ 2 anciennes perches carrées de 22 pieds.

Hectare, carré de l'hectomètre ; contient 100 ares, ou 10,000 mètres carrés ; environ le double de l'ancien arpent d'ordonnance.

On ne doit pas employer les dénominations de *déciare*, dixième d'are ; *décare*, 10 ares ; *kilare*, 1000 ares ; et *myriare*, 10,000 ares ; elles ne sont pas nécessaires, et ne feraient que surcharger la nomenclature. L'arrêté du 28 messidor an 7 porte, *art.* 5 : « 100 *ares* composent un *hectare*; « l'are se divise en 100 parties nommées « *centiares.* » Ces trois expressions suffisent.

MESURES DE CAPACITÉ.

Centilitre, on peut se le représenter comme un petit verre pour l'eau-de-vie et les liqueurs.

Décilitre, à peu près l'équivalent d'un gobelet ordinaire.

LITRE, contient 10 décilitres ; capacité d'un décimètre cube : il diffère peu du litron et de la pinte de Paris, et est destiné aux mêmes usages, soit pour les liquides, soit pour les matières sèches.

Décalitre, contient 10 litres ; il peut remplacer la *velte* pour les liquides.

Hectolitre, sert à la mesure des matières sèches, telles que les grains, le sel, le plâtre, la chaux, le charbon, etc. Il contient 10 décalitres ou 100 litres ; environ 107 pintes un tiers, mesure de Paris.

Kilolitre, ou 1000 litres, serait une capacité égale au mètre cube. Cette mesure ne pouvant être employée à cause de son volume, son nom tombera probablement en désuétude.

POIDS.

Milligramme, un peu moindre que le cinquantième de l'ancien grain ; ne sera d'aucun usage dans le commerce.

Centigramme, le centième du gramme ; environ un cinquième de l'ancien grain.

Décigramme, un peu moins que 2 anciens grains ; contient 10 centigrammes.

Gramme, contient 10 décigrammes, environ 19 anciens grains.

Décagramme, poids de 10 grammes, environ 2 gros et demi, poids de marc.

Hectogramme, poids de 100 grammes, contient 10 décagrammes, un peu plus de 3 onces 2 gros, poids de marc ; employé à la pesée des matières d'or et d'argent.

Kilogramme, poids d'un litre ou décimètre cube d'eau ; contient 10 hectogr.

ou 1000 grammes; équivaut à un peu plus de 2 livres, poids de marc.

Myriagramme, poids de 10,000 grammes, un peu moins que 20 livres et demie; pour ne pas surcharger la nomenclature, on doit éviter d'employer cette dénomination, et dire de préférence 10 kilogrammes.

Quintal, égal à 100 kilogrammes; un peu plus de 204 livres, poids de marc.

Millier, contient dix quintaux; poids d'un mètre cube d'eau; à peu près 2043 livres, poids de marc; remplace le tonneau de mer, comme mesure de pesanteur.

MESURES DE SOLIDITÉ.

Stère, quantité égale au *mètre cube*; sert à mesurer le bois de chauffage, et pourrait, concurremment avec le mètre cube, désigner l'unité des mesures de solidité.

Si les bûches avaient un mètre de longueur, il ne faudrait, pour obtenir le stère, que les ranger dans une membrure ou châssis d'un mètre de couche et d'un mètre de hauteur : si elles ont une autre longueur, par exemple, 3 pieds et demi ou quatre pieds, il y a un changement à faire à la hauteur de la membrure. Voir ci-après, titre *Bois de chauffage*.

Double stère, environ la voie de Paris, dont on lui donne vulgairement le nom.

Décastère, mesure employée sur les ports;

contient 10 stères, et répond à environ 5 anciennes voies de Paris.

Décistère, 10ᵉ du stère ou mètre cube ; mesure du bois de charpente ; équivaut à peu près à l'ancienne *solive* ou *pièce* : les fractions de décistère doivent s'exprimer en dixièmes et centièmes, et non en *centistères* ou *millistères*, dénominations superflues.

Décimètre cube, millième du mètre cube ou stère ; environ 50 pouces cubes.

Centimètre cube, millième du décimètre cube ; vaut un peu plus de 87 lignes cubes.

Millimètre cube, millième du centimètre cube ; équivaut à environ le douzième d'une ligne cube. Il est rare qu'on fasse usage d'une aussi petite mesure.

— MONNAIES.

Franc, unité monétaire ; équivaut à peu près à la livre tournois, dont il ne diffère que d'un 80ᵉ ; il pèse en argent 5 grammes, en cuivre 2 hectogrammes, en billon 2 décagrammes, et en or 322 *milligr.* 58.

Décime, dixième partie du franc, équivalant à 2 sous ; dans le calcul ordinaire, on ne fait pas usage de cette dénomination, sauf pour la taxe des lettres arrivant des départemens.

Centime, centième partie du franc.

INSTRUCTION

Sur le Calcul décimal, et son application au système des nouveaux Poids et Mesures.

Tout le monde sait ce qu'on appelle communément les quatre règles de l'arithmétique, l'*addition*, la *soustraction*, la *multiplication* et la *division*; mais beaucoup de personnes ont peine à effectuer ces opérations, lorsqu'elles se trouvent compliquées par des fractions diversement combinées.

L'un des avantages les plus précieux du calcul décimal est de faire disparaître cette complication, en ramenant tous les calculs à la méthode des nombres entiers. Cet avantage est particulièrement senti par ceux qui ont habituellement des opérations commerciales à régler et à constater, ou dont les professions nécessitent l'usage continuel des calculs.

On pourrait exposer les principes du calcul décimal, indépendamment de toute application particulière : liée avec le système des nouveaux poids et mesures, cette exposition offrira plus d'utilité.

Les anciennes mesures dérivaient très-irrégulièrement les unes des autres. Aussi très-peu de personnes connaissaient les vrais rapports qui existaient entre la perche, la toise, le pied, le pouce, etc.; l'aune et ses fractions; le muid, le setier, le boisseau, la pinte, et toutes les autres mesures de ce genre; la livre, l'once, le gros, le grain et les différentes sortes de poids; enfin, entre l'innombrable variété de ces mesures, ou des analogues, dans toutes les localités de la France (1). De là s'ensuivaient une confusion, des embarras, sans cesse renaissans dans les affaires, et des difficultés fort incommodes dans les calculs.

Les nouvelles mesures, au contraire, dépendent d'un système très-simple : dans chaque genre, les divisions et sous-divisions sont décimales, c'est-à-dire, successivement 10 fois plus petites les unes que les autres; et les dénominations systématiques sont telles, que l'esprit conçoit les valeurs des mesures par leurs noms mêmes.

Ces mesures, aujourd'hui d'un usage

______

(1) Pour les mesures linéaires seulement, il y avait en France, 22 départemens où la canne remplaçant la toise, se divisait en huit pans; 5 où la toise ou gaule se divisait en 8 pieds; 2 où la toise se divisait en 7 pieds et demi; 24 où le pied n'était que de 9 à 11 pouces; 59 qui faisaient concurremment usage de plusieurs mesures différentes; 46 seulement, qui employaient exclusivement les mesures de Paris, et 28 qui ne les connaissaient pas.

Les poids, les mesures agraires, et celles de capacité offraient encore plus de discordance.

obligatoire, nécessitent à chaque instant l'emploi du calcul décimal : il est donc important de se le rendre familier; ce qui est facile, pour peu qu'on y apporte d'attention et de bonne volonté.

MÉTHODE DES DÉCIMALES.

On appelle *décimales* ou *fractions décimales*, les parties d'un tout divisé en dixièmes, centièmes, millièmes, etc.

Si l'on écrit une suite de chiffres semblables, par exemple, 33333, chacun de ces chiffres est décimal de celui qui le précède immédiatement par la gauche, c'est-à-dire, en représente la 10e partie. Si les chiffres sont différens, comme 52387, chacun exprime des unités dix fois plus petites que celles du chiffre précédent. Ainsi, dans notre exemple, 8 signifie 8 unités, dont chacune est dix fois plus petite que celle du nombre 3 : les unités de 8 sont aussi cent fois plus petites que celles du nombre 2, qui est de deux places en avant du 8 ; elles sont mille fois plus petites que celles du chiffre 5, et dix fois plus grandes que celles du chiffre 7 : la raison en est sensible, elle dérive des principes mêmes de la numération.

Pour écrire les décimales plus petites que les quantités que l'on considère comme unités simples dans un nombre entier, on écrit le nombre qui exprime les décimales, à la suite du nombre entier, en plaçant entre les deux un point pour signe de la séparation ; ainsi, 42 unités 25 centièmes s'écrivent 42.25.

Cette séparation, lorsqu'il s'agit de poids et mesures, ou de monnaies, peut être encore caractérisée par une lettre initiale, placée au-dessus du point ; par exemple, 250 mètres 53 centimètres, se marqueraient ainsi, 250 ^{m}. 53. Les négocians sont dans l'usage de placer les initiales avant le nombre. *Exemple :* F 50.72, pour 50 fr. 72 c. M 366.13, pour 366 mètres 13 centimètres, etc.

Si la quantité ne contient que des décimales, sans nombre entier, elles s'écrivent après un zéro, qui désigne la place des entiers, et le point qui fait la séparation comme à l'ordinaire ; ainsi, 0.19 signifie 19 centièmes ; 0^m.193 signifie 193 millimètres.

Il pourrait n'y avoir pas de dixièmes dans les fractions à exprimer, comme dans 8 centièmes ; alors on mettrait 0.08 : 9 millièmes s'écrivent 0.009.

Les zéros que l'on ajoute à la droite des décimales n'en changent aucunement la valeur ; ainsi, 0.5, 0.50, 0.500, sont absolument la même chose : on conçoit en effet que 50 centièmes équivalent à 5 dixièmes ou à 500 millièmes. Il suit de là qu'on peut ajouter à une fraction décimale, ou en retrancher autant de zéros qu'on veut, sans en altérer la valeur.

Les nouvelles mesures sont décimales, parce que, si l'on considère celles d'un même genre par ordre de décroissement, chacune est 10 fois plus petite que celle qui la précède immédiatement, et 10 fois plus grande que celle qui la suit. On peut donc, lorsqu'on a choisi l'unité convenable, se dispenser de désigner par leurs noms toutes les sous-divisions de cette unité, et les exprimer par une simple fraction décimale. *Exemple :* au lieu de dire et d'écrire, 3 mètres 2 décimètres 4 centimètres 5 millimètres, il suffira de dire 3 *mètr.* 245; il en sera de même pour toutes les autres mesures.

Cela posé, passons aux opérations des quatre règles.

ADDITION ET SOUSTRACTION.

L'addition et la soustraction des décimales, ou de nombres accompagnés de décimales, se font d'après les mêmes principes que si les nombres ne contenaient que des entiers. Il faut seulement faire attention d'écrire ces nombres les uns sous les autres, de manière que les unités et décimales du même ordre, et par conséquent les points décimaux, se correspondent dans une même colonne verticale.

Lorsque le résultat de l'addition ou de la soustraction est trouvé, l'on y place le point décimal sous la colonne des points décimaux, au moyen de quoi le résultat exprime exactement les entiers et les décimales dont il est composé. *Exemples :*

Addition.	*Soustraction.*
40.26	6382.455
548.5	2578.39
0.768	————
————	3804.065
589.528	

Le résultat de l'addition est, comme on voit, 589 unités 528 millièmes ; et celui de la soustraction, 3804 unités 65 millièmes.

Si le nombre dont on veut soustraire ne contient que des dixièmes, et que celui à soustraire porte des centièmes, on écrit dans le premier nombre un zéro à côté des dixièmes, ce qui, comme on l'a vu, n'en altère nullement la valeur ; la soustraction se fait ensuite comme dans les autres cas.

Ainsi, la différence de 7.5 à 0.25 se trouvera en écrivant................ 7.50

0.25

et faisant la soustraction à l'ordi- ————
naire, il reste................ 7.25

Pour ne pas confondre, dans l'addition

et la soustraction, les décimales de différens ordres, comme les dixièmes avec les
centièmes, etc., il est plus sûr d'ajouter
aux décimales qui ont moins de chiffres,
un nombre de zéros suffisant pour les égaler à celles qui en ont le plus. Ainsi, dans
les exemples précédens, au lieu des nombres 40.26, 548.5, et 2578.39, on aurait pu
écrire 40.260, 548.500, et 2578.390.

MULTIPLICATION.

Avant d'expliquer la multiplication en
général, il est bon de faire connaître un
avantage particulier des décimales.

On sait que, pour multiplier un nombre
entier par 10, il suffit d'écrire un zéro à la
suite de ce nombre : ainsi 33, multiplié par
10, donne 330. De même, pour le multiplier par 100, on écrirait 3300 ; par 1000,
33000, et ainsi de suite.

Si le nombre contient des décimales, la
multiplication par 10 se fera en reculant le
point décimal d'un rang vers la droite ; si
l'on veut rendre le nombre cent fois plus
grand, on reculera le point de 2 rangs ; si
c'est mille fois plus que l'on désire, on recule le point de 3 chiffres. Ainsi, 2.354,
multiplié successivement par 10, par 100,
et par 1000, devient 23.54, 235.4, et 2354.

Par une raison semblable, un nombre est
rendu 10 fois, 100 fois, 1000 fois plus petit,

6*

en séparant par un point décimal, 1, 2 ou 5 chiffres par la droite ; ou, si ce nombre contient déjà des décimales, en avançant successivement le point, d'après la même règle. Par exemple, 2.5 est 10 fois plus petit que 25 ; de même 0.25 sera égal à 25 divisé par 100 ; 0.037 sera la millième partie de 37, et ainsi dans tous les autres cas.

Maintenant on concevra aisément que la multiplication des nombres décimaux doit se faire comme celle des nombres entiers, et qu'il suffit, dans le produit, de séparer par le point décimal autant de chiffres que l'on compte de décimales dans le multiplicateur et le multiplicande ensemble.

Exemple. Multiplier 524.17 par 15.62 ; voici l'opération figurée :

$$
\begin{array}{r}
524.17 \\
15.62 \\
\hline
104834 \\
314502 \\
262085 \\
52417 \\
\hline
8187.5354
\end{array}
$$

On a séparé 4 chiffres décimaux dans le produit, parce qu'il y en a 2 dans le multiplicande, et 2 dans le multiplicateur : la raison en est qu'en faisant abstraction du point décimal dans les deux termes ou facteurs de la multiplication, on suppose chacun, d'eux 100 fois plus grand qu'il n'est effectivement ; le produit se trouverait donc 10,000 fois trop grand, parce que 100 multiplié par 100 donne 10,000 ; c'est pour le ramener à sa vraie valeur, qu'on en sépare les quatre derniers chiffres par le point décimal, ce qui est la même chose que si on le divisait par 10,000.

Lorsqu'on n'a pas besoin d'une précision plus grande que les centièmes, on ne conserve que les 2 premières décimales ; veut-on pousser la précision jusqu'aux millièmes, il faut conserver 3 chiffres après le point.

Ainsi, dans l'exemple précédent, après avoir trouvé le produit, on peut l'énoncer comme il suit, 8187.53, ou 8187.535, en supprimant les deux derniers chiffres, si l'on se borne aux fractions de centièmes, ou seulement le quatrième, si l'on veut exprimer des millièmes.

On ne doit pas craindre que ce retranchement donne une erreur sensible ou préjudiciable ; car les calculs n'ayant lieu, dans les usages courans, qu'en conséquence des mesurages effectifs, ce serait un scrupule déplacé que de vouloir donner aux calculs plus d'exactitude que n'en comportent les instrumens dont on s'est servi pour mesurer.

Si l'on veut obtenir un peu plus de précision, ce qui est possible sans rien changer à l'opération même, on aura attention, lorsqu'on supprimera quelques décimales dans les résultats, d'augmenter le chiffre précédent d'une unité, si la première des décimales supprimées est 5 ou au-dessus. Alors, dans un certain nombre d'opérations, les parties négligées se compensent à très-peu près. Ainsi, dans la multiplication faite précédemment, le produit serait porté à 8187.54, au lieu de 8187.53.

La suppression d'un certain nombre de décimales abrège et simplifie les calculs, mais elle ne doit pas être faite au hasard; il faut avoir égard, tant à la grandeur de l'unité, qu'au degré d'exactitude qu'on veut obtenir : avec un peu d'habitude, on parvient bientôt à connaître, dans chaque cas, combien on peut négliger de décimales, sans craindre une erreur sensible.

Dans la plupart des opérations relatives aux ventes de marchandises, les multiplications ont pour objet des questions analogues à celle-ci : La mesure de telle marchandise coûte tant, combien valent tant de mesures de la même marchandise ?

Par exemple, à 55 fr. le mètre de drap, combien coûteront 62 mètres ?

Réponse : Il faut multiplier 62 par 55, ou 55 par 62; le produit est 3410; par conséquent les 62 mètres vaudront 3410 fr.

S'il se trouvait quelques décimales après le nombre des mètres, comme s'il y avait 62ᵐ. 25, et que le prix du mètre fût 55 f. 13, le prix total s'obtiendra de même, en multipliant 6225 par 5513, ce qui donnera 3431 fr. 84, en supprimant les deux derniers chiffres, qui sont superflus, et qui n'équivalent qu'à un quart de centime.

Il peut arriver qu'il n'y ait pas d'entiers dans l'un des termes, ni même dans les 2 termes de la multiplication. *Exemple :* A 28 *centimes* le mètre, combien 62 *mètres ?* 28 centimes répondant en francs à 0.28, il faut multiplier 62 par 28, et séparer les 2 derniers chiffres par le point décimal ; le produit sera 17 fr. 36.

Si l'on demande : A 36 *centimes* le mètre, combien 8 *décimètres ?* La multiplication de 0.36 par 0.8, ou simplement de 36 par 8, donnera 288, et en séparant 3 chiffres, parce qu'il y a 3 décimales tant au multiplicande qu'au multiplicateur, 0.288, c'est-à-dire 28 c., en négligeant les millièmes de franc, et plus exactement 29 c., le chiffre supprimé étant supérieur à 5.

On appréciera aisément la supériorité du calcul décimal, pour tous les cas semblables, en essayant d'appliquer le calcul des fractions ordinaires à résoudre, par exemple, la question suivante : A 17 s. 8 d. l'aune, combien 13 aunes 7 huitièmes ou 15 seizièmes ?

DIVISION.

Pour diviser deux nombres, dont l'un seulement, ou tous les deux, contiennent des décimales, la règle à suivre est très-simple, et fondée sur ce principe, que si, avant d'effectuer une division, on en multiplie ou divise les 2 termes, par une même quantité, on ne change pas la valeur du quotient.

Si les deux termes ont le même nombre de décimales, on supprimera le point dans chacun d'eux, et l'on opérera comme sur des nombres entiers. *Ex.* Pour diviser 120.62 par 34.15, on procède comme s'il s'agissait de faire la division de 12062 par 3415.

S'il y a plus de décimales dans un terme que dans l'autre, on les égalise, en ajoutant des zéros aux décimales les moins nombreuses, ce qui n'en altère pas la valeur, et l'on supprime ensuite de part et d'autre le point décimal. *Ex.* 247.2 étant à diviser par 57.83, on opérera comme pour diviser 24720 par 5783.

Enfin, s'il ne se trouve de décimales que dans l'un des deux nombres, on supprime le point, en ajoutant à l'autre autant de zéros qu'il y a de décimales au premier. *Ex.* 2000 à diviser par 14.25, se considérera comme 200,000 à diviser par 1425 ; et 217.18 par 12, comme 21718 par 1200.

La question se réduit donc à diviser un nombre entier par un autre nombre entier.

La plupart des questions où la division est nécessaire sont analogues à celle-ci : A 4 fr. 25 cent. le mètre, combien en ferait-on faire pour 2000 francs ?

Il s'agit de diviser 2000 par 4.25.

Transformons ces nombres de cette manière, 200000 et 425, et figurons l'opération.

$$
\begin{array}{r|l}
200000 & 425 \\
3000 & \overline{} \\
250 & 470
\end{array}
$$

On trouve d'abord 470 pour quotient ; et il reste 250, qui, étant plus petit que 425, ne peut plus donner qu'une fraction. A-t-on intérêt de la connaître, voici comment on y parvient. Nous reprenons l'opération :

$$
\begin{array}{r|l}
200000 & 425 \\
3000 & \overline{} \\
25000 & 470.58 \\
3750 & \\
350 &
\end{array}
$$

En supposant qu'il n'y ait pas d'intérêt à la prolonger plus loin que les centièmes, j'ajoute 2 zéros à 250, et je continue la division. J'obtiens au quotient 2 nouveaux chiffres formant 58, et je les sépare des précédens par le point décimal. Le quotient vrai, ou la réponse à la question proposée, est que, pour le prix donné, on aura 470 mètres 58 centièmes. Si l'on veut pousser la division jusqu'aux millièmes, on ajoute un 3ᵉ zéro, etc.

On voit que l'adjonction de 2 zéros à 250 a multiplié le dividende par 100, et que le placement du point divise le quotient par la même quantité ; la valeur du quotient ne se trouve donc pas altérée. On aurait pu, avant de commencer l'opération, augmenter le dividende de 2 zéros, et cela serait revenu au même.

De là se déduit cette règle bien aisée à retenir : Lorsqu'on opère sur des nombres entiers, ou que, par un égal nombre de décimales, les deux nombres sont dans le cas d'être divisés comme entiers, ajoutez au dividende autant de zéros que vous voulez avoir de décimales au quotient.

Il s'ensuit aussi que, si le diviseur n'a pas de décimales, ou en a moins que le dividende, on peut opérer la division comme sur des nombres entiers, en observant seulement de séparer au quotient, par le point, autant de décimales que le dividende en a plus que le diviseur.

Enfin, si au dernier reste on ajoutait encore un zéro, et que le quotient de ce reste ainsi accru donnât un chiffre égal à 5, ou plus grand, on aurait plus de justesse dans le résultat total, en augmentant son dernier chiffre d'une unité. On peut même se dispenser de prolonger ainsi la division ; il suffit d'examiner si le dernier reste est au-dessous ou au-dessus de la moitié du diviseur : s'il est au-dessous, il n'en faut tenir aucun compte ; s'il est de la moitié ou au-dessus, il faut ajouter une unité au dernier chiffre du quotient.

CONVERSION DES FRACTIONS ORDINAIRES EN FRACTIONS DÉCIMALES.

La conversion des fractions ordinaires, et des sous-espèces des anciennes mesures, en décimales, n'est autre chose qu'une division à faire, et à pousser à telle exactitude que l'on désire : ainsi, la fraction de 5 sixièmes indique la division de 5 par 6 ; et comme elle ne peut pas se faire en nombre entier, on ajoutera à 5 autant de zéros qu'on voudra avoir de décimales ; par exemple, 2 pour avoir des centièmes, et l'on fera la division comme il suit :

$$\begin{array}{c|c} 500 & 6 \\ 20 & \overline{} \\ 2 & 83 \end{array}$$

Le quotient, ou la valeur de la fraction 5 sixièmes, est ainsi de 83 centièmes, ou 0.83 ; et il ne s'en faut pas d'un centième que son exactitude ne soit rigoureuse.

De même, pour convertir 6 onces en décimales, on dira : 6 onces, ou 6 seizièmes de livre, sont la même chose. Faisant la division de 6 par 16, et ajoutant 3 zéros pour obtenir des millièmes, on aurait pour quotient 375 millièmes de livre, ou 0.375; comme il n'y a pas de reste, la conversion est exacte.

Pour la conversion des fractions décimales en fractions ordinaires, voir ci-après, *p. 75, 3ᵉ observation.*

Au reste, pour abréger les opérations de conversion, on peut recourir aux tables I et II, ci-après, titre *des Fractions.*

Nous donnons à la fin de ce volume, sous le titre : *Diverses applications du système décimal*, le moyen de faire sûrement et facilement une infinité d'opérations, dont le besoin se fait sentir à chaque instant.

OBSERVATIONS GÉNÉRALES

SUR LES TABLES SUIVANTES.

1. En comparant chaque article des tables suivantes avec le nombre correspondant, on remarquera que l'un n'est pas toujours l'équivalent exact de l'autre : la division des mesures et le rapport des unités principales avec leurs fractions, n'étant pas les mêmes, on a été souvent forcé de ne donner que des quantités approximatives; mais les différences sont très-légères, et n'excèdent jamais une fraction de 100ᵉ, 1000ᵉ,

ou 10,000ᵉ, suivant que l'on emploie 2, 3 ou 4 décimales.

2. Si, à la suite des entiers, il y a un plus grand nombre de décimales qu'on ne veut en conserver, on est maître de supprimer les dernières, en observant, pour plus grande exactitude, d'augmenter d'une unité la dernière décimale conservée, lorsque celles qu'on efface excèdent 5, 50, 500, etc. Voir ci-devant, *p.* 68.

3. On apprécie aisément la valeur des fractions décimales, quand les unités qui les précèdent expriment des mesures métriques, dont les divisions sont décimales ; ainsi, lorsqu'on lit : 3 *métr.* 468, il est clair que la fraction exprime des millimètres, ou millièmes de mètre. Si la fraction n'eût été que d'un ou deux chiffres, elle eût exprimé, dans le premier cas, des décimètres, et au second, des centimètres. Il n'en est pas de même, quand les décimales sont à la suite des anciennes mesures, dont les divisions sont établies sur des bases différentes ; ainsi, lorsqu'on lit : 15 *aun.* 58, ou 81 *liv.* 287, on ne voit pas au premier coup d'œil, ce que ces fractions décimales contiendraient en fractions ordinaires, c'est-à-dire, en tiers, demi-tiers, seizièmes, etc., pour l'aune, et en onces, gros et grains, pour la livre poids de marc.

Le moyen d'opérer la conversion des décimales en fractions ordinaires est facile ; il consiste à multiplier les décimales par le dénominateur de la fraction qu'on veut obtenir, en retranchant ou séparant du produit autant de chiffres qu'il y en avait à la fraction décimale. Ainsi, dans les deux cas cités plus haut, veut-on connaître à combien de 16es répond la fraction décimale 0.58 ; en multipliant ce dernier nombre par 16, et en retranchant 2 chiffres du produit 928, on a 9 seizièmes, et une fraction qu'on néglige. En multipliant par 12, pour avoir des douzièmes, on aurait eu 7 douzièmes.

Pour connaître l'équivalent en onces, gros et grains, de la fraction décimale 0 *livr.* 287, il faut se rappeler que l'once est le 16e de la livre ; le gros, le 8e de l'once, et le grain, le 72e du gros. En multipliant 287 par 16 pour avoir des onces, on a 4592, et, en séparant trois chiffres, *4 onc.* 592. Le produit de cette seconde fraction par 8 donne en gros, 4.136 ; et enfin, si l'on multiplie la fraction décimale 136 par 72, pour avoir des grains, on aura 9 grains, et la fraction 792, pour laquelle on pourra compter un grain de plus, parce qu'elle excède 500.

4. Dans les tables de conversion qui suivent, nous avons comparé chaque espèce de mesures à celle qui nous a paru lui être le plus analogue ; mais on a souvent à con-

vertir des *quantités complexes*, par exemple, 20 toises 3 pieds 4 pouces, à exprimer en mètres : dans ce cas, il faut, en se portant à la table VIII ci-après, prendre d'abord

pour 20 toises .... 38^m.981
ensuite pour 3 pieds 4 pouces... 1. 083

Ensemble......... 40. 064.

5. Si l'on a à convertir des nombres qui ne se trouvent pas dans les tables, par exemple 234 aunes, il faut avoir recours à l'addition, et dire :

200 aunes font en mètres 237.689
  30 ,............................... 35.653
   4 ,............................... 4.754

234................................278.096

Si le nombre 200 n'est pas dans les tables, on peut prendre 2 fois l'équivalent du nombre 100, ou bien encore la quantité qui répond à 20, en reculant le point d'un chiffre.

Exemple. 20 toises cubes faisant en mètres cubes 148.078, 200 toises cubes feront 1480.78.

6. Pour vérifier l'exactitude des résultats obtenus, en opérant comme ci-dessus, il suffit de refaire l'opération, en divisant autrement le nombre à convertir.

1er *Exemple.* 20 toises 3 pieds 4 pouces à convertir en mètres :

7*

```
15 toises font en mètres...............29. 235
 5 toises, ...........................  9.  745
 2 pieds,............................  0.  650
 1 pied 4 pouces, ...................  0.  433
                                     ──────────
20 t. 3 p. 4 pouces..................40.  063
```

2e *Ex*. 234 aunes à convertir en mètres :

```
200 aunes font en mètres............237.  689
 20,................................ 23.  769
  8,................................  9.  508
  6,................................  7.  131
                                    ──────────
234.................................278.  097
```

Ces résultats, ne différant des premiers que d'un millimètre, en prouvent suffisamment l'exactitude. On peut varier à l'infini ce moyen de vérification.

Une opération se contrôle encore par l'opération inverse : si 234 aunes font en mètres 278.096, il faut voir ce que 278.096 donnent en aunes.

```
200 mètres font en aunes.............168.  29
 78,................................  65.  63
  9 centimètres,....................  0.  076
  6 millimètres, ...................  0.  005
                                    ──────────
278ᵐ. 096...........................234.  001
```

ce qui ne diffère encore que d'un millième.

7. On s'exposerait à une erreur sensible, si, ayant à convertir un nombre assez considérable de mesures, on se contentait de prendre la quantité correspondante à l'unité, pour la multiplier ensuite par le

nombre dont on voudrait opérer la conversion. Par exemple, si, pour convertir ces 234 aunes en mètres, on multipliait 1ᵐ.188, qui est l'équivalent d'une aune, par 234, on ne trouverait que 277ᵐ.992, au lieu de 278ᵐ.096 comme ci-dessus. Cette différence, qui est de plus d'un décimètre, provient de ce que, les conversions n'étant approximatives, ainsi qu'on l'a vu ci-dessus, 1ʳᵉ *observation*, qu'à une fraction de 1000ᵉ près, si on emploie comme ici 3 décimales, la petite différence qui en résulte, quoique absolument insensible sur l'unité, devient palpable en se multipliant un grand nombre de fois. C'est en cela que se fait particulièrement sentir l'avantage des tables, puisqu'ici, par exemple, elle donne l'équivalent exact, à moins d'un millimètre près, de 100 et de 1000 aunes, et ainsi des autres mesures.

Si l'on veut opérer par la multiplication, il faut prendre pour multiplicande la quantité qui correspond, non à l'unité, mais à 100 ou à 1000, et séparer ensuite 2 ou 3 décimales, selon que l'on a opéré sur la valeur de 100, ou sur celle de 1000.

8. Dans tous les cas où l'on n'a pas besoin de convertir avec une précision rigoureuse, il faut s'abstenir d'énoncer les centièmes et millièmes, et se borner à une simple approximation. Ainsi, pour les dis-

tances, on peut négliger les fractions, et ne les énoncer qu'en myriamètres ou kilomètres, de même qu'autrefois on les évaluait en lieues, demi-lieues, ou quarts de lieue, négligeant le nombre de toises qui se trouvait en plus ou en moins. Lorsque, pour les dimensions d'un bâtiment, on n'employait que les toises et les pieds, en négligeant les pouces et les lignes, on doit aussi négliger les centimètres et millimètres : de même, on peut retrancher les décilitres et centilitres, s'il s'agit de la contenance d'une futaille, qui ne s'évaluait autrefois qu'en pintes. L'usage fera bientôt connaître les cas où l'on peut s'abstenir d'une précision rigoureuse. Au reste, nos tables se prêtent également à la conversion exacte ou approximative, selon qu'on néglige ou que l'on conserve un plus ou moins grand nombre de décimales.

9. Ne pouvant donner des tables de conversion pour toutes les mesures usitées précédemment dans les différentes provinces, nous avons pris celles de Paris pour termes de comparaison, parce qu'elles étaient le plus généralement connues ; nous indiquerons néanmoins, en traitant de chaque classe de mesures, les moyens de convertir également les mesures locales. Au reste, on a dû publier, dans chaque département, d'après l'arrêté du 3 niv. an 4, des tableaux

comparatifs de toutes les mesures et poids qui étaient en usage dans les diverses communes, et l'on peut regarder comme certaines les évaluations qu'ils contiennent, sauf l'observation contenue en l'article suivant.

Moyen de rectifier les tables calculées sur les mesures provisoires, pour les rendre conformes aux mesures définitives.

Les tableaux comparatifs publiés avant la fixation définitive du mètre et du kilogramme, avaient été basés sur une longueur de *443 lign. 44* pour le mètre, et sur un poids de 18841 *grains* pour le kilogramme : le mètre et le kilogramme ayant été fixés définitivement, par la loi du 19 frimaire an 8, à *443 lign.* 296, et à 18827 *grains* 15 *centièmes*, le mètre se trouve diminué d'un 3000ᵉ environ, et le kilogramme d'un 1400ᵉ. Les rapports antérieurement calculés ont donc besoin d'une légère correction ; voici le moyen de la faire avec toute l'exactitude dont on peut avoir besoin dans la pratique.

Si le nombre donné en mesures provisoires ne contient pas plus de 3 chiffres, il n'y a aucune correction à faire pour les mesures de longueur et de surface. Pour celles de solidité, de capacité et de poids, on ajoute 1 au troisième chiffre, si le premier surpasse 6.

En général, étant donné un nombre quelconque en mesures provisoires, pour avoir la quantité équivalente en mesures définitives, il faut y ajouter un 3000ᵉ pour les mesures de longueur, un 1500ᵉ pour les mesures de surface, un 1000ᵉ pour celles de solidité ou de capacité, un 1400ᵉ pour les poids.

Lorsqu'on a besoin d'un résultat encore plus exact, il faut retrancher un 80ᵉ de la correction, s'il s'agit d'une mesure de longueur, surface, solidité ou capacité ; et ajouter, au contraire, 3 centièmes de la première correction, s'il s'agit d'un poids. Le résultat obtenu par cette seconde correction, ne pourra plus être en erreur que dans le 7ᵉ chiffre au plus, approximation qui devra toujours être jugée suffisante.

DES FRACTIONS.

La règle à suivre pour convertir les fractions ordinaires en fractions décimales, est de diviser le numérateur par le dénominateur, en ajoutant au premier autant de zéros qu'on veut avoir de décimales au quotient. Voir ci-devant, *page 72*. Ainsi, pour réduire la fraction $^5/_4$ en centièmes, on divise 300 par 4; le quotient est de 75; par conséquent, $^3/_4$ reviennent à 0.75. De même, si vous voulez connaître la valeur de $^1/_3$ avec trois décimales, divisez 1000 par 3, vous trouverez au quotient 333; $^1/_3$ est donc à peu près égal à 0.333, ou à 0.33, si on se borne à 2 décimales : $^5/_8$ est égal au quotient de 5000 par 8, ou 0.625; $^7/_{12}$ égale 70000 divisé par 12, ou 0.5833, et ainsi pour toutes les autres fractions.

Au lieu d'ajouter tout d'un coup au numérateur un certain nombre de zéros, on peut ne les ajouter que successivement : dès qu'on parvient à n'avoir plus de reste, l'opération est finie ; mais tant qu'il y a un reste, on peut continuer d'abaisser des zéros jusqu'au degré de précision qu'on veut obtenir, puisque le nombre de zéros que l'on conçoit à la suite du dividende n'est pas limité.

La division peut se faire sans reste, lorsque la fraction à convertir en fraction décimale a pour dénominateur les nombres 2 ou 5, les puissances de ces nombres, comme 4, 8, 16, etc., 25, 125, 625, etc., ou bien un composé de 2 et de 5 ou de leurs puissances, sans autre facteur. Mais si la fraction proposée a tout autre nombre pour dénominateur, on ne peut avoir une fraction décimale qui lui soit rigoureusement égale ; on en approche seulement d'autant plus, qu'on emploie un plus grand nombre de décimales. Par exemple, il n'y a point de fraction décimale qui soit exactement égale à la fraction $^1/_3$; mais 0.33, 0.333, 0.3333, etc., peuvent la remplacer, en observant d'ajouter d'autant plus de 3 qu'on a besoin d'une plus grande précision. Si l'unité de mesure a été bien choisie, 2 ou 3 décimales seront toujours suffisantes.

Par la conversion des fractions ordinaires en fractions décimales, on les réduit au même dénominateur, ce qui donne la facilité de les comparer ensemble. Plusieurs personnes auraient peine à dire sur-le-champ le rapport qui se trouve entre une demie, un tiers, un quart, un cinquième : réduites en centièmes, ces fractions sont entre elles comme les nombres 50, 33, 25 et 20, au moins à très-peu près.

Un avantage qui résulte encore de la conversion des fractions ordinaires en décimales, c'est la facilité de pouvoir les soumettre aux règles de l'arithmétique.

Il faudrait plusieurs opérations assez longues et assez compliquées, pour additionner les quatre fractions ordinaires dont nous avons parlé, une demie, un tiers, un quart, un cinquième, ou pour soustraire l'une de l'autre. Rien n'est plus simple, si l'on opère sur les fractions décimales qui y correspondent. *Exemples :*

	0. 5		
	0. 333		0. 333
ADDITION.	0. 25	SOUSTRACTION.	0. 25
	0. 2		
	1. 283		0. 083

Le résultat de l'addition est 1 entier 283 millièmes ; celui de la soustraction est 83 millièmes. Si l'on veut se borner à des centièmes, on retranche le dernier chiffre, et l'on a pour résultat 1.28, et 0.08.

Pour la multiplication et la division, il faut également suivre les mêmes règles que pour les entiers ; 0.5, multiplié par 0.3333, donne 0.16665, qui peut se réduire, en se bornant aux millièmes, à 0.167. La division de 0.5 par 0.333, en opérant sur 500 par 333, donne pour quotient 1.5.

Pour la conversion des fractions décimales en fractions ordinaires, et réciproquement, voir ci-devant *pag.* 73 et 75 ; on peut abréger beaucoup en consultant les tables suivantes.

TABLE I. *Conversion des fractions ordinaires en décimales.*

OBSERVAT. Cette table contient un grand nombre de fractions, rangées suivant l'ordre de leurs dénominateurs, depuis $^1/_2$ jusqu'à $^1/_{100}$.

Si une fraction, dont le dénominateur est dans la table, a un autre numérateur que l'unité, il faut multiplier la fraction décimale de la table par le numérateur. Ainsi, pour avoir la valeur de $^{15}/_{8}$, on multiplie 0.0312 par 15, ce qui donne 0.4680.

Si l'on veut convertir en décimales une fraction dont le dénominateur soit au-dessus de 100, mais multiple de l'un des 100 premiers nombres, il est aisé de le faire au moyen de la table. Par exemple, la fraction $^{1}/_{240}$ étant le $^{1}/_{4}$ de $^{1}/_{60}$, et le $^{1}/_{3}$ de $^{1}/_{80}$, on peut la convertir en décimales, en prenant le $^{1}/_{4}$ de 0.0167, ou le $^{1}/_{3}$ de 0.0125, ce qui donne 0.0042.

Pour les fractions auxquelles cette table ne serait point applicable, il faut recourir aux méthodes indiquées *pag.* 73 et 75.

Nous avons employé jusqu'à 4 décimales, quand les fractions n'ont pu se convertir exactement avec un moindre nombre ; ces décimales, au nombre de 4, sont des dix-millièmes, et par conséquent équivalent à la fraction qui les précède, à moins d'un 10,000ᵉ près, différence presque insensible.

$^{1}/_{2}$	0.5	$^{1}/_{8}$	0.125	$^{1}/_{14}$	0.0714
$^{1}/_{3}$	0.3333	$^{1}/_{9}$	0.1111	$^{1}/_{15}$	0.0667
$^{1}/_{4}$	0.25	$^{1}/_{10}$	0.1	$^{1}/_{16}$	0.0625
$^{1}/_{5}$	0.2	$^{1}/_{11}$	0.0909	$^{1}/_{17}$	0.0588
$^{1}/_{6}$	0.1667	$^{1}/_{12}$	0.0833	$^{1}/_{18}$	0.0556
$^{1}/_{7}$	0.1429	$^{1}/_{13}$	0.0769	$^{1}/_{19}$	0.0526

Fraction	Décimale	Fraction	Décimale	Fraction	Décimale
$\frac{1}{20}$	0.05	$\frac{1}{48}$	0.0208	$\frac{1}{76}$	0.0132
$\frac{1}{21}$	0.0476	$\frac{1}{49}$	0.0204	$\frac{1}{77}$	0.013
$\frac{1}{22}$	0.0455	$\frac{1}{50}$	0.02	$\frac{1}{78}$	0.0128
$\frac{1}{23}$	0.0435	$\frac{1}{51}$	0.0196	$\frac{1}{79}$	0.0127
$\frac{1}{24}$	0.0417	$\frac{1}{52}$	0.0192	$\frac{1}{80}$	0.0125
$\frac{1}{25}$	0.04	$\frac{1}{53}$	0.0189	$\frac{1}{81}$	0.0123
$\frac{1}{26}$	0.0385	$\frac{1}{54}$	0.0185	$\frac{1}{82}$	0.0122
$\frac{1}{27}$	0.037	$\frac{1}{55}$	0.0182	$\frac{1}{83}$	0.012
$\frac{1}{28}$	0.0357	$\frac{1}{56}$	0.0179	$\frac{1}{84}$	0.0119
$\frac{1}{29}$	0.0345	$\frac{1}{57}$	0.0175	$\frac{1}{85}$	0.0118
$\frac{1}{30}$	0 0333	$\frac{1}{58}$	0.0172	$\frac{1}{86}$	0.0116
$\frac{1}{31}$	0.0323	$\frac{1}{59}$	0.0169	$\frac{1}{87}$	0.0115
$\frac{1}{32}$	0.0312	$\frac{1}{60}$	0.0167	$\frac{1}{88}$	0.0114
$\frac{1}{33}$	0.0303	$\frac{1}{61}$	0.0164	$\frac{1}{89}$	0.0112
$\frac{1}{34}$	0.0294	$\frac{1}{62}$	0.0161	$\frac{1}{90}$	0.0111
$\frac{1}{35}$	0.0285	$\frac{1}{63}$	0.0159	$\frac{1}{91}$	0.011
$\frac{1}{36}$	0.0278	$\frac{1}{64}$	0.0156	$\frac{1}{92}$	0.0109
$\frac{1}{37}$	0.027	$\frac{1}{65}$	0.0154	$\frac{1}{93}$	0.0108
$\frac{1}{38}$	0.0263	$\frac{1}{66}$	0.0152	$\frac{1}{94}$	0.0106
$\frac{1}{39}$	0.0256	$\frac{1}{67}$	0.0149	$\frac{1}{95}$	0.0105
$\frac{1}{40}$	0.025	$\frac{1}{68}$	0.0147	$\frac{1}{96}$	0.0104
$\frac{1}{41}$	0.0244	$\frac{1}{69}$	0.0145	$\frac{1}{97}$	0.0103
$\frac{1}{42}$	0.0238	$\frac{1}{70}$	0.0143	$\frac{1}{98}$	0.0102
$\frac{1}{43}$	0.0233	$\frac{1}{71}$	0.0141	$\frac{1}{99}$	0.0101
$\frac{1}{44}$	0.0227	$\frac{1}{72}$	0.0139	$\frac{1}{100}$	0.01
$\frac{1}{45}$	0.0222	$\frac{1}{73}$	0.0137	$\frac{1}{400}$	0.025
$\frac{1}{46}$	0.0217	$\frac{1}{74}$	0.0135	$\frac{1}{1000}$	0.001
$\frac{1}{47}$	0.0213	$\frac{1}{75}$	0.0133		

Table II. *Conversion des décimales en fractions ordinaires.*

OBSERV. Cette table contient les fractions correspondantes à toutes les décimales, depuis 0.01 jusqu'à 0.99, c'est-à-dire, depuis

1 centième jusqu'à 99. Nous avons cru inutile de pousser la comparaison jusqu'aux millièmes et dix-millièmes, parce que les unités étant bien appropriées aux objets à mesurer, on aura rarement besoin de fractions inférieures aux centièmes. Les fractions qui suivent ici les décimales en sont l'équivalent exact à moins d'un 100ᵉ près.

0.01	$\frac{1}{100}$	0.28	$\frac{7}{25}$	0.55	$\frac{11}{20}$
0.02	$\frac{1}{50}$	0.29	$\frac{2}{7}$	0.56	$\frac{14}{25}$
0.03	$\frac{1}{33}$	0.30	$\frac{3}{10}$	0.57	$\frac{4}{7}$
0.04	$\frac{1}{25}$	0.31	$\frac{10}{32}$	0.58	$\frac{29}{50}$
0.05	$\frac{1}{20}$	0.32	$\frac{8}{25}$	0.59	$\frac{7}{12}$
0.06	$\frac{3}{50}$	0.33	$\frac{1}{3}$	0.60	$\frac{3}{5}$
0.07	$\frac{1}{14}$	0.34	$\frac{17}{50}$	0.61	$\frac{8}{13}$
0.08	$\frac{2}{25}$	0.35	$\frac{7}{20}$	0.62	$\frac{31}{50}$
0.09	$\frac{1}{11}$	0.36	$\frac{9}{25}$	0.63	$\frac{5}{8}$
0.10	$\frac{1}{10}$	0.37	$\frac{3}{8}$	0.64	$\frac{16}{25}$
0.11	$\frac{1}{9}$	0.38	$\frac{19}{50}$	0.65	$\frac{13}{20}$
0.12	$\frac{3}{25}$	0.39	$\frac{5}{13}$	0.66	$\frac{33}{50}$
0.13	$\frac{1}{8}$	0.40	$\frac{2}{5}$	0.67	$\frac{2}{3}$
0.14	$\frac{7}{50}$	0.41	$\frac{5}{12}$	0.68	$\frac{17}{25}$
0.15	$\frac{3}{20}$	0.42	$\frac{21}{50}$	0.69	$\frac{38}{55}$
0.16	$\frac{4}{25}$	0.43	$\frac{3}{7}$	0.70	$\frac{7}{10}$
0.17	$\frac{1}{6}$	0.44	$\frac{11}{25}$	0.71	$\frac{5}{7}$
0.18	$\frac{9}{50}$	0.45	$\frac{9}{20}$	0.72	$\frac{18}{25}$
0.19	$\frac{2}{11}$	0.46	$\frac{23}{50}$	0.73	$\frac{8}{11}$
0.20	$\frac{1}{5}$	0.47	$\frac{6}{13}$	0.74	$\frac{37}{50}$
0.21	$\frac{3}{14}$	0.48	$\frac{12}{25}$	0.75	$\frac{3}{4}$
0.22	$\frac{11}{50}$	0.49	$\frac{49}{100}$	0.76	$\frac{19}{25}$
0.23	$\frac{2}{9}$	0.50	$\frac{1}{2}$	0.77	$\frac{7}{9}$
0.24	$\frac{6}{25}$	0.51	$\frac{51}{100}$	0.78	$\frac{39}{50}$
0.25	$\frac{1}{4}$	0.52	$\frac{13}{25}$	0.79	$\frac{11}{14}$
0.26	$\frac{13}{50}$	0.53	$\frac{7}{13}$	0.80	$\frac{4}{5}$
0.27	$\frac{3}{11}$	0.54	$\frac{27}{50}$	0.81	$\frac{9}{11}$

0.82	$41/50$	0.88	$22/25$	0.94	$47/50$
0.83	$5/6$	0.89	$8/9$	0.95	$19/20$
0.84	$21/25$	0.90	$9/10$	0.96	$24/25$
0.85	$17/20$	0.91	$10/11$	0.97	$32/33$
0.86	$43/50$	0.92	$23/25$	0.98	$48/50$
0.87	$7/8$	0.93	$13/14$	0.99	$99/100$

1° Si l'on a à convertir en fractions ordinaires des fractions décimales de dixièmes au lieu de centièmes, par exemple, 0.5, 0.7, etc., il faut se rappeler que ces fractions équivalent à 0.50, 0.70, qui se trouvent dans cette table : on commettrait une erreur grave, en confondant 0.5 avec 0.05, etc.

2° Quoique la table précédente ne renferme que des fractions décimales de centièmes, elle peut également servir à convertir en fractions ordinaires toutes les fractions décimales possibles, à quelque nombre de chiffres qu'elles s'élèvent.

Exemple. Si l'on a à convertir la fraction décimale 0,9527, il faut la diviser en plusieurs fractions, qui aient au plus 2 chiffres, et l'on voit clairement qu'elle correspond à 0.95, plus 0.0027, puisqu'en additionnant on retrouve 0.9527. Or, nous trouvons dans la table, 0.95 égal à $19/20$; suivant la même table, 0.27 vaut $5/11$: mais, d'après les principes du calcul décimal, 0.0027 est 100 fois plus petit que 0.27 ; il faut donc diviser $5/11$ par 100, c'est-à-dire, ajouter 2 zéros au dénominateur, ce qui donne $^5/_{1100}$: la fraction décimale 0.9527 équivaut donc aux deux fractions $^{19}/_{20}$ et $^5/_{1100}$, qui, réduites au même dénominateur et à la plus petite expression, suivant les règles du calcul ordinaire, valent $^{262}/_{275}$, à moins d'un 1000ᵉ près.

0.52673, qui correspond à 0.5, plus 0.026, plus 0.00073, se convertit, par la même méthode, en la fraction ordinaire $^{2897}/_{5500}$.

Au reste, on sera rarement dans le cas de convertir ainsi des fractions décimales en fractions ordinaires ; on trouve d'ailleurs ci-dev. *page* 75, le moyen d'opérer dans tous les cas cette conversion par une simple multiplication.

TABLE III. *Rapports exacts du Mètre et du Kilogramme, avec la Toise d'ordonnance et la Livre poids de marc.*

OBSERV. Les tables insérées dans cet ouvrage offrent la conversion des anciennes mesures en nouvelles, et des nouvelles en anciennes, à un 1000ᵉ ou 10,000ᵉ près ; et cette approximation est suffisante dans l'usage ordinaire. Pour ceux qui voudraient faire ces calculs avec plus de précision, nous donnons ici des rapports exacts, ou du moins extrêmement rapprochés, du mètre et du kilogramme, tels qu'ils ont été définitivement fixés par la loi, avec l'ancienne toise et la livre poids de marc.

L'*Annuaire*, publié chaque année par le bureau des longitudes, contient des tables de conversion des anciens et nouveaux poids et mesures : les ayant comparées avec les nôtres, nous y avons reconnu quelques différences : elles proviennent de ce que l'Annuaire a pris pour base de ses calculs la valeur *rigoureusement exacte* du mètre, telle qu'elle résulte des calculs faits pour la mesure du quart du méridien terrestre, c'est-à-dire 443 *lign*. 295936, (voir *page 46*, *en note ;*) tandis que nous avons adopté pour base des nôtres, la valeur *légale* du mètre, telle qu'elle est définitivement fixée par la loi du 19 frimaire an 8, c'est-à-dire 443 *lign*. 296, (voir *page 7*.)

Dans l'acception réelle et mathématique,

Mètre vaut en *toises*, ... 0.513074
Toise vaut en *mètres*, ... 1.9490365912

Dans l'acception légale, au contraire,

Mètre vaut en *toises*, ... 0.513074074074
Toise vaut en *mètres*, ... 1.9490363095

Rigoureusement parlant, et appliquée aux mesures ordinaires de longueur, la valeur donnée au mètre par l'Annuaire ne diffère pas de la nôtre, parce que dans l'usage habituel, on emploie rarement plus de six décimales ; mais en multipliant la valeur du mètre par 10,000 ou 100,000, pour former des myriamètres ou des degrés décimaux, ou en l'élevant à la seconde ou troisième puissance, pour avoir, en toises superficielles ou cubiques, la valeur de mètres carrés ou cubes, les résultats diffèrent davantage ; ainsi la valeur du mètre carré et celle du mètre cube données par l'Annuaire, sont :

en *toises carrées*,.............. 0.2632449294476

en *toises cubes*, ... 0.135064128946

Légalement, elles doivent être :

en *toises carrées*, ... 0.2632450055

en *toises cubes*, ... 0.135064187445

Ces deux modes de conversion, assis sur des bases certaines, quoique différentes, permettront aux calculateurs d'adopter celui qui conviendra le mieux à leur position ou à leurs vues.

S'agira-t-il de valeurs légales, c'est-à-dire, relatives au commerce, aux créances, obligations, opérations administratives, etc., on devra se servir des rapports légaux énoncés dans la table suivante.

Veut-on s'occuper de mesures physiques, géologiques, astronomiques, etc., il faudra recourir aux tables de l'*Annuaire*.

Mètre vaut en	lignes , (*loi du 19 fr. an 8.*)	443.296
	pouces, ...	36.941333333
	pieds, ...	3.078444444
	toises, ...	0.513074074074

Ligne *vaut* en millimètres, . . .		2.255829
Pouce , — en centimètres, ...		2.706995
Pied , — en décimètres , ...		3.248393849
Toise , — en mètres, ...		1.9490363095

Mètre carré vaut	en lignes carrées, ...	196511.343616
	en pouces carrés	1364.66210844
	en pieds carrés, ...	9.47682019753
	en toises carrées, ...	0.263245005487

Lig. carr. *vaut* en mill. carrés ,		5.08879
Pouc. carr.—en centim. carrés,		7.3278213
Pied carr. —en décim. carrés,		10.552062603
Toise carr.—en mètres carrés ,		3.798742537

Mètre cube vaut	en lignes cubes, ...	87112692.5796
	en pouces cubes , ...	50412.43783536
	en pieds cubes , ...	29.17386448805
	en toises cubes, ...	0.135064187445

Lign. cube *vaut* en mill. cubes,		11.479383433
Pouc. cube, — en centim. cub.,		19.83637457
Pied cube, — en décim. cubes,		34.27725526
Toise cube, — en mètres cubes,		7.403887136

Kilo- gram. vaut en	grains, ...	18827.15
	gros, ...	261.4881944
	onces, ...	32.6860243
	livres, ...	2.0428765191

Grain, *p. d. m. vaut* en grammes,		0.053114784
Gros , — en décagrammes, . . .		0.3824264427
Once, — en hectogrammes, . .		0.305941154
Livre, — en kilogrammes, ...		0.4895058466

Nota. Toutes les mesures dérivant du mètre, ainsi qu'on l'a vu précédemment, cette table suffira pour faire, avec une très-grande précision, toutes les opérations de conversion ou réduction dont on pourrait avoir besoin.

MESURES DE LONGUEUR.

Les mesures de *longueur*, qu'on appelle aussi *linéaires*, parce qu'elles ont pour but de mesurer une seule dimension ou *ligne*, se divisent en deux classes : *mesures linéaires* proprement dites, et *mesures itinéraires*. Elles ne diffèrent les unes des autres qu'en ce que, les dernières étant destinées à mesurer des distances très-étendues, il a fallu prendre pour unité un multiple 1000 ou 10,000 fois plus grand que le mètre, unité des mesures linéaires proprement dites. Ainsi, la longueur d'une étoffe et la hauteur d'un mur s'évaluent en *mètres*, tandis que la distance de Paris à Lyon, par exemple, s'évalue en *kilomètres* ou *myriamètres*.

Cette détermination a eu particulièrement pour objet de soulager la mémoire : 50 myriamètres ou 500 kilomètres sont exactement la même chose que 500,000 mètres ; mais ces premières expressions ont dû être préférées comme plus faciles à retenir, et plus analogues aux anciennes mesures du même genre, le myriamètre équivalant à peu près à une poste, et le kilomètre à un quart de lieue. Pour les mesures itinéraires, voir ci-après, titre *Mesures géographiques.*

Les mesures linéaires proprement dites remplacent l'aune et la toise. Nous donnerons des tables de comparaison du mètre avec ces deux anciennes mesures et leurs sous-divisions, ainsi qu'avec l'aune et la toise usuelles, établies par l'arrêté du 28 mars 1812.

Nous renvoyons au titre des *Mesures agraires* ce qui concerne la *perche, verge,* ou *chaîne* d'arpenteur : encore bien que ce soit une mesure de longueur, nous avons cru inutile d'en offrir ici la conversion en mètres ou décamètres, parce que, comme mesure linéaire, elle n'est que l'élément de la mesure de superficie qui porte le même nom ; au reste, si l'on désire savoir ce qu'une perche, dont on connaît la longueur en pieds et pouces d'ordonnance, vaut en mètres, on le pourra aisément à l'aide de la table VIII ci-après.

DU MÈTRE.

Deux espèces de mesures de longueur, la *toise* et l'*aune*, étaient concurremment en usage ; l'une servait pour les bâtimens, les bois, etc., l'autre, pour les étoffes ; et ces deux instrumens de mesure n'avaient le plus souvent entre eux qu'un rapport diffi-cile à saisir et à exprimer : à Paris, ce rap-port était de 11 à 18 à peu près, et plus exactement de 3161 à 5164.

Une seule mesure et celles qui en dé-rivent remplacent les diverses mesures de longueur dont on se servait en différens en-droits de la France, et pour différens objets : on ne connaîtra plus des pieds de 10 à 13 pouces, des toises de 5 à 8 pieds, des perches ou verges depuis 9 pieds jusqu'à 28 ; des mesures pour la toile, pour la soie, diffé-rant de celles en usage pour les étoffes de laine ; des aunes de 22 pouces, et d'autres de 6 pieds ; et dans les départemens mé-ridionaux, des cannes de 5 pieds, et d'autres de 10 pieds et demi ; l'adoption du mètre a fait disparaître cette bigarrure.

Le mètre est, comme nous l'avons dit, la dix-millionième partie de la distance du pôle à l'équateur. Sa longueur a été fixée définitivement, par la loi du 19 frimaire an 8, à 3 pieds 11 lignes 296 millièmes.

Au lieu de la division duodécimale du pied, et de la double division de l'aune en tiers et en quarts, on ne trouve sur le mètre que des fractions décimales ; il est divisé en 10, 100, et même 1000 parties, nommées décimètres, centimètres et millimètres.

Le mètre a des rapports simples avec les mesures anciennement en usage à Paris, et dans la plus grande partie de la France, ainsi qu'on le verra par les observations qui précèdent les tables suivantes.

TABLE **IV.** *Conversion des Aunes de Paris en Mètres.*

L'aune de Paris était de 3 pieds 7 pouces 10 lign. 5 sixièmes, (*Mém. de l'Académie,* *ann.* 1746;) le mètre est de 3 pieds 11 lign. 296 millièmes; il est ainsi plus court que l'aune, de 6 pouc. 11 lign. 537 millièmes.

Le mètre est divisé en 100, et même en 1000 parties, tandis que l'aune, quoique plus longue, l'était au plus en 32.

Le mètre a un rapport simple avec l'aune, au moins par approximation; 6 *mètres font environ* 5 *aunes.* Pour convertir un nombre d'aunes en mètres, il faut donc ajouter au nombre des aunes le 5ᵉ de ce même nombre. Le rapport est plus exact, si du nombre de mètres trouvé, on ôte la 100ᵉ partie.

Ainsi soient 1000 aunes à convertir en mètres; en ajoutant le 5ᵉ, on a pour première valeur approximative... 1200 *mètres.*

Otez le centième......... 12

2ᵉ valeur presque exacte ... 1188
La véritable valeur est 1188ᵐ. 445

De même, 5 aunes font 5 mètr. 94 centièmes, ou 6 mètr. moins 6 centièmes; d'où il résulte qu'en livrant à l'acheteur 6 mètres au lieu de 5 aunes, on lui donnerait à très-peu près 1 p. 100 de bénéfice.

La méthode indiquée ci-dessus pour la conversion des anciennes aunes en mètres, quoique simple et facile à concevoir, ne donne pour résultat qu'une mesure approximative. La table suivante présente au premier coup d'œil le rapport des aunes aux mètres, depuis 1 jusqu'à 1000. On y trouve aussi les rapports des parties de l'aune avec le mètre.

Nous avons choisi l'aune de Paris pour terme de comparaison, comme celle des mesures de ce genre qui est le plus généralement répandue. On pourra connaître le rapport exact des autres aunes ou cannes avec le mètre, en consultant les tables de comparaison des toises, pieds, pouces et lignes, ci-après *table* VIII.

Nous employons ici trois décimales, qui donnent des millièmes; si l'on veut s'en tenir aux centièmes, on effacera le dernier chiffre, en ajoutant 1 à celui qui précède, lorsque le dernier surpasse 5.

aunes.	mètres.	aunes.	mètres.	aunes.	mètres.
1ᵉ	1.188	5	5.942	9	10.696
2	2.377	6	7.131	10	11.884
3	3.565	7	8.319	20	23.769
4	4.754	8	9.508	30	35.653

aunes.	mètres.	aunes.	mètres.	aunes.	mètres.
40	47.538	80	95.076	300	356.534
50	59.422	90	106.960	400	475.378
60	71.307	100	118.845	500	594.223
70	83.191	200	237.689	1000	1188.445

Parties de l'Aune ancienne.

aunes.	mètres.	aunes.	mètres.	aunes.	mètres.
1 demie	0.594	1 seize.	0.074	1/32.	0.037
1 tiers	0.396	3.	0.223	3.	0.112
2.	0.792	5.	0.372	5.	0.186
1 quart	0.297	7.	0 520	7.	0.260
3.	0.891	9.	0.668	9.	0 334
1 six.	0.198	11.	0.816	11.	0.408
5.	0.990	13.	0.965	13.	0.483
		15.	1.114	15.	0.557
1 huit.	0.148	1/24.	0.050	17.	0.631
3.	0.445	5.	0.248	19.	0.705
5.	0.743	7.	0.347	21.	0.780
7.	1.040	11.	0.545	23.	0.854
1 douz.	0.099	13.	0.644	25.	0.928
5.	0.495	17.	0.842	27.	1.002
7.	0.693	19.	0.941	29.	1.076
11.	1.089	23.	1.139	31.	1.151

TABLE V. *Conversion des Mètres en Aunes de Paris.*

Pour convertir en aunes un nombre donné de mètres, il suffit, si l'on n'a besoin que d'une simple approximation, de retrancher un 6ᵉ de ce nombre. Le rapport sera plus exact, si l'on ajoute un 100ᵉ du reste. Ainsi, soient 1200 mètres à convertir en aunes : en retranchant un 6ᵉ, on aura pour première valeur approximative, 1000 aunes : ajoutez un 100ᵉ; deuxième valeur presque exacte, 1010 aunes; la véritable valeur est 1009.72.

La table suivante dispense de tout calcul. Les aunes y sont suivies de 2 décimales, ce qui suffit pour la précision : les plus petites divisions indiquées sur l'aune sont des 32ᵉˢ; par le moyen des 2 décimales, on obtient des 100ᵉˢ, ce qui donne des résultats trois fois plus approximatifs; au reste, le moyen de convertir ces centièmes en 32ᵉˢ est facile : il suffit de multiplier la fraction décimale par 32, et de retrancher 2 chiffres. Voir ci-dev., *p.* 75, 3ᵉ *Observ.*

Nous avons également converti les centimètres et décimètr. en fractions décimales d'aune, en conduisant seulement la table jusqu'à 9, parce qu'au-delà de 9 centimètr. on trouve les décimètres, et au-delà de 9 décimètres, les mètres : pour convertir un plus grand nombre de centimètres, 56 par exemple, il faut ajouter les nombres trouvés à 5 décimètres et à 6 centimètres.

centimèt.	aunes.	centimèt.	aunes.	décimèt.	aunes.
1	0.008	8	0.067	5	0.421
2	0.017	9	0.076	6	0.505
3	0.025	décimèt.	aunes.	7	0.589
4	0.034	1	0.084	8	0.673
5	0.042	2	0.168	9	0.757
6	0.050	3	0.252	mètres.	aunes.
7	0.059	4	0.337	1	0.84

mètres.	aunes.	mètres.	aunes.	mètres.	aunes.
2	1.68	10	8.41	90	75.73
3	2.52	20	16.83	100	84.14
4	3.37	30	25.24	200	168.29
5	4.21	40	33.66	400	336 57
6	5.05	50	42.07	500	420.72
7	5.89	60	50.49	600	504.86
8	6.73	70	58.90	800	673.15
9	7.57	80	67.31	1000	841.44

Prix comparatif du Mètre et de l'Aune.

1° Connaissant le prix de l'aune, si l'on veut savoir le prix du mètre, il faut recourir à la table V, ci-devant, dont la première colonne représentant le prix de l'aune, la seconde donne le prix du mètre. Par exemple, l'aune valant 1 franc, le mètre vaut 84 cent. : si l'aune vaut 10 fr., le mètre vaut 8 fr. 41.

2° Connaissant le prix du mètre, si l'on veut savoir le prix de l'aune, il faut recourir à la table IV, dont la première colonne représentant le prix du mètre, la seconde donne le prix de l'aune. Ainsi, le mètre valant 5 fr., l'aune vaut 5 fr. 94.

Observ. Si le prix connu de l'aune ou du mètre n'est pas un nombre rond, et qu'il y ait des centimes ; par exemple, si, le prix du mètre étant de 6 fr. 70 c., on veut savoir le prix comparatif de l'aune, recourez à la table IV, et cherchez d'abord pour 6 fr. ;

on trouve....................... 7.131

Pour les 70 cent., cherchez à 70, vous trouverez 83.191 ; mais comme il s'agit ici de centimes ou centièmes de franc, il faut avancer le point de deux chiffres, et les placer ainsi, en négligeant les deux derniers........ 0.832

Additionnant, le total est........ 7.963 ou 7 fr. 96, en négligeant le dernier chiffre.

AUNE USUELLE.

L'arrêté du 28 mars 1812 porte, *art.* 2, que le mesurage des toiles ou étoffes pourra se faire avec une mesure de 12 décimètres, qui prendra le nom d'aune, se divisera en demis, quarts, huitièmes et seizièmes, ainsi qu'en tiers, sixièmes et douzièmes, et portera sur une de ses faces les divisions correspondantes du mètre en centimètres.

Cette mesure, qui ne diffère de l'ancienne aune de Paris que d'environ un 100° en plus, convient également aux marchands et aux acheteurs, à raison de ce qu'elle offre, dans sa division, les fractions ordinaires, dont l'usage est le plus familier et le plus commode.

L'emploi de cette mesure étant borné au simple commerce de détail, (*décret du* 12 *février* 1812, *art.* 5), on pourrait craindre qu'il n'en résultât quelque embarras pour les marchands, par la nécessité de convertir en aunes usuelles les étoffes qui leur seront fournies au mètre par les fabricans ; mais le rapport de la nouvelle aune au mètre est si simple, que les marchands apprendront bientôt à en faire la conversion de mémoire.

Le mètre contenant 10 décimètres, et l'aune usuelle 12, ils sont ensemble dans le rapport de 5 à 6. Le 10ᵉ du mètre est exactement le 12ᵉ de l'aune. La marchandise qui vaut à l'aune 6 francs, ne vaut au mètre que 5 francs. Pour convertir les mètres en aunes, il suffit de retrancher un 6ᵉ : ainsi 90 mètres font 75 aunes. En ajoutant un 5ᵉ au nombre des aunes, on aura celui des mètres : 6o aunes font ainsi 72 mètres.

L'aune contenant 120 centimètres, la demi-aune en contient 60, le quart 30, le demi-quart 15, le seizième 7 et demi ; le tiers 40, le sixième, 20, et le douzième 10.

L'aune elle-même suffit d'ailleurs pour opérer la conversion respective des fractions ordinaires de l'aune et des fractions décimales du mètre, puisque les unes et les autres y sont indiquées.

Nous donnons cependant les deux tables suivantes pour les personnes qui aiment à trouver des calculs tout faits.

TABLE VI. *Conversion des Mètres en Aunes usuelles.*

mètres.	aunes.	mètres.	aunes.	mètres.	aunes.
1	0 $5/6$	8	6 $2/3$	60	50
2	1 $2/5$	9	7 $1/2$	70	58 $1/5$
3	2 $1/2$	10	8 $1/3$	80	66 $2/3$
4	3 $1/3$	20	16 $2/3$	90	75
5	4 $1/6$	30	25	100	83 $1/5$
6	5	40	33 $1/3$	500	416 $2/3$
7	5 $5/6$	50	41 $2/5$	1000	833 $1/3$

Le décimètre est un 12ᵉ de l'aune usuelle, le centimètre un 120ᵉ.

TABLE VII. *Conversion des Aunes usuelles en Mètres.*

L'aune excédant le mètre d'un 6ᵉ, il a suffi d'une décimale, qui exprime des décimètres.

aunes.	mètres.	aunes.	mètres.	aunes.	mètres.
1	1.2	15	18.0	65	78.0
2	2.4	20	24.0	70	84.0
3	3.6	25	30.0	75	90.0
4	4.8	30	36.0	80	96.0
5	6.0	35	42.0	85	102.0
6	7.2	40	48.0	90	108.0
7	8.4	45	54.0	95	114.0
8	9.6	50	60.0	100	120.0
9	10.8	55	66.0	200	240.0
10	12.0	60	72.0	500	600.0

Parties de l'aune usuelle.

	mètres.			mètres.			mètres.
1 demie	0.6		1 huitᵉ.	0.15		1 seizᵉ.	0.075
1 tiers	0.4		3.	0.45		3.	0.225
2.	0.8		5.	0.75		5.	0.375
			7.	1.05		7.	0.525
1 quart	0.3		1 douzᵉ.	0.1		9.	0.675
3.	0.9		5.	0.5		11.	6.825
1 sixième	0.2		7.	0.7		13.	0.975
5.	1.0		11.	1.1		15.	1.125

Une décimale exprime des décimètres, 2 des centimètres, 3 des millimètres.

OBSERVATIONS *sur l'expression de Toise courante.*

La toise, considérée dans les tables suivantes, comme mesure de longueur (1), recevait quelquefois des entrepreneurs et ouvriers le nom de *toise courante ;* il est nécessaire de fixer le sens qu'ils attachaient à cette expression. C'est ordinairement à l'occasion d'ouvrages de superficie ou de solidité qu'elle s'employait, et l'on disait : Tel mur, telle portion de route, telle boiserie, se paiera tant la toise courante : on entendait par là qu'encore bien que ces travaux pussent se mesurer à la toise superficielle, ou à la toise cube, néanmoins le prix en

---

(1) On trouvera ci-après des tables relatives à la toise *carrée* et à la toise *cube.*

avait été stipulé seulement à raison de la longueur. Ainsi, après avoir déterminé qu'un mur, par exemple, aurait 15 pieds de hauteur et 2 pieds d'épaisseur, et qu'il serait fait sur la longueur de 100 toises, si l'on convenait de payer la construction à raison de 45 fr. la toise courante, le mur coûtait 4500 fr.; si l'on était convenu de le payer à la toise superficielle, il aurait fallu, pour dépenser la même somme, en fixer le prix à 18 fr., parce que le produit de la hauteur de ce mur par la longueur, est de 250 toises, qui, à 18 fr., donnent également 4500 fr. On voit que, pour la comparaison de l'ancienne mesure à la nouvelle, la *toise courante* n'est autre chose que la toise ordinaire; et l'on peut, dans ce cas, recourir aux tables VIII, IX et X ci-après.

Table **VIII.** *Conversion des anciennes Lignes, Pouces, Pieds et Toises, en Mètres.*

Destiné à remplacer la toise et le pied, le mètre est à peu près la moitié de l'une et le triple de l'autre. On peut donc convertir en mètres un nombre de toises et de pieds, d'une manière approchée, en prenant le double du nombre des toises, ou le tiers du nombre des pieds.

Si l'on a besoin d'une plus grande exactitude, on soustrait du nombre de mètres trouvé le 40ᵉ de ce nombre ; l'erreur est alors très-peu sensible, et on la fait disparaître presque entièrement, en soustrayant encore du dernier nombre de mètres trouvé un 2000ᵉ de ce même nombre.

Il est facile de trouver le 2000ᵉ ; il suffit pour cela de prendre la moitié du nombre, et d'avancer le point de 3 chiffres. Pour obtenir le 40ᵉ, il faut prendre le quart, et avancer le point d'un chiffre.

Premier exemple.

Soient 3000 pieds à convertir en mètres.
1ʳᵉ valeur approximative.............. 1000 *mèt.*
Otez le quarantième 25

2ᵉ valeur plus approchée 975
Otez un deux-millième de ce dernier nombre 0.487

Troisième valeur presque exacte....... 974.513
La véritable valeur est 974.518

Second exemple.

Soient 3000 toises à convertir en mètres.
1ʳᵉ valeur approximative.............. 6000 *mèt.*
Otez le quarantième................... 150

2ᵉ valeur plus approchée............. 5850
Otez le deux-millième de ce dernier nombre................................ 2.925

3ᵉ valeur presque exacte.............. 5847.075
La véritable valeur est............... 5847.109

Les tables suivantes faciliteront encore cette conversion, que d'ailleurs la méthode qui vient d'être indiquée donne seulement d'une manière approximative.

L'ancienne toise contenait 6 pieds, le pied 12 pouces, le pouce 12 lignes, la ligne 12 points ; cette dernière division, presque imperceptible, était peu d'usage. On doit remarquer, comme un avantage du mètre sur la toise et le pied, l'extrême facilité avec laquelle la nouvelle mesure se prête aux plus petites divisions : le mètre est divisé en 1000 parties sensibles, tandis que la toise, qui est d'une longueur à peu près double, n'en offre que 864.

On a pris pour comparaison la toise dite *d'ordonnance*. Quelques provinces faisaient usage de toises, pieds et pouces, plus longs ou plus courts ; il sera facile de les évaluer en mètres, au moyen de la table suivante, si l'on en connaît la valeur en toises ou pieds d'ordonnance.

Les objets à mesurer, dont la dimension est moindre que la toise, étant d'un usage très-familier, et se représentant à chaque instant, nous donnons ici l'évaluation, en mesure métrique, des anciennes lignes, pouces et pieds, de 2 lignes en 2 lignes, jusqu'à 6 pieds, et des toises et pieds, depuis 1 jusqu'à 1000. Si le nombre de lignes est impair, il faut ajouter 2 à la dernière décimale du nombre pair qui le précède. La conversion est faite en mètres; si on veut l'avoir en décimètres, centimètres et millimètres, il suffit de reculer le point d'un, 2, ou 3 chiffres; de même, pour l'avoir en décamètres, il faut avancer le point d'un chiffre; en kilomètres, de 3 chiffres, etc.

Les décimales expriment des millimètres; en les prenant une à une, la 1re représente des décimètres, la 2e des centimètres, la 3e des millimètres.

1° *Pieds, Pouces et Lignes, en Mètres.*

lignes.	mètres.	pou. lig.	mètres.	pou. lig.	mètres.
1	0.002	2 6	0.068	6 »	0.162
2	0.005	2 8	0.072	6 2	0.167
3	0.007	2 10	0.077	6 4	0.171
4	0.009	3 »	0.081	6 6	0.176
5	0.011	3 2	0.086	6 8	0.180
6	0.014	3 4	0.090	6 10	0.185
7	0.016	3 6	0.095	7 »	0.189
8	0.018	3 8	0.099	7 2	0.194
9	0.020	3 10	0.104	7 4	0.198
10	0.023	4 »	0.108	7 6	0.203
11	0.025	4 2	0.113	7 8	0.207
pou. lig.		4 4	0.117	7 10	0.212
1 »	0.027	4 6	0.122	8 »	0.217
1 2	0.032	4 8	0.126	8 2	0.221
1 4	0.036	4 10	0.131	8 4	0.226
1 6	0.041	5 »	0.135	8 6	0.230
1 8	0.045	5 2	0.140	8 8	0.235
1 10	0.050	5 4	0.144	8 10	0.239
2 »	0.054	5 6	0.149	9 »	0.244
2 2	0.059	5 8	0.153	9 2	0.248
2 4	0.063	5 10	0.158	9 4	0.253

pou. lig.		mètres.
9	6	0.257
9	8	0.262
9	10	0.266
10	»	0.271
10	2	0.275
10	4	0.280
10	6	0.284
10	8	0.289
10	10	0.293
11	»	0.298
11	2	0.302
11	4	0.307
11	6	0.311
11	8	0.316
11	10	0.320

pi.	po.	lig.	mètres.
1	»	»	0.325
1	»	2	0.329
1	»	4	0.334
1	»	6	0.338
1	»	8	0.343
1	»	10	0.347
1	1	»	0.352
1	1	2	0.356
1	1	4	0.361
1	1	6	0.365
1	1	8	0.370
1	1	10	0.374
1	2	»	0.379
1	2	2	0.383
1	2	4	0.388
1	2	6	0.393
1	2	8	0.397
1	2	10	0.402
1	3	»	0.406
1	3	2	0.411
1	3	4	0.415

pi.	po.	lig.	mètres.
1	3	6	0.420
1	3	8	0.424
1	3	10	0.429
1	4	»	0.433
1	4	2	0.438
1	4	4	0.442
1	4	6	0.447
1	4	8	0.451
1	4	10	0.456
1	5	»	0.460
1	5	2	0.465
1	5	4	0.469
1	5	6	0.474
1	5	8	0.478
1	5	10	0.483
1	6	»	0.487
1	6	2	0.492
1	6	4	0.496
1	6	6	0.501
1	6	8	0.505
1	6	10	0.510
1	7	»	0.514
1	7	2	0.519
1	7	4	0.523
1	7	6	0.528
1	7	8	0.532
1	7	10	0.537
1	8	»	0.541
1	8	2	0.546
1	8	4	0.550
1	8	6	0.555
1	8	8	0.559
1	8	10	0.564
1	9	»	0.568
1	9	2	0.573
1	9	4	0.577
1	9	6	0.582

pi.	po.	lig.	mètres.
1	9	8	0.587
1	9	10	0.591
1	10	»	0.596
1	10	2	0.600
1	10	4	0.605
1	10	6	0.609
1	10	8	0.614
1	10	10	0.618
1	11	»	0.623
1	11	2	0.627
1	11	4	0.632
1	11	6	0.636
1	11	8	0.641
1	11	10	0.645
2	»	»	0.650
2	»	2	0.654
2	»	4	0.659
2	»	6	0.663
2	»	8	0.668
2	»	10	0.672
2	1	»	0.677
2	1	2	0.681
2	1	4	0.686
2	1	6	0.690
2	1	8	0.695
2	1	10	0.699
2	2	»	0.704
2	2	2	0.708
2	2	4	0.713
2	2	6	0.717
2	2	8	0.722
2	2	10	0.726
2	3	»	0.731
2	3	2	0.735
2	3	4	0.740
2	3	6	0.744
2	3	8	0.749

pi.	pou.	lig.	mètres.	pi.	pou.	lig.	mètres.	pi.	pou.	lig.	mètres.
2	3	10	0.753	2	10	»	0.920	3	4	2	1.087
2	4	»	0.758	2	10	2	0.925	3	4	4	1.092
2	4	2	0.762	2	10	4	0.929	3	4	6	1.096
2	4	4	0.767	2	10	6	0.934	3	4	8	1.101
2	4	6	0.771	2	10	8	0.938	3	4	10	1.105
2	4	8	0.776	2	10	10	0.943	3	5	»	1.110
2	4	10	0.781	2	11	»	0.947	3	5	2	1.114
2	5	»	0.785	2	11	2	0.952	3	5	4	1.119
2	5	2	0.790	2	11	4	0.956	3	5	6	1.123
2	5	4	0.794	2	11	6	0.961	3	5	8	1.128
2	5	6	0.799	2	11	8	0.965	3	5	10	1.132
2	5	8	0.803	2	11	10	0.970	3	6	»	1.137
2	5	10	0.808	3	»	»	0.975	3	6	2	1.141
2	6	»	0.812	3	»	2	0.979	3	6	4	1.146
2	6	2	0.817	3	»	4	0.984	3	6	6	1.150
2	6	4	0.821	3	»	6	0.988	3	6	8	1.155
2	6	6	0.826	3	»	8	0.993	3	6	10	1.159
2	6	8	0.830	3	»	10	0.997	3	7	»	1.164
2	6	10	0.835	3	1	»	1.002	3	7	2	1.169
2	7	»	0.839	3	1	2	1.006	3	7	4	1.173
2	7	2	0.844	3	1	4	1.011	3	7	6	1.178
2	7	4	0.848	3	1	6	1.015	3	7	8	1.182
2	7	6	0.853	3	1	8	1.020	3	7	10	1.187
2	7	8	0.857	3	1	10	1.024	3	8	»	1.191
2	7	10	0.862	3	2	»	1.029	3	8	2	1.196
2	8	»	0.866	3	2	2	1.033	3	8	4	1.200
2	8	2	0.871	3	2	4	1.038	3	8	6	1.205
2	8	4	0.875	3	2	6	1.042	3	8	8	1.209
2	8	6	0.880	3	2	8	1.047	3	8	10	1.214
2	8	8	0.884	3	2	10	1.051	3	9	»	1.218
2	8	10	0.889	3	3	»	1.056	3	9	2	1.223
2	9	»	0.893	3	3	2	1.060	3	9	4	1.227
2	9	2	0.898	3	3	4	1.065	3	9	6	1.232
2	9	4	0.902	3	3	6	1.069	3	9	8	1.236
2	9	6	0.907	3	3	8	1.074	3	9	10	1.241
2	9	8	0.911	3	3	10	1.078	3	10	»	1.245
2	9	10	0.916	3	4	»	1.083	3	10	2	1.250

pi.	pou.	lig.	mètres	pi.	pou.	lig.	mètres	pi.	pou.	lig.	mètres
3	10	4	1.254	4	4	6	1.421	4	10	8	1.588
3	10	6	1.259	4	4	8	1.426	4	10	10	1.593
3	10	8	1.263	4	4	10	1.430	4	11	»	1.597
3	10	10	1.268	4	5	»	1.435	4	11	2	1.602
3	11	»	1.272	4	5	2	1.439	4	11	4	1.606
3	11	2	1.277	4	5	4	1.444	4	11	6	1.611
3	11	4	1.281	4	5	6	1.448	4	11	8	1.615
3	11	6	1.286	4	5	8	1.453	4	11	10	1.620
3	11	8	1.290	4	5	10	1.457	5	»	»	1.624
3	11	10	1.295	4	6	»	1.462	5	»	2	1.629
4	»	»	1.299	4	6	2	1.466	5	»	4	1.633
4	»	2	1.304	4	6	4	1.471	5	»	6	1.638
4	»	4	1.308	4	6	6	1.475	5	»	8	1.642
4	»	6	1.313	4	6	8	1.480	5	»	10	1.647
4	»	8	1.317	4	6	10	1.484	5	1	»	1.651
4	»	10	1.322	4	7	»	1.489	5	1	2	1.656
4	1	»	1.326	4	7	2	1.493	5	1	4	1.660
4	1	2	1.331	4	7	4	1.498	5	1	6	1.665
4	1	4	1.335	4	7	6	1.502	5	1	8	1.669
4	1	6	1.340	4	7	8	1.507	5	1	10	1.674
4	1	8	1.344	4	7	10	1.511	5	2	»	1.678
4	1	10	1.349	4	8	»	1.516	5	2	2	1.683
4	2	»	1.353	4	8	2	1.520	5	2	4	1.687
4	2	2	1.358	4	8	4	1.525	5	2	6	1.692
4	2	4	1.362	4	8	6	1.529	5	2	8	1.696
4	2	6	1.367	4	8	8	1.534	5	2	10	1.701
4	2	8	1.371	4	8	10	1.538	5	3	»	1.705
4	2	10	1.376	4	9	»	1.543	5	3	2	1.710
4	3	»	1.380	4	9	2	1.547	5	3	4	1.714
4	3	2	1.385	4	9	4	1.552	5	3	6	1.719
4	3	4	1.389	4	9	6	1.656	5	3	8	1.723
4	3	6	1.394	4	9	8	1.561	5	3	10	1.728
4	3	8	1.399	4	9	10	1.565	5	4	»	1.732
4	3	10	1.403	4	10	»	1.570	5	4	2	1.737
4	4	»	1.408	4	10	2	1.574	5	4	4	1.741
4	4	2	1.412	4	10	4	1.579	5	4	6	1.746
4	4	4	1.417	4	10	6	1.583	5	4	8	1.750

pi. pou. lig.			mètres.	pi. pou. lig.			mètres.	pi. pou. lig.			mètres.
5	4	10	1.755	5	7	4	1.823	5	9	10	1.890
5	5	»	1.759	5	7	6	1.827	5	10	»	1.895
5	5	2	1.764	5	7	8	1.832	5	10	2	1.899
5	5	4	1.768	5	7	10	1.836	5	10	4	1.904
5	5	6	1.773	5	8	»	1.841	5	10	6	1.908
5	5	8	1.777	5	8	2	1.845	5	10	8	1.913
5	5	10	1.782	5	8	4	1.850	5	10	10	1.917
5	6	»	1.787	5	8	6	1.854	5	11	»	1.922
5	6	2	1.791	5	8	8	1.859	5	11	2	1.926
5	6	4	1.796	5	8	10	1.863	5	11	4	1.931
5	6	6	1.800	5	9	»	1.868	5	11	6	1.935
5	6	8	1.805	5	9	2	1.872	5	11	8	1.940
5	6	10	1.809	5	9	4	1.877	5	11	10	1.944
5	7	»	1.814	5	9	6	1.881	6	»	»	1.949
5	7	2	1.818	5	9	8	1.886	6	1	11	2.001

2° *Anciens Pieds en Mètres.*

pieds.	mètres.	pieds.	mètres.	pieds.	mètres.
1	0.325	8	2.599	60	19.490
2	0.650	9	2.924	70	22.739
3	0.975	10	3.248	80	25.987
4	1.299	20	6.497	90	29.235
5	1.624	30	9.745	100	32.484
6	1.949	40	12.994	500	162.420
7	2.274	50	16.242	1000	324.839

3° *Toises anciennes en Mètres.*

toises.	mètres.	toises.	mètres.	toises.	mètres.
1	1.949	9	17.541	80	155.923
2	3.898	10	19.490	90	175.413
3	5.847	20	38.981	100	194.904
4	7.796	30	58.471	200	389.807
5	9.745	40	77.964	300	584.711
6	11.694	50	97.452	400	779.615
7	13.643	60	116.942	500	974.518
8	15.592	70	136.433	1000	1949.036

Si l'on veut convertir plusieurs milliers de toises en mètres, on le peut à l'aide de la table *des Mesures itinéraires*, où les lieues de 2000 toises sont converties en kilomètres, ou en milliers de mètres; il suffira de supprimer le point qui sépare les kilomètres de leurs décimales, pour avoir le nombre de mètres cherché. *Ex.* 20,000 toises, équivalant à 10 de ces lieues, valent 38,980 mètres.

TABLE IX. *Conversion des Mètres, etc. en anciennes Toises, Pieds, Pouces et Lignes.*

Dans la comparaison des parties décimales du mètre, avec les fractions de l'ancienne toise, nous avons suivi une gradation telle, que chaque mesure du nouveau système fût évaluée en mesures analogues de l'ancien : ainsi les mètr. sont évalués en toises, les décimètres en pieds, les centimètr. en pouces, et les millimètr. en lignes. Il n'y a pas d'unité absolue dans le nouveau système, comme il n'y en avait pas dans l'ancien. On prenait pour unité, tantôt la toise, tantôt le pied, le pouce ou la ligne : une petite longueur s'exprimait en lignes et non en fractions de toise. De même, dans le nouveau système, on a le choix entre diverses unités décimales, qui sont le mètre, terme moyen; puis le décimètre, le centimètre et le millimètre, en descendant; et le décamètre, l'hectomètre, le kilomètre et le myriamètre, en montant: il faut, dans chaque cas, prendre l'unité la plus appropriée à son objet.

Au reste, les mesures décimales présentent cette facilité, que ce qui est exprimé par une sorte d'unité, peut l'être aisément par toute autre, en déplaçant convenablement le point décimal : ainsi, dans la table suivante, quoique le décimètre soit évalué en pieds, veut-on savoir ce que 6 décimètres valent en pouces ; ayant trouvé que 6 centimètr. valent en pouc. 2.216, vous reculez le point d'un chiffre, et vous avez, pour 6 décimètres, 22 *pouc*. 16. Pour savoir ce que 6 décimètr. valent en lignes, cherchez l'équivalent de 6 millimètres, et reculez le point de 2 chiffres. Veut-on, au contraire, savoir ce que 6 décimètres valent en toises ou fractions décimales de toise, ayant trouvé que 6 mètres équivalent en toises à 3.078, avancez le point d'un chiffre, et vous aurez, pour les 6 décimètres, 0 *tois*. 3078.

Les décimales expriment des millièmes. Si l'on veut savoir ce que les millièmes de toise valent en pieds, pouces et lignes, voir ci-devant, *page* 75, 3e *observ.*

1° *Divisions du Metre en parties de Toise.*

millim.	lignes.	millim.	lignes.	millim.	lignes.
1	0.443	5	2.216	9	3.990
2	0.887	6	2.660	10	4.433
3	1.330	7	3.103	20	8.866
4	1.773	8	3.546	30	13.300

centim.	pouces.	centim.	pouces.	décimèt.	pieds.
1	0.369	8	2.955	4	1.231
2	0.739	9	3.325	5	1.539
3	1.108	10	3.694	6	1.847
4	1.478	décimèt.	pieds.	7	2.155
5	1.847	1	0.308	8	2.463
6	2.216	2	0.616	9	2.771
7	2.586	3	0.924	10	3.078

2° *Mètres en anciennes Toises.*

mètres.	toises.	mètres.	toises.	mètres.	toises.
1	0.513	20	10.261	300	153.922
2	1.026	30	15.392	400	205.230
3	1.539	40	20.523	500	256.537
4	2.052	50	25.654	600	307.844
5	2.565	60	30.784	700	359.152
6	3.078	70	35.915	800	410.459
7	3.592	80	41.046	900	461.767
8	4.105	90	46.177	1000	513.074
9	4.618	100	51.307	2000	1026.148
10	5.131	200	102.615	3000	1539.222

Le kilomètre ou 1000 mètres, représente ainsi 513 toises et la fraction décimale 074. Le myriamètre, ou 10,000 mètres, vaut 5130 toises, plus la fraction décimale 74, qui équivaut à 4 pieds 5 pouces 3 lignes.

Nota. Si l'on veut convertir plusieurs milliers de mètres en anciennes toises, on le peut à l'aide de la table *des Mesures itinéraires*, où les kilomètres sont convertis en lieues de 2000 toises anciennes ; en doublant le nombre qui exprime les lieues et leurs décimales, et supprimant le point qui les sépare, on a la quantité de toises correspondante au nombre de kilomètres donné.

TABLE X. *Convers. des Mètres en anciennes toises, avec les sous-divisions ordinaires.*

La table IX présente la conversion des mètres en anciennes toises, avec fractions décimales, qu'il est facile de réduire en pieds, pouces et lignes, en se conformant à la 8ᵉ observation ci-dessus, *p.* 75 : si l'on veut, sans calcul, comparer les mètres avec la toise et ses anciennes sous-divisions, la table suivante en offre les moyens.

Un millimètre vaut 0 *lign.* 443 ; *voir table IX, page* 115.

Les décimales sont des millièmes de ligne.

centim.	toi.	pi.	po.	lig.	métr.	toi.	pi.	po.	lig.
1	»	»	»	4.433	1	»	3	»	11.296
2	»	»	»	8.866	2	1	»	1	10.592
3	»	»	1	1.299	3	1	3	2	9.888
4	»	»	1	5.732	4	2	»	3	9.184
5	»	»	1	10.165	5	2	3	4	8.480
6	»	»	2	2.598	6	3	»	5	7.776
7	»	»	2	7.031	7	3	3	6	7.072
8	»	»	2	11.464	8	4	»	7	6.368
9	»	»	3	3.897	9	4	3	8	5.664
décim.					10	5	»	9	4.960
1	»	»	3	8.330	20	10	1	6	9.920
2	»	»	7	4.659	30	15	2	4	2.880
3	»	»	11	0.989	40	20	3	1	7.840
4	»	1	2	9.318	50	25	3	11	0.800
5	»	1	6	5.648	60	30	4	8	5.760
6	»	1	10	1.978	70	35	5	5	10.720
7	»	2	1	10.307	80	41	»	3	3.680
8	»	2	5	6.637	90	46	1	»	8.640
9	»	2	9	2.966	100	51	1	10	1.600

Prix comparatif du Mètre et de la Toise.

1° Connaissant le prix de l'ancienne toise, si l'on veut savoir le prix du mètre, il faut recourir à la table IX, *page* 116, dont la première colonne représentant le prix de la toise, la seconde donne le prix comparatif du mètre. Par exemple, la toise valant 60 fr. le mètre vaut 30 fr. 78 cent.

2° Connaissant le prix du mètre, si l'on veut savoir le prix de la toise, il faut recourir à la table VIII, *page* 113, dont la première colonne représentant le prix du mètre, la seconde donne le prix comparatif de la toise.

Si le prix connu de la toise ou du mètre n'est point un nombre rond, et qu'il y ait des centimes, il faut se conformer à l'observation de la page 101, en en faisant l'application aux tables VIII et IX.

TOISE USUELLE.

L'article 1er de l'arrêté du 28 mars 1812, ci-devant, *p.* 11, permet d'employer, pour les usages du commerce, une mesure de longueur égale à 2 mètres, qui prend le nom de toise, et se divise en 6 pieds; le pied, égal au tiers du mètre, se divise en

12 pouces, et le pouce en 12 lignes : chacune de ces mesures porte, sur l'une de ses
faces , les divisions correspondantes du
mètre.

Ces mesures étant déduites du mètre ,
sont quelquefois appelées *toises* , *pieds* , *pouces* et *lignes métriques*. Peu différentes de
l'ancienne toise de Paris et de l'ancien pied
de roi, qu'elles n'excèdent que d'environ 2
et demi pour 100 ; elles peuvent être appli-
quées sans difficulté à tous les usages auxquels étaient propres les anciennes toises ,
pieds, et mesures analogues ; l'ordre de leurs
divisions étant le même que celui des divisions de la plus grande partie de ces anciennes mesures , l'usage en deviendrait bientôt
familier , si l'emploi du mètre n'offrait pas
de plus grands avantages.

L'emploi de la toise usuelle et de ses divisions étant seulement facultatif, il est li-
bre à chacun de se servir des mesures décimales ; ce qui est d'autant plus aisé , que la
toise et le pied usuels présentent aussi les
divisions correspondantes du mètre. Le rapport des mesures usuelles et des mesures linéaires est si simple, que la conversion peut se
faire de mémoire, surtout pour les toises et les
pieds : la toise usuelle fait exactement 2 mètres , un mètre répond à 3 pieds. Le rapport
des pouces et des lignes est plus difficile à
saisir, le pouce étant la 36ᵉ partie du mètre ,

et la ligne, la 432ᵉ; mais les instrumens de mesure eux-mêmes suffiront pour opérer la conversion respective de ces divisions inférieures en fractions décimales de mètre, les unes et les autres devant y être également ment indiquées. Nous avons néanmoins cru devoir donner les deux tables suivantes, pour la facilité des personnes qui préfèrent les calculs tout faits.

TABLE **XI.** *Conversion des Toises, Pieds, Pouces et Lignes usuels, en Mètres.*

Pour convertir les *toises* en mètres, il ne faut qu'en doubler le nombre; 26 toises font 52 mètres.

La conversion des *pieds* s'opère en les divisant par 3; le quotient donne le nombre des mètres. Si la division n'est pas exacte, et qu'il y ait un reste, ce reste ne peut être que 1 ou 2; dans le premier cas, la fraction est d'un tiers, et en décimales, $0^m. 333$; dans le second cas, elle est de 2 tiers, et en décimales, $0^m. 667$: ainsi, 9 pieds font 3 mètres, 7 pieds égalent $2^m. 333$, et 11 pieds $3^m. 667$. Cette opération est si simple, qu'il nous a semblé inutile d'en faire l'objet d'une table.

La table suivante présente la conversion des lignes et pouces usuels en fractions de mètre ; les décimales sont des millimètres.

La conversion des pouces est conduite jusqu'à 36, pour que l'on puisse aisément trouver la valeur en fractions décimales, de toutes les quantités de pieds et pouces usuels, inférieures au mètre. Ainsi, pour 2 pieds 7 pouces, on trouve 31 pouces, $0^m.861$; pour 4 pieds 8 pouces, prenant d'abord 1 mètre pour 3 pieds, on a pour un pied 8 pouces ou 20 pouces, 0.556, ensemble $1^m.556$.

9 pouces usuels font exactement le quart du mètre ou 25 centimètres ; 18 pouces, le demi-mètre ou 5 décimètres ; et 27 pouces, les trois quarts du mètre ou 75 centimètres.

lignes.	mètres.	pouces.	mètres.	pouces.	mètres.
1	0.002	5	0.139	21	0.583
2	0.005	6	0.167	22	0.611
3	0.007	7	0.194	23	0.639
4	0.009	8	0.222	24	0.667
5	0.012	9	0.250	25	0.694
6	0.014	10	0.278	26	0.722
7	0.016	11	0.306	27	0.750
8	0.019	12	0.332	28	0.778
9	0.021	13	0.361	29	0.806
10	0.023	14	0.389	30	0.833
11	0.025	15	0.417	31	0.861
pouces.		16	0.444	32	0.889
1	0.028	17	0.472	33	0.917
2	0.056	18	0.500	34	0.944
3	0.083	19	0.528	35	0.972
4	0.111	20	0.556	36	1.000

TABLE XII. *Conversion des Mètres en Toises, Pieds, Pouces et Lignes usuels.*

Pour convertir les mètr. en toises usuelles, il suffit d'en prendre la moitié : 24 mètres font 12 toises ; 51 mètres font 25 toises et demie, ou 25 toises 3 pieds.

La conversion des mètres en pieds usuels se fait en en triplant le nombre ; exemple : 15 mètres font 45 pieds.

La table suivante donne la conversion des fractions décimales du mètre, en pieds, pouces et lignes.

millim.	lignes.	centi.	pou.	lig.	déci.	pi.	po.	lig.
1	0.432	1	»	4.32	1	»	3	7.2
2	0.864	2	»	8.64	2	»	7	2.4
3	1.296	3	1	0.96	3.	»	10	9.6
4	1.728	4	1	5.28	4	1	2	4.8
5	2.160	5	1	9.60	5	1	6	»
6	2.592	6	2	1.92	6	1	9	7.2
7	3.024	7	2	6.24	7	2	1	2.4
8	3.456	8	2	10.56	8	2	4	9.6
9	3.888	9	3	2.88	9	2	8	4.8

TABLE XIII. *Rapport exact des anciennes et nouvelles Toises, et de leurs divisions.*

Pour la lecture des anciens ouvrages, et l'établissement des calculs proportionnels, on aura quelquefois besoin de connaître le rapport des anciennes toises, pieds, pouces et lignes, avec les mesures usuelles qui les remplacent; la table suivante en donnera la facilité.

Ancienn. mesures.	Mesures usuelles.			Mesures usuelles.	Anciennes mesures.		
	pi	po.	lig.		pi.	po.	lig.
Toise,	5	10	1.984	Toise,	6	1	10.592
Pied,	»	11	8.331	Pied,	1	»	3.765
Pouce,	»	»	11.694	Pouce,	»	1	0.314
Ligne,	»	»	0.974	Ligne,	»	»	1.026

TABLE XIV. TAILLE DE L'HOMME.

On peut considérer la taille de l'homme sous deux points de vue différens; sa hauteur totale, et les proportions qui existent entre les diverses parties de cette hauteur. Sous ce dernier rapport, elle pourrait sembler étrangère au système métrique; mais l'observation ayant fait reconnaître des proportions où l'œil peu exercé n'aperçoit que les effets du hasard, nous avons cru ne pas nous éloigner tout-à-fait de notre sujet, en consignant ici l'échelle de ces proportions, qui est une sorte de mesure naturelle.

Ce n'est pas dans les individus qui existent, qu'il faut chercher les belles proportions du corps humain; non seulement il est rare qu'elles se trouvent réunies dans le même sujet à un degré de perfection remarquable, mais encore ces proportions ne sont pas les mêmes dans les différentes races d'hommes qui habitent le globe. Ainsi, chez l'Européen, la hauteur totale de l'individu est égale à celle de la tête prise 6 ou 7 fois, et quelquefois plus; chez les Kalmouks, la proportion n'est que de 5 fois et demie; chez les Esquimaux et les Samoïèdes, de 5 fois seulement.

C'est sur les dessins qui nous restent des statues antiques, que les sculpteurs et les peintres doivent étudier cette partie importante de leur art. Selon les mesures prises sur ces statues, la hauteur d'un homme bien proportionné doit être égale à 7 fois et demie sa tête. On a donc divisé la hauteur du corps humain en parties égales appelées *têtes*; la tête se divise en 4 *parties*, et la partie en 12 *minutes*.

On se sert aussi d'un module qu'on appelle *face*, qui a un quart de moins que la tête; de sorte qu'il faut 10 faces pour égaler les 7 têtes et demie qui forment la hauteur du corps humain.

La tête est la longueur d'une ligne droite, qui s'étendrait du sommet du crâne jusqu'au bas du menton, la face se compte du haut du front au bas du menton.

L'espace compris entre le sommet de la tête et l'endroit de la bifurcation du corps doit être exactement la moitié de sa hauteur totale; depuis la bifurcation jusqu'à la plante des pieds, on compte un espace semblable. La distance qui se trouve entre les doigts du milieu des mains, lorsqu'on étend les bras, doit être égale à la hauteur de tout le corps; chaque partie entre ces points extrêmes a une proportion déterminée.

La mesure de 7 têtes et demie est celle des hommes ordinaires, c'est celle de l'*Antinoüs* du Vatican. Les sculpteurs ont donné une taille plus élevée aux statues qui doivent offrir un caractère de majesté et de force ; l'*Apollon du belvédère* a 7 têtes 3 parties 6 minutes de hauteur, et l'*Hercule Farnèse* 7 têtes 3 parties 7 minutes. Les artistes placent cet excédant de la taille ordinaire, dans l'espace qui se trouve entre les mamelles et la bifurcation du tronc. Ce surplus, qui distingue le colossal du gigantesque, suffit, indépendamment des traits, pour donner à une figure un air noble et imposant.

La taille des hommes d'une grande stature s'étend de 5 pieds 4 pouces métriques à 5 pieds 7 pouces ; au-dessus, les tailles sont réputées extraordinaires ; la taille moyenne est de 5 pieds à 5 pieds 4 pouces ; la petite est celle qui n'atteint pas 5 pieds.

Quelques auteurs ont cru que la taille des hommes avait été autrefois beaucoup plus considérable, et avait diminué comme la durée de leur vie. Il s'est même trouvé des

gens qui ont essayé de déterminer la quantité dont elle a diminué dans chaque siècle,
et d'en déduire un calcul d'après lequel la
taille d'Adam aurait été de plus de 40 mètres : il faut abandonner cette opinion à
ceux qui aiment le merveilleux.

Ce qui prouve que la taille des hommes
a toujours été à peu près la même, c'est que
la hauteur attribuée par les plus anciens
monumens historiques aux géans, ou hommes d'une stature extraordinaire, n'excède
pas celle qui a été remarquée dans quelques
géans des temps modernes.

Paucton, dans sa Métrologie, *page 208*,
cite douze de ces géans, dont il rapporte la
taille au pied de roi ; nous l'avons réduite
ici en pieds métriques, en négligeant les
fractions de lignes.

	pi.	po.
Og, roi de Basan, d'après la mesure de son lit de fer, indiquée dans le Deutéronome,...	9	4
Goliath, tué par David,...	6	10
Hercule, d'après un calcul de Pythagore,...	6	8
Sésostris, suivant Manéthon,...	7	5
Artachée, prince persan, qui mourut lorsque Xerxès était campé près de la ville d'Acante,	6	1
Pusio et *Secundilla*, qui vivaient sous Auguste,	8	9
Éléazar, géant envoyé à l'empereur Tibère par le roi des Parthes,...	6	3
Gabbara, envoyé d'Arabie à l'empereur Claude,	8	1
L'empereur *Maximin*,...	7	9
Géant *hollandais*, cité par Rickius,...	8	
Paysan *suédois*, vu par Rudsbeck,...	7	1

La taille de l'homme a dû s'énoncer, depuis l'établissement des nouvelles mesures, en mètres et parties décimales de mètre. Si l'on désire savoir à combien répond l'expression légale en anciens pieds, pouces et lignes, voir la table X, ci-devant ; pour convertir l'ancienne expression en mètres et parties de mètre, il faut recourir à la table VIII.

L'instruction du ministre de la guerre, sur la loi du 5 fructidor an 6, relative à la formation de l'armée de terre, contient un tableau de comparaison pour déterminer la taille de l'homme d'après les nouvelles mesures ; ce tableau, calculé avant la fixation définitive du mètre, est inexact. Celui qu'a publié l'annuaire du bureau des longitudes, n'exprime la taille que de pouce en pouce, ce qui ne donne pas assez d'approximation.

Exprimée en mètres, décimètres, centimètres et millimètres, la taille de l'homme offre une phrase bien longue pour un rapport simple et familier ; et, lors même qu'on se borne à énoncer les mètres et les millimètres, ces fractions de millièmes ne présentent pas à l'esprit une idée assez nette de la grandeur qu'il s'agit d'exprimer. Les signalemens ordinaires n'exigeant pas une précision aussi rigoureuse, il serait convenable de négliger les millimètres, et de s'en tenir aux centimètres, en s'abstenant même d'énoncer le nom de la fraction. Ainsi l'on exprimerait 5 pieds par 1 *mètr.* 62 ; 5 pieds 3 pouces, par 1 *mètr.* 70, etc. ; en ce cas, il suffirait de supprimer le dernier chiffre des décimales de la table VIII ; il n'y a pas lieu de compter un centimètre de plus, si le nombre des millimètres est de 5 et au-dessus, parce que la taille des hommes n'étant pas dans le cas de s'additionner, ne peut admettre ce mode de compensation.

On aurait pu appliquer à cette désignation les mesures usuelles autorisées par l'arr. du 28 mars 1812 ; portant les noms, et offrant les divisions des mesures anciennes dont elles diffèrent fort peu, leur usage immédiat n'aurait entraîné aucun inconvénient. La taille de l'homme est, comme nous l'avons dit, un rapport familier, que tous les individus ont intérêt de connaître et de comprendre : en substituant la toise métrique au double mètre dont elle est l'équivalent exact, l'expression de la taille deviendrait facile à saisir, et se conserverait mieux dans la mémoire du peuple, que des fractions de centimètres et millimètres, où l'on ne voit que des chiffres. Il y a lieu d'ailleurs d'observer que, si les fractions décimales sont plus favorables au calcul, cet avantage ne peut être d'aucune considération relativement à la taille de l'homme, quantité isolée, que l'on n'à jamais besoin d'additionner, multiplier ou diviser.

nières colonnes, il suffira d'ajouter aux quantités qu'elles indiquent, autant de lignes qu'à la première.

MESURES DE SUPERFICIE.

Nous donnerons ci-après, sous le titre *Mesure des surfaces*, quelques instructions sur le toisé, ou mesurage des superficies.

Les mesures de superficie s'appliquent aux grandeurs qui ont deux dimensions, longueur et largeur; elles se divisent en trois classes : *mesures de superficie* proprement dites, *mesures agraires*, et *mesures topographiques*. Elles ont toutes le mètre pour élément: les premières répondent aux toises, pieds, pouces et lignes carrés (1); les secondes, destinées à remplacer les anciens arpens, acres, journaux, etc., ont pour objet le mesurage des terrains; les troisièmes sont consacrées à mesurer l'étendue superficielle des états, départemens, communes, etc. Il sera d'abord question des deux premières espèces; nous ne parlerons des mesures topographiques qu'à la suite des mesures itinéraires.

---

(1) L'aune carrée ne servait qu'à mesurer la surface des tapis et tapisseries; elle répondait à 1 *mèt.* carr. 4113.

MÈTRE CARRÉ (1).

L'unité des mesures de superficie est une étendue plane, carrée, ayant un mètre de longueur et un mètre de largeur ; on lui donne le nom de *mètre carré*. Pour mesurer de petites surfaces, on emploie les décimètre, centimètre et millimètre carrés ; de même que, pour les surfaces étendues, on pourra recourir aux décamètre, kilomètre et myriamètre carrés. Mais il est une observation qu'il ne faut jamais perdre de vue, quand on emploie les mesures de superficie ; c'est que le mètre carré et ses multiples ou sous-multiples ne conservent pas entre eux les rapports que leurs noms semblent indiquer (2) : ainsi le décimètre et le mètre carrés ne sont pas dans la proportion de 1 à 10, mais de 1 à 100 ; le mètre et l'hectomètre carrés ne sont pas dans le rapport de 1 à 100, mais de 1 à 10,000. Il faut considérer ces mesures comme des unités particulières, dont chacune est 100 fois plus grande que celle qui la suit immédiatement.

---

(1) Le mètre carré est la même chose que le *centiare* ; mais on ne le considère ici que comme mesure de superficie ordinaire. Voir ci-après, titre des *Mesures agraires*.

(2) Cette observation n'est point applicable aux mesures agraires ; l'*hectare*, ainsi que l'exprime son nom, contient cent fois l'*are*, dont le *centiare* est la centième partie.

L'inspection du damier polonais donne,
des nouvelles mesures de superficie, une
idée plus claire que tout ce qu'on pourrait
dire. Si on suppose ce damier de la grandeur d'un mètre carré, comme il y a 10 cases dans chaque dimension, chaque case
sera un décimètre carré, et le damier entier en contient 10 rangs de 10, ce qui fait
100. Que l'on divise en 10 chaque côté d'une
case supposée de la grandeur d'un décimèt.
carré, et qu'on trace ces divisions par des
lignes, la case se trouvera divisée en 10
rangs de chacun 10 cases plus petites, qui
représenteront des centimètres carrés, ce
qui fera 100 centimètres carrés pour le décimètre carré, et 10,000 pour le mètre
carré.

Il résulte de cette observation, 1° que la
première décimale, après les mètres carrés,
représente des dixièmes, et non des décimètres carrés; 2° que, pour additionner
des mètres carrés avec des décimètres ou
centimètres carrés, il faut mettre 2 chiffres
d'intervalle entre chaque unité, et celle qui
lui est immédiatement supérieure ou inférieure; 3° que, si l'on veut convertir un
nombre de mètres carrés en décimètres ou
centimètres carrés, il faut reculer le point
de 2 chiffres pour les décimètres, et de 4
pour les centimètres. Ainsi, 3 *mètres carrés*
7962 équivalent à 379 *décimètr. carr.* 62,

ou à 37962 centimètres carrés : on voit que l'opération n'en est pas moins aisée.

Les surfaces se mesuraient autrefois en toises et parties de toise carrées, et les opérations étaient extrêmement difficiles, la toise carrée contenait 36 pieds carrés, le pied carré 144 pouc. carrés, le pouce carré 144 lignes carrées, et la ligne carrée 144 points carrès (1); en sorte qu'après avoir additionné dès points, il fallait diviser le total par 144 pour trouver des lignes, et faire ainsi 5 additions, 4 divisions et 4 soustractions, pour opérer une seule addition en toises et parties de toise carrées.

Les nouvelles mesures présentent une méthode plus simple et plus expéditive : quel que soit le nombre des décimales, on opère toujours comme sur des entiers; et, abstraction faite du rapport centésimal qui existe entre le mètre carré et le décimètre carré, celui-ci et le centimètre carré, etc., lorsqu'on aura choisi l'unité la plus analogue à la surface qu'on se propose de mesurer, le premier chiffre des décimales exprimera toujours des dixièmes de cette unité, le second des centièmes, le troisième des millièmes, et ainsi de suite.

Les inconvéniens de l'ancien mode de

---

(1) Les points carrés, mesure presque imperceptible, étaient d'un usage peu ordinaire.

mesurage se retrouvent dans l'emploi des mesures usuelles établies par l'arrêté du 28 mars 1812; mais ils seront moins sensibles, en ce que ces mesures, qui d'ailleurs ne sont que facultatives, étant particulièrement à l'usage du peuple, ne seront sans doute employées que pour la fixation des prix, qui a toujours lieu en nombres ronds, et pour le relevé des dimensions linéaires; les devis et réglemens de mémoires devant être calculés en mesures décimales.

TABLE XV. *Conversion des anciennes Toises, Pieds, Pouces et Lignes carrés, en Mètres et parties de Mètre carrés.*

Voir l'observation sur la toise courante, ci-devant, *page* 105.

OBSERV. Nous comparons ici les anciennes mesures superficielles avec les parties décimales du mètre, qui leur sont le plus analogues; les lignes aux millimètres, les pouc. aux centimètres, etc. : mais on vient de voir que la manière de réduire les parties décimales du mètre carré, à l'unité qui leur est immédiatement supérieure ou inférieure, consiste à avancer ou reculer le point de 2 chiffres. Ainsi 30 pouces carrés, qui, suivant cette table, valent en centimètres carrés 219.8346, vaudront en décimètres carrés 2.198346, et en millimètr. carrés 21983.46;

12 pieds carrés, qui valent en décim. carrés 126.6248, vaudront en centimètres carrés 12662.48, et en mètres carrés 1.266248.

§ 1. *Anciennes lignes carrées en Milli-mètres carrés.*

Les décimales représentent des millièmes de millimètre carré

lig. car.	mill. car.	lig. car.	mill. car.	lig. car.	mill. car.
1	5.089	9	45.799	80	407.101
2	10.178	10	50.888	90	457.989
3	15.266	20	101.775	100	508.877
4	20.355	30	152.663	110	559.764
5	25.444	40	203.551	120	610.652
6	30.533	50	254.438	130	661.359
7	35.621	60	305.326	140	712.427
8	40.710	70	356.214	144	732.782

§ 2. *Anciens Pouces carrés en Centimètres carrés.*

Les décimales représentent des dix-mil-lièmes de centimètre carré ; en les considé-rant par tranches, les 2 premiers chiffres sont des millimètres carrés, les 2 derniers des *dix-millimètres* carrés.

po. car.	centim. car.	po. car.	centim. car.	po. car.	centim. car.
1	7.3278	9	65.9504	80	586.2257
2	14.6556	10	73.2782	90	659.5039
3	21.9835	20	146.5564	100	732.7821
4	29.3113	30	219.8346	110	806.0603
5	36.6391	40	293.1128	120	879.3385
6	43.9669	50	366.3911	130	952.6167
7	51.2947	60	439.6693	140	1025.8949
8	58.6226	70	512.9475	144	1055.2063

§ 3. *Anciens Pieds carrés en Décimètres carrés.*

Les décimales représentent des dix-millièmes de décimètre carré ; en les considérant par tranches, les 2 premiers chiffres représentent des centimètres carrés, les 2 derniers des millimètres carrés.

pi. car.	décim. car.	pi. car.	décim. car.	pi. car.	décim. car.
1	10.5521	13	137.1768	25	263.8046
2	21.1041	14	147.7289	26	274.3536
3	31.6562	15	158.2809	27	284.9057
4	42.2083	16	168.8330	28	295.4578
5	52.7603	17	179.3851	29	306.0098
6	63.3124	18	189.9371	30	316.5619
7	73.8644	19	200.4892	31	327.1139
8	84.4165	20	211.0413	32	337.6660
9	94.9686	21	221.5933	33	348.2181
10	105.5206	22	232.1454	34	358.7701
11	116.0727	23	242.6974	35	369.3222
12	126.6248	24	253.2495	36	379.8743

Si l'on veut convertir les pieds carrés en mètres, il faut avancer le point décimal de deux chiffres.

36 pieds carrés font une toise carrée ; au-dessus de ce nombre, il faut recourir au § 4 ; ainsi, pour 83 pieds carrés, on cherchera d'abord pour 2 toises équivalant à 72 pieds carrés, puis ici, pour les 11 pieds excédant

§ 4. *Toises carrées en Mètres carrés.*

Les décimales représentent des dix-millièmes de mètre carré ; si on les considère par tranches, les deux premiers chiffres représentent des décimètres carrés, les deux derniers des centimètres carrés.

toi. car.	mèt. car.	toi. car.	mèt. car.	toi. car.	mèt. car.
1	3.7987	10	37.9874	100	379.8743
2	7.5975	20	75.9749	200	759.7485
3	11.3962	30	113.9623	300	1139.6228
4	15.1949	40	151.9497	400	1519.4970
5	18.9937	50	189.9371	500	1899.3713
6	22.7925	60	227.9246	600	2279.2455
7	26.5912	70	265.9120	700	2659.1198
8	30.3899	80	303.8994	900	3418.8683
9	34.1887	90	341.8868	1000	3798.7426

TABLE XVI. *Conversion des Mètres et parties de Metre carrés, en anciennes Toises, Pieds, Pouces et Lignes carrés.*

Quoique les millimètres carrés soient évalués ici en lignes carrées, les centimètres carrés en pouces carrés, les décimètres carrés en pieds carrés, et les mètres carrés en toises carrées, on peut, à l'aide de cette même table, évaluer chacune de ces nouvelles mesures en telle autre de l'ancien système qu'on préférera ; il suffit d'avancer ou reculer le point de 2 chiffres, pour transporter l'unité dans l'ordre de mesures qui précède ou qui suit immédiatement. Ainsi, 10 mètres carrés valent, suivant la table, en toises carrées 2.632 : si l'on désire savoir ce

qu'ils valent en pieds carrés, il faut chercher ce que 10 décimètres valent en pieds
carrés, et reculer le point de 2 chiffres : 10
décimètres carrés valent en pieds carrés
0.948, et 10 mètres carrés, 94.8.

§ 1. *Millimètres carrés en anciennes Lignes carrées.*

Les décimales représentent des millièmes
de ligne carrée ; pour les réduire en points
carrés, il faut les multiplier par 144, et retrancher les 3 derniers chiffres. Voir ci-devant, *page 75.*

mill. car.	lig. car.	mill. car.	lig. car.	mill. car.	lig. car.
1	0.197	7	1.376	40	7.860
2	0.393	8	1.572	50	9.826
3	0.590	9	1.769	60	11.791
4	0.786	10	1.965	70	13.756
5	0.983	20	3.930	80	15.721
6	1.179	30	5.895	100	19.651

100 millimètr. carr. valent 1 centim. carré.

§ 2. *Centimètres carrés en anciens Pouces carrés.*

Les décimales représentent des millièmes
de pouce carré ; en les multipliant par 144
et retranchant les trois derniers chiffres, on
obtient des lignes carrées : la même opération sur les trois chiffres retranchés donne
des points carrés.

centim.	pou. car.	centim.	pou. car.	centim.	pou. car.
1	0.136	7	0.955	40	5.459
2	0.273	8	1.092	50	6.823
3	0.409	9	1.228	60	8.188
4	0.546	10	1.365	70	9.553
5	0.682	20	2.729	80	10.917
6	0.819	30	4.094	100	13.647

100 centimètres carrés font 1 décim. carré.

§ 3. *Décimètres carrés en anciens Pieds carrés.*

Les décimales représentent des millièmes de pied carré : en les multipliant par 144 et retranchant les 3 derniers chiffres, on a des pouces carrés ; les chiffres retranchés, multipliés par 144, en séparant de même les trois derniers chiffres, donneront des lignes carrées, etc.

décim. c.	pi. car.	décim. c.	pi. car.	décim. c.	pi. car.
1	0.095	7	0.663	40	3.791
2	0.190	8	0.758	50	4.738
3	0.284	9	0.853	60	5.686
4	0.379	10	0.948	70	6.634
5	0.474	20	1.895	80	7.581
6	0.569	30	2.843	100	9.477

100 décimètres carrés valent 1 mètre carré.

§ 4. *Mètres carrés en anc. Toises carrées.*

Les décimales représentent des millièmes de toise carrée : en les multipliant par 36, et retranchant les trois derniers chiffres, on a des pieds carrés ; les chiffres retranchés, multipliés par 144, en séparant de même les trois derniers chiffres, donneront des pouces carrés, etc.

mètr. c.	tois. car.	mètr. c.	tois. car.	mètr. c.	tois. car.
1	0.263	8	2.106	60	15.795
2	0.526	9	2.369	70	18.427
3	0.790	10	2.632	80	21.060
4	1.053	20	5.265	90	23.692
5	1.316	30	7.897	100	26.325
6	1.579	40	10.530	200	52.649
7	1.843	50	13.162	1000	263.245

Si l'on veut avoir les millièmes de toise carrée, en divisions de toise-pieds, toise-pouces, etc., il faut les multiplier par 6 pour avoir des toise-pieds, et retrancher les trois derniers chiffres ; multiplier les chiffres retranchés par 12 pour avoir des toise-pouces, et ainsi de suite pour avoir des toise-lignes et des toise-points.

TABLE XVII. *Conversion des anciennes Toise-pieds, Toise-pouces, Toise-lignes, Toise-points, en Mètres carrés.*

OBSERV. La toise carrée se divisait aussi quelquefois, comme la toise courante, en 6 parties, dites *toise-pieds*, la toise-pied en 12 *toise-pouces*, la toise-pouce en 12 *toise-lignes*, et la toise-ligne en 12 *toise-points*. Dans cette manière d'opérer, les parties de la toise carrée ne représentent pas des pieds, pouces ou lignes carrés, mais des parallélogrammes, ou surfaces ayant la longueur d'une toise, et la largeur d'un pied pour les toise-pieds, d'un pouce pour les toise-pouces, d'une ligne pour les toise-lignes, et d'un 12e de ligne pour les toise-points. En comparant les divisions ordinaires à celles-ci, on avait les rapports suivans :

La toise-point égale 72 lignes carrées.

La toise-ligne, 864 lignes carrées, ou 6 pouces carrés.

La toise-pouce, 72 pouces carrés.

La toise-pied, 6 pieds carrés.

Il était très-important de ne pas confondre ces deux manières de calculer. La table suivante mettra les entrepreneurs, architectes, etc., à même de convertir aisément en mètres et parties de mètre carré, les toise-pieds, toise-pouces, etc.

Les décimales représentent des millionièmes du mètre carré, ou des millimètres carrés ; en les considérant par tranches, les 2 premiers chiffres sont des décimètres carrés, les 2 suivans des centimètres carrés, et les 2 derniers des millimètres carrés ; en sorte que, si l'on veut convertir ces divisions de toise carrée en décimètres, centimètres ou millimètres carrés, il suffit de reculer le point de 2 chiffres pour avoir des décimètr. carrés, de 4 chiffres pour avoir des centi-

mètres carrés, et de le supprimer entièrement pour avoir des millimètres carrés.

t.-points.	métr. c.	t.-lig.	métr. c.	t.-pou.	métr. c.
1	0.000366	3	0.013190	5	0.263802
2	0.000733	4	0.017586	6	0.316562
3	0.001099	5	0.021983	7	0.369322
4	0.001466	6	0.026379	8	0.422083
5	0.001832	7	0.030776	9	0.474843
6	0.002198	8	0.035172	10	0.527604
7	0.002565	9	0.039569	11	0.580364
8	0.002931	10	0.043965	t.-pieds.	
9	0.003297	11	0.048362	1	0.633124
10	0.003664	t.-pouc.		2	1.266248
11	0.004030	1	0.052760	3	1.899371
t.-lig.		2	0.105521	4	2.532495
1	0.004397	3	0.158281	5	3.165619
2	0.008793	4	0.211041	6	3.798743

Pour les toises carrées à convertir en mètres carrés, voir la table XV, § 4, *p.* 138.

TABLE XVIII. *Conversion des Mètres carrés
en anciennes Mesures de superficie avec
leurs sous-divisions ordinaires.*

OBSERV. La table XVI, § 4, *page* 141,
présente la conversion des mètres carrés en
anciennes toises carrées, avec fractions décimales, qu'il est facile de convertir en divisions ordinaires, en se conformant, ainsi
que nous l'avons indiqué, à la 3ᵉ observation de la page 75 : mais si l'on veut, sans
calcul, comparer les mètres carrés avec la

toise carrée, et ses anciennes sous-divisions, la table suivante en offre le moyen; les décimètres et mètres carrés y étant convertis en toises, pieds, pouces et lignes carrées, et les mètres carrés en toise-pieds, toise-pouces, toise-lignes et toise-points.

On verra ci-après, au titre des *Mesures agraires*, que le centiare est un mètre carré, l'are égal à 100 mètres carrés, et l'hectare à 10,000 : cette table peut donc aussi servir à convertir les nouvelles mesures agraires en anciennes mesures de superficie, avec leurs sous-divisions ordinaires.

1° *Décimètres et Mètres carrés en anciennes Toises, Pieds, Pouces et Lignes carrés.*

1 millimètre carré vaut en lign. carrées ,   0.197
1 centimètre carré , ...   19.651

déc. c.	tois.c.	pi.c.	po.c.	lig. c.	déc. c.	tois.c.	pi.c.	po.c.	lig. c.
1	»	»	13	93	60	»	5	98	115
2	»	»	27	42	70	»	6	91	38
3	»	»	40	135	80	»	7	83	105
4	»	»	54	84	90	»	8	76	28
5	»	»	68	34	mètr.c.				
6	»	»	81	127	1	»	9	68	95
7	»	»	95	76	2	»	18	137	47
8	»	»	109	25	3	»	28	61	142
9	»	»	122	118	4	1	1	130	93
10	»	»	136	67	5	1	11	55	45
20	»	1	128	134	6	1	20	123	140
30	»	2	121	57	7	1	30	48	91
40	»	3	113	125	8	2	3	117	43
50	»	4	106	48	9	2	13	41	138

mètr.c.	tois.c.	pi.c.	po.c.	lig.c	mètr.c.	tois.c.	pi.c.	po.c.	lig.c.
10	2	22	110	89	100	26	11	98	30
20	5	9	77	35	200	52	23	5?	61
30	7	32	43	124	300	78	35	6	91
40	10	19	10	70	500	131	22	59	8
50	13	5	121	15	600	157	34	13	58
60	15	28	87	104	800	210	21	65	99
70	18	15	54	50	900	236	33	19	129
80	21	2	20	139	1000	263	8	118	16
90	23	24	131	85	10000	2632	16	29	12

2°. *En anciennes Toises carrées, Toise-pieds, Toise-pouces, etc.*

Voir *p.* 141, *table* XVII, la valeur de ces divisions.

mètres carrés.	tois. carr.	t.-pieds.	t.-pouc.	t.-lignes.	t.-points.	mètres carrés.	tois. carr.	t.-pieds.	t.-pouc.	t.-lignes.	t.-points.
1	»	1	6	11	5	50	13	»	11	8	2
2	»	3	1	10	11	60	15	4	9	2	7
3	»	4	8	10	4	70	18	2	6	9	»
4	1	»	3	9	10	80	21	»	4	3	4
5	1	1	10	9	3	90	23	4	1	9	10
6	1	3	5	8	8	100	26	1	11	4	4
7	1	5	»	8	2	200	52	3	10	8	9
8	2	»	7	7	8	300	78	5	10	1	1
9	2	2	2	7	1	400	105	1	9	5	6
10	2	3	9	6	5	500	131	3	8	9	10
20	5	1	7	»	10	700	184	1	7	6	7
30	7	5	4	7	4	800	210	3	6	10	11
40	10	3	2	1	8	1000	263	1	5	7	8

Prix comparatif du Mètre carré et de l'ancienne Toise carrée.

Connaissant le prix de l'ancienne toise

carrée, si l'on veut savoir le prix du mètre carré, il faut recourir à la table XVI, § 4, *page* 141, dont la première colonne représentant le prix de la toise carrée, la seconde donne le prix comparatif du mètre carré. *Exemple :* La toise carrée valant 3 francs, le mètre carré vaut 79 centimes; la toise carrée valant 7 francs, le mètre carré vaut 1 fr. 84 centimes.

Si, connaissant le prix du pied, du pouce et de la ligne carrés, on veut en conclure le prix des décimètres, des centimètres et des millimètres carrés, il faut avoir recours à la même table, § 1, pour le prix comparatif dès lignes et des millimètres carrés; § 2, pour le prix comparatif des pouces et des centimètres carrés, et § 3, pour le prix comparatif des pieds et des décim. carrés.

Connaissant le prix du mètre carré, si l'on veut savoir le prix de l'ancienne toise carrée, il faut recourir à la table XV, § 4, *page* 137, dont la première colonne représentant le prix du mètre carré, la seconde donne le prix comparatif de la toise carrée. *Exemple :* Le mètre carré valant 5 francs, la toise carrée vaut 18 fr. 99 centimes; le mètre carré valant 30 francs, la toise carrée vaut 113 fr. 96 centimes.

Si, connaissant le prix du décimètre, du centimètre et du millimètre carrés, on veut en conclure le prix du pied, du pouce et de la ligne carrés, il faut avoir recours à la même table, § 1, pour le prix comparatif des millimètres et lignes carrés; § 2, pour le prix comparatif des centimètres et pouc. carrés, et § 3, pour le prix comparatif des décimètres et pieds carrés.

Nota. Dans ces opérations de prix comparatif, lorsqu'il se trouve plus de deux décimales, il suffit de prendre les deux premières pour avoir des centimes, en observant de les augmenter d'une unité, si les chiffres suivans excèdent 5, 50, etc.

Si le prix connu de la toise ou du mètre carré n'est pas un nombre rond, et qu'il y ait des centimes, il faut se conformer à l'observation de la page 101, en en faisant l'application aux tables que nous venons de citer.

TOISE USUELLE CARRÉE.

On a vu ci-devant, *pag.* 118, que l'arrêté du 28 mars 1812 permet d'employer, pour les usages du commerce, une toise qui est exactement le double du mètre, et un pied qui en est le tiers exact; le pied se divisant comme l'ancien pied de roi en 12 pouces, et le pouce en 12 lignes.

De la faculté d'en faire usage comme mesures linéaires, semblerait devoir résulter celle de les employer comme mesures de superficie; mais dans la nécessité d'adopter un changement, il vaut mieux s'attacher à l'usage du mètre, qu'emploieront de préférence les architectes et entrepreneurs, leurs devis et mémoires ne pouvant être soumis aux tribunaux et administrations, qu'avec les dénominations métriques.

Au reste, la conversion des mesures usuelles et métriques de superficie, ne présentera pas de grandes difficultés pour les toises et pieds usuels : la toise linéaire étant le double du mètre, et le pied en étant le tiers, la toise carrée devient le quadruple du mètre carré, dont le pied carré est le 9e.

La réduction des pouces et lignes usuels carrés sera plus difficile, le rapport du mètre carré avec ces divisions étant, pour les pouces, de 1 à 1296, carré de 36, et, pour les lignes, de 1 à 186624, carré de 432.

Il sera donc indispensable de recourir à des tables pour cette conversion ; celles que nous offrons rendront l'opération très-aisée.

Table XIX. *Conversion des Toises, Pieds, Pouces et Lignes usuels carrés, en Mètres carrés.*

§ 1. *Toises usuelles carrées.*

En multipliant par 4 le nombre des toises

usuelles carrées, on obtient celui des mètres carrés qu'elles représentent; 24 toises carrées font 96 mètres carrés.

§ 2. *Pieds usuels carrés.*

Si l'on divise par 9 le nombre des pieds usuels carrés, le quotient donne des mètres carrés: cette division sera toujours facile, le nombre des pieds carrés ne s'élevant pas au-dessus de 36, au-delà desquels on compte des toises carrées. Si la division n'est pas exacte, et qu'il y ait un reste, il ne pourra être que de 8 et au-dessous, ce qui donne seulement des fractions ordinaires de *neuvièmes;* elles sont ici converties en décimales, dont les deux premières représentent des décimètres carrés, et les 2 dernières des centimètres carrés.

pi. car.	mètr. car.	pi. car.	mètr. car.	pi. car.	mètr. car.
1	0.1111	4	0.4444	7	0.7778
2	0.2222	5	0.5556	8	0.8889
3	0.3333	6	0.6667	9	1.0000

Si l'on a besoin d'une plus grande précision, ces fractions, qu'il sera d'ailleurs aisé de retenir, peuvent se prolonger à l'infini par la répétition des mêmes chiffres.

§ 3. *Pouces usuels carrés.*

Nous comparons les pouces usuels carrés aux décimètres carrés. Au moyen des décimales, dont les 2 premières représentent

13*

des centimètres carrés, et les 2 dernières des millimètres carrés, on peut atteindre à toute la précision qu'on désire.

Si l'on veut additionner ces quantités avec des mètres carrés, il faut avancer le point décimal de 2 chiffres : ainsi 8 pouces usuels valant en décimètres carrés 0.5975, valent en mètres carrés 0.005975, et en supprimant les 2 derniers chiffres, si l'on n'a pas besoin de millimètres carrés, 0.0060.

144 pouces carrés font 1 pied carré; au-dessus de ce nombre, il faut recourir au § 2 ci-dessus : ainsi, pour 308 pouces carrés, on cherchera d'abord pour 2 pieds carrés, équivalant à 288 pouces carrés, puis ici, pour les 20 pouces excédant.

po. car.	décim. car.	po. car.	décim. car.	po. car.	décim. car.
1	0.0747	9	0.6722	80	5.9755
2	0.1494	10	0.7469	90	6.7222
3	0.2241	20	1.4938	100	7.4691
4	0.2988	30	2.2407	110	8.2160
5	0.3735	40	2.9877	120	8.9630
6	0.4481	50	3.7346	130	9.7099
7	0.5228	60	4.4815	140	10.4568
8	0.5975	70	5.2284	144	11.1111

§ 4. *Lignes usuelles carrées.*

Les lignes usuelles carrées sont converties en centimètres carrés. Les 2 premières décimales sont des millimètres carrés; les deux dernières, des *dix-millimètres* carrés, quantité imperceptible.

Si l'on veut additionner ces quantités avec des mètres ou décimètres carrés, il faut avancer le point décimal de 2 chiffres pour les décimètres carrés, et de 4 pour les mètres carrés : ainsi 80 lignes usuelles, valant en centimètres carrés 4.2867, valent en décimètres carrés 0.0429, et en mètres carrés, 0.0004 ; les dernières décimales ont été retranchées pour simplifier le calcul.

li. car.	cent. car.	li. car.	cent. car.	li. car.	cent. car.
1	0.0536	9	0.4823	80	4.2867
2	0.1072	10	0.5358	90	4.8225
3	0.1608	20	1.0717	100	5.3584
4	0.2143	30	1.6075	110	5.8942
5	0.2679	40	2.1433	120	6.4300
6	0.3215	50	2.6792	130	6.9659
7	0.3751	60	3.2150	140	7.5017
8	0.4287	70	3.7509	144	7.4691

144 lignes carrées font 1 pouce carré ; au-dessus de ce nombre, il faut recourir au § 3 ci-dessus ; ainsi, pour 206 lignes carrées, on cherchera d'abord pour 1 pouce équivalant à 144 lignes, puis au § 4 pour les 62 lignes excédant.

Table XX. *Conversion des Mètres carrés en Toises, Pieds, Pouces et Lignes usuels carrés.*

Pour convertir les mètres carrés en *toises* usuelles carrées, il suffit d'en prendre le quart : ainsi 16 mètres carrés font 4 toises carrées ; 23 mètres font 5 toises 3 quarts ; 10 mètres font 2 toises et demie, etc. Si l'on veut exprimer ces fractions de demie et quarts de toise carrée en pieds, il faut se rappeler que la toise carrée contient 36 pieds carrés ; ce qui donne, pour le quart, 9 pieds ; pour la demie, 18 ; pour les 3 quarts, 27.

En multipliant par 9 le nombre des mètres carrés, on obtient celui des *pieds* usuels carrés ; mais avant de réduire les mètres en pieds carrés, il faut les diviser par 4 pour avoir des toises carrées. Par ce moyen, la multiplication par 9 ne portera que sur le reste de la division dans le cas où elle ne serait point exacte, et ce reste, ne pouvant être que de 1, 2 ou 3 mètres, donnera 9, 18 ou 27 pieds carrés.

La table suivante offre la conversion des millimètres, centimètres et décimètres carrés, en *lignes*, *pouces et pieds* carrés.

Les décimales sont des centièmes de ligne carrée.

§ 1. *Millimètres carrés.*

mill. c.	lig. c.	mill. c.	lig. c.	mill. c.	lig. c.
1	0.19	8	1.49	40	7.46
2	0.37	9	1 68	50	9.33
3	0.56	10	1.87	60	11.20
4	0.75	15	2.80	70	13.06
5	0.93	20	3.73	80	14.93
6	1.12	25	4.67	90	16.80
7	1.31	30	5.60	100	18.60

§ 2. *Centimètres carrés.*

cent. c.	po. c.	lig. c.	cent. c.	po. c.	lig. c.	cent. c.	po. c.	lig. c.
1	»	18.66	8	1	5 30	40	5	26.50
2	»	37.32	9	1	23.96	50	6	69.12
3	»	55.99	10	1	42.62	60	7	111.74
4	»	74.65	15	1	135.93	70	9	10.37
5	»	93.31	20	2	85.25	80	10	52.99
6	»	111.97	25	3	34.56	90	11	95.62
7	»	130.64	30	3	127.87	100	12	138.24

§ 3. *Décimètres carrés.*

déc. c.	pi. c.	po. c.	lig. c.	déc. c.	pi. c.	po. c.	lig. c.
1	»	12	138.24	15	1	50	57.60
2	»	25	132.48	20	1	115	28.80
3	»	38	126.72	30	2	100	115.20
4	»	51	120.96	40	3	86	57.60
5	»	64	115.20	50	4	72	»
6	»	77	109.44	60	5	57	86.40
7	»	90	103.68	70	6	43	28.80
8	»	103	97.92	80	7	28	115.20
9	»	116	92.16	90	8	14	57.60
10	»	129	86.40	100	9	»	

MESURES AGRAIRES.

Rien ne présentait plus de variété et de
bizarrerie, soit dans les dénominations,
soit dans le rapport des sous-divisions avec
l'unité principale, que les mesures agraires
précédemment en usage. Il n'était pas rare
de rencontrer, dans le même canton, dans
le même village, 2 ou 3 mesures différentes,
et qui ne ressemblaient en rien à celles des

cantons et villages voisins (1). Il y avait cependant, au milieu de ce chaos, quatre mesures particulières, dont l'usage était assez généralement répandu : 1° *l'arpent d'ordonnance*, ou des eaux et forêts ; 2° *l'arpent de Paris* ; 3° *l'arpent commun* du Gâtinais, Brie, Poitou, Orléanais, etc. ; 4° *l'acre* de Normandie.

Il n'est pas de pays où l'on ne connût le rapport de la mesure locale avec l'une ou l'autre de ces mesures, en sorte qu'il aurait pu nous suffire d'en indiquer la conversion en ares et hectares ; mais, pour que notre travail soit plus complet, nous donnons ci-après, *table* XXX, un moyen de convertir toutes les anciennes mesures agraires en nouvelles.

Dans le système métrique, l'unité des mesures agraires se nomme *are*, et répond à un carré qui a 10 mètres de côté. L'are se divise en 100 parties, nommées *centiares* ; le centiare contient un mètre carré. L'*hectare* est une surface de 100 ares, répondant à un hectomètre carré. L'hectare et l'are remplacent l'arpent et la perche ; et, l'hectare contenant 100 ares, comme l'arpent 100 perches, en prenant une chaîne de 10 mètres,

---

(1) Nous citons entre mille autres la commune de Brie-sur-Marne, département de la Seine, où l'on faisait usage de cinq arpens différens.

la manière d'arpenter est absolument la même.

L'exemple du damier polonais peut s'appliquer aux mesures agraires, comme aux autres mesures de superficie ; v. ci-devant, *page* 133. La table entière représentant l'hectare, chaque case représente un are, et se divisera de même en centiares, si l'on forme, par des lignes parallèles et perpendiculaires, 10 sous-divisions sur chacun de ses côtés.

La nomenclature systématique des mesures agraires est, comme on le voit, extrêmement simple ; elle ne contient que 4 mots : le *décamètre* qui sert de chaîne, l'*hectare*, l'*are* et le *centiare* ; v. ci-devant, *page* 55.

En général, les fractions de centiare ne doivent pas paraître dans les résultats ; on peut même omettre les centiares, lorsqu'il s'agit d'une grande étendue, comme en pareil cas on négligeait les fractions de perche ; il suffit de compter un are de plus, si les centiares excèdent 50.

Table XXI. *Conversion des Toises et Pieds carrés en Ares et Centiares, et des Ares et Centiares, en Toises et Pieds carrés.*

Il fallait autrefois plusieurs opérations

d'arithmétique, pour savoir combien un nombre d'arpens et de perches contenait de toises carrées, ou pour réduire en arpens ou perches un terrain dont on aurait toisé la superficie : rien n'est plus simple aujourd'hui ; le mètre carré et le centiare étant la même chose, on peut indifféremment mesurer le terrain avec le mètre ou le décamètre : 15212 mètres carrés font 15212 centiares, ou 1 hectare 52 ares 12 centiares.

Pour convertir en ares un nombre donné d'anciennes toises carrées, il faut recourir à la table XV, § 4, *page* 137, où les toises carrées sont converties en mètres carrés : ainsi 75 toises carrées font 285 mètres carrés, qui égalent 285 centiares, ou 2 ares 85 centiares ; on néglige la fraction décimale, en comptant un centiare de plus si les décimales excèdent 5, 50, etc.

Pour des nombres plus considérables, comme 650, 1000, 35000, ou 750,000 toises carrées, on en trouvera l'équivalent aux nombres 65, 100, 35 ou 75, en reculant le point de 1, 2, 3 ou 4 chiffres, suivant le nombre de zéros qu'on aura ajouté.

On peut de même convertir les nouvelles mesures agraires en anciennes toises, à l'aide de la table XVI, § 4, *page* 141 ; les mètres carrés ou centiares y étant convertis en toises carrées avec fractions décimales.

La table XVIII, *pag.* 144 et 145, offre la

même conversion en anciennes toises carrées avec les sous-divisions ordinaires.

Pour convertir les hectares en toises usuelles, et réciproquement, il faut recourir aux tables XIX et XX, *pages* 148 et 151, en se conformant aux observat. ci-dessus.

Au reste, si l'on convertit *en anciennes mesures d'ordonnance*,

	toises car.		pieds car.
L'hectare contient........	2632.450 ,	ou	94768.201
L'are, ...	26.325 ,	ou	947.682
Le centiare, ...	0.263 ,	ou	9.477

Si l'on convertit *en mesures usuelles*,

	toises car.		pieds car.
L'hectare contient........	2500.00 ,	ou	90000
L'are, ...	25.00 ,	ou	900
Le centiare, ...	0.25 ,	ou	9

On voit qu'en mesures usuelles le calcul est extrêmement simple.

TABLE XXII. *Conversion des Arpens d'ordonnance, en hectares.*

1° L'arpent d'ordonnance, ou des eaux et forêts, était composé de 100 perches carrées de 22 pieds de côté ; la perche contenait 484 pieds carrés, produit de 22 par 22, et l'arpent 48400 ; il servait à mesurer tous les bois et domaines de l'état.

2° Les arpenteurs divisaient la perche carrée, tantôt en pieds carrés, tantôt en pieds de perche, tantôt en dixièmes de perche. Le rapport des pieds carrés avec les nouvelles mesures agraires se trouve à la table XV, § 3, *page* 137, qui indique la conversion des pieds carrés en décimètres carrés : en avançant le point de 2 chiffres, on a des mètres carrés ou centiares.

Les pieds de perche variaient comme la perche : dans la perche de 22 pieds, c'était le 22ᵉ de la perche ou 22 pieds carrés ; dans celle de 18 pieds, le 18ᵉ ou 18 pieds carrés ; dans celle de 20 pieds, le 20ᵉ ou 20 pieds carrés. On peut aussi les convertir en centiares, à l'aide de la même table XV, en multipliant le nombre décimal trouvé, par 22, 18 ou 20, suivant la mesure sur laquelle on opère.

La conversion des dixièmes de perche en centiares est très-facile, ainsi qu'on le verra ci-après, au § 3.

3° Le rapport de l'arpent à la perche étant centésimal, comme celui de l'hectare à l'are, la même table sert à convertir les *arpens* en *hectares*, et les *perches* en *ares* ; voir § 2 ci-après. Le § 3 est relatif à la réduction des dixièmes de perche.

§ 1. *Arpens en Hectares.*

Les deux premières décimales représentent des ares ; les deux dernières, des centiares ou mètres carrés.

Arp.	Hectares.	Arp.	Hectares.	Arp.	Hectares.
1	0.51 07	34	17,36 45	67	34.21 82
2	1.02 14	35	17.87 52	68	34.72 90
3	1.53 22	36	18.38 59	69	35.23 97
4	2.04 29	37	18.89 66	70	35.75 04
5	2.55 36	38	19.40 74	71	36.26 11
6	3.06 43	39	19.91 81	72	36.77 18
7	3.57 50	40	20.42 88	73	37.28 26
8	4.08 58	41	20.93 95	74	37.79 33
9	4.59 65	42	21.45 02	75	38.30 40
10	5.10 72	43	21.96 10	76	38.81 47
11	5.61 79	44	22.47 17	77	39.32 54
12	6.12 86	45	22.98 24	78	39.83 62
13	6.63 94	46	23.49 31	79	40.34 69
14	7.15 01	47	24.00 38	80	40.85 76
15	7.66 08	48	24.51 46	81	41.36 83
16	8.17 15	49	25.02 53	82	41.87 90
17	8.68 22	50	25.53 60	83	42.38 98
18	9.19 30	51	26.04 67	84	42.90 05
19	9.70 37	52	26.55 74	85	43.41 12
20	10.21 44	53	27.06 82	86	43.92 19
21	10.72 51	54	27.57 89	87	44.43 26
22	11.23 58	55	28.08 96	88	44.94 34
23	11.74 66	56	28.60 03	89	45.45 41
24	12.25 73	57	29.11 10	90	45.96 48
25	12.76 80	58	29.62 18	91	46.47 55
26	13.27 87	59	30.13 25	92	46.98 62
27	13.78 94	60	30.64 32	93	47.49 70
28	14.30 02	61	31.15 39	94	48.00 77
29	14.81 09	62	31.66 46	95	48.51 84
30	15.32 16	63	32.17 54	96	49.02 91
31	15.83 23	64	32.68 61	97	49.53 98
32	16.34 30	65	33.19 68	98	50.05 06
33	16.85 38	66	33.70 75	100	51.07 20

§ 2. *Perchés en Ares.*

La table ci-dessus, servant à convertir

les arpens en hectares, sert également à convertir les *perches* en *ares*.

3 *perches* valent................... 1 are 53 centiares.
60 *perches*, ...30   64

et ainsi pour les autres nombres, en négligeant les 2 derniers chiffres, parce qu'en fait de mesures agraires, on n'emploie pas de divisions au-dessous des centiares : si ces 2 derniers chiffres excèdent 50, il faut compter 1 centiare de plus.

§ 3. *Dixièmes de perche.*

Suivant les règles du calcul décimal, on divise par 10, en avançant le point d'un chiffre vers la gauche ; en conséquence,

3 *perches* valent ....1 are 53 centiares
3 *dixièmes* valent..............0   15

Nota. Pour convertir en hectares 26 arpens 75 perches 4 dixièmes, il faut dire :

26 *arpens* valent ....13 hect. 27 ares 87 cent.
75 *perches*, ... 0   38   30
4 *dixièmes*, ... 0   00   20
Ensemble,...........13   66   37

Table **XXIII**. *Conversion des Ares et Hectares, en arpens d'ordonnance, mesure de 22 pieds pour perche.*

La table suivante indiquant la conversion

des hectares en arpens, sert aussi à convertir les ares et centiares en perches carrées ; voir ci-après, §§ 2 et 3.

§ 1. *Hectares en Arpens.*

Les 2 premières décimales représentent des perches ; la dernière, des dixièmes de perche.

Hect.	Arpens.	Hect.	Arpens.	Hect.	Arpens.
1	1.95 8	28	54.82 5	55	107.69 1
2	3.91 6	29	56.78 3	56	109.64 9
3	5.87 4	30	58.74 1	57	111.60 7
4	7.83 2	31	60.69 9	58	113.56 5
5	9.79 0	32	62.65 7	59	115.52 3
6	11.74 8	33	64.61 5	60	117.48 1
7	13.70 6	34	66.57 3	61	119.43 9
8	15.66 4	35	68.53 1	62	121.39 7
9	17.62 2	36	70.48 9	63	123.35 5
10	19.58 0	37	72.44 7	64	125.31 3
11	21.53 8	38	74.40 5	65	127.27 1
12	23.49 6	39	76.36 3	66	129.22 9
13	25.45 4	40	78.32 1	67	131.18 7
14	27.41 2	41	80.27 9	68	133.14 5
15	29.37 0	42	82.23 7	69	135.10 3
16	31.32 8	43	84.19 5	70	137.06 1
17	33.28 6	44	86.15 3	71	139.01 9
18	35.24 4	45	88.11 1	72	140.97 7
19	37.20 2	46	90.06 9	73	142.93 5
20	39.16 0	47	92.02 7	74	144.89 3
21	41.11 8	48	93.98 5	75	146.85 2
22	43.07 6	49	95.94 3	76	148.81 0
23	45.03 4	50	97.90 1	77	150.76 8
24	46.99 2	51	99.85 9	78	152.72 6
25	48.95 1	52	101.81 7	79	154.68 4
26	50.90 9	53	103.77 5	80	156.64 2
27	52.86 7	54	105.73 3	81	158.60 0

Hect.	Arpens.	Hect.	Arpens.	Hect.	Arpens.
82	160.55 8	88	172.30 6	94	184.05 4
83	162.51 6	89	174.26 4	95	186.01 2
84	164.47 4	90	176.22 2	96	187.97 0
85	166.43 2	91	178.18 0	97	189.92 8
86	168.39 0	92	180.13 8	98	191.88 6
87	170.34 8	93	182.09 6	100	195.80 2

§ 2. *Ares en Perches.*

Pour convertir les ares en perches, il faut se servir de la table ci-dessus.

2 *ares* valent .... 3 perches 9 dixièmes.
43 *ares*, ... 84   2
67 *ares*, ...131   2,
ou un arpent 31 perches 2 dixièmes.

Et ainsi pour tous les autres nombres, en négligeant les deux derniers chiffres, parce que les centièmes et millièmes de perche ne sont pas d'usage; s'ils excèdent 50, on compte un dixième de plus.

§ 3. *Centiares, en fractions de perche.*

A l'aide de la même table, on peut convertir les centiares en dixièmes de perche, en négligeant tout ce qui suit le point décimal, et même le chiffre qui le précède immédiatement; si les 4 chiffres supprimés excèdent 500, on compte un dixième de plus.

16 *centiares* valent................ 3 dixièmes
46 *centiares*,.................... 9
85 *centiares*,....................17,
ou une perche 7 dixièmes.

Table XXIV. *Convers. de l'Arpent de Paris, mesure de 18 pieds pour perche, en Ares et Hectares.*

L'arpent de Paris était composé de 100 perches carrées de 18 pieds de côté : la perche contenait ainsi 324 pieds carrés, produit de 18 par 18, et l'arpent, 32400.

Pour les sous-divisions de la perche, voir les 2ᵉ et 3ᵉ observations qui précèdent la table XXII, ci-devant, *page* 157.

§ 1. *Arpens en Hectares.*

Les deux premières décimales représentent des ares ; les deux dernières, des centiares ou des mètres carrés.

Arp.	Hectares.	Arp.	Hectares.	Arp.	Hectares.
1	0.34 19	16	5.47 02	31	10.59 85
2	0.68 38	17	5.81 21	32	10.94 04
3	1.02 57	18	6.15 39	33	11.28 22
4	1.36 75	19	6.49 58	34	11.62 41
5	1.70 94	20	6.83 77	35	11.96 60
6	2.05 13	21	7.17 96	36	12.30 79
7	2.39 32	22	7.52 15	37	12.64 98
8	2.73 51	23	7.86 34	38	12·99 17
9	3.07 70	24	8.20 53	39	13.33 36
10	3.41 89	25	8.54 72	40	13.67 55
11	3.76 07	26	8.88 90	41	14.01 73
12	4.10 26	27	9.23 09	42	14.35 92
13	4.44 45	28	9.57 28	43	14.70 11
14	4.78 64	29	9.91 47	44	15.04 30
15	5.12 83	30	10.25 66	45	15.38 49

Arp.	Hectares.	Arp.	Hectares.	Arp.	Hectares.
46	15.72 68	65	22.22 26	84	28.71 85
47	16.06 87	66	22.56 45	85	29.06 04
48	16.41 06	67	22.90 64	86	29.40 22
49	16.75 24	68	23.24 83	87	29.74 41
50	17.09 43	69	23.59 02	88	30.08 60
51	17.43 62	70	23.93 21	89	30.42 79
52	17.77 81	71	24.27 39	90	30.76 98
53	18.12 00	72	24.61 58	91	31.11 17
54	18.46 19	73	24.95 77	92	31.45 36
55	18.80 38	74	25.29 96	93	31.79 54
56	19.14 56	75	25.64 15	94	32.13 73
57	19.48 75	76	25.98 33	95	32.47 92
58	19.82 94	77	26.32 53	96	32.82 11
59	20.17 13	78	26.66 72	97	33.16 30
60	20.51 32	79	27.00 90	98	33.50 49
61	20.85 51	80	27.35 09	99	33.84 68
62	21.19 70	81	27.69 28	100	34.18 87
63	21.53 88	82	28.03 47	150	51.28 30
64	21.88 07	83	28.37 66	200	68.37 74

§ 2. *Perches en Ares.*

La table ci-dessus sert également à convertir les perches en ares. *Exemple :*

27 *perches* valent................ 9 ares 23 centiares.

63 *perches*, ...21   54,

et ainsi pour tous les autres nombres, en négligeant les 2 derniers chiffres ; s'ils excèdent 50, on compte un centiare de plus.

§ 3. *Dixièmes de Perche.*

Pour convertir les dixièmes de perche en ares, il faut se servir de la même table, en avançant le point d'un chiffre vers la gauche; ainsi 3 *dixièmes de perche* valent 0 *ar.* 10 *centiares*, en négligeant les 3 derniers chiffres; s'ils excèdent 500, on compte 1 dixième de plus.

TABLE XXV. *Conversion des Ares et Hectares, en Arpens de Paris, mesure de 18 pieds pour perche.*

La table suivante indiquant la conversion des hectares en arpens, peut aussi servir à convertir les ares et centiares en perches carrées. Voir ci-après, §§ 2 et 3.

§ 1. *Hectares en Arpens.*

Les deux premières décimales représentent des perches; la dernière, des dixièmes de perche.

Hect.	Arpens.		Hect.	Arpens.		Hect.	Arpens.	
1	2.92	5	15	43.87	4	29	84.82	3
2	5.85	0	16	46.79	9	30	87.74	8
3	8.77	5	17	49.72	4	31	90.67	3
4	11.70	0	18	52.64	9	32	93.59	8
5	14.62	5	19	55.57	4	33	96.52	3
6	17.55	0	20	58.49	9	34	99.44	8
7	20.47	5	21	61.42	4	35	102.37	3
8	23.40	0	22	64.34	9	36	105.29	8
9	26.32	4	23	67.27	4	37	108.22	3
10	29.24	9	24	70.19	9	38	111.14	8
11	32.17	4	25	73.12	4	39	114.07	3
12	35.09	9	26	76.04	9	40	116.99	8
13	38.02	4	27	78.97	3	41	119.92	3
14	40.94	9	28	81.89	8	42	122.84	8

Hect.	Arpens.	Hect.	Arpens.	Hect.	Arpens.
43	125.77 3	62	181.34 6	81	236.92 0
44	128.69 8	63	184.27 1	82	239.84 5
45	131.62 2	64	187.19 6	83	242.77 0
46	134.54 7	65	190.12 1	84	245.69 5
47	137.47 2	66	193.04 6	85	248.62 0
48	140.39 7	67	195.97 1	86	251.54 5
49	143.32 2	68	198.89 6	87	254.47 0
50	146.24 7	69	201.82 1	88	257.39 5
51	149.17 2	70	204.74 6	89	260.32 0
52	152.09 7	71	207.67 1	90	263.24 5
53	155.02 2	72	210.59 6	91	266.17 0
54	157.94 7	73	213.52 1	92	269.09 5
55	160.87 2	74	216.44 6	93	272.02 0
56	163.79 7	75	219.37 1	94	274.94 5
57	166.72 2	76	222.29 6	95	277.86 9
58	169.64 7	77	225.22 1	96	280.79 4
59	172.57 2	78	228.14 5	97	283.71 9
60	175.49 7	79	231.07 0	98	286.64 4
61	178.42 1	80	233.99 5	100	292.49 4

§ 2. *Ares en Perches.*

Pour convertir les ares en perches, il faut se servir de la table ci-dessus, en négligeant les 2 derniers chiffres; s'ils excèdent 50, on compte 1 dixième de plus

14 ares valent .... 40 perches 9 dixièmes.
89 ares, ... 260   3
· ou 2 arpens 60 perches 3 dixièmes.

§ 3. *Centiares en fractions de Perche.*

A l'aide de la même table, on convertit les centiares en dixièmes de perche, en négligeant tout ce qui suit le point décimal, et même le chiffre qui le précède; on compte

un dixième de plus, si les chiffres supprimés excèdent 5000 : ainsi

28 *centiares* valent..................... 8 dixièmes.
92 *centiares*,...................... ....27 ,
  ou 2 perches 7 dixièmes.

TABLE XXVI. *Conversion de l'Arpent commun, mesure de* 20 *pieds pour perche, en
Ares et Hectares.*

Les deuxième et troisième observations
qui précèdent la table XXII, *page* 157,
s'appliquent également à celle-ci.

L'arpent commun, en usage dans les anciennes provinces de Brie, Champagne, Gá-
tinais, Orléanais, Poitou, etc., était composé de 100 perches carrées de 20 pieds de
côté : la perche contenait ainsi 400 pieds
carrés, produit de 20 par 20, et l'arpent,
40000.

§ 1. *Arpens en Hectares.*

Les 2 premières décimales représentent
des ares ; les deux dernières, des centiares.

Arpens.	Hectares.	Arpens.	Hectares.	Arpens.	Hectares.
1	0.42 21	7	2.95 46	13	5.48 71
2	0.84 42	8	3.37 67	14	5.90 92
3	1.26 62	9	3.79 87	15	6.33 12
4	1.68 83	10	4.22 08	16	6.75 33
5	2.11 04	11	4.64 29	17	7.17 54
6	2.53 25	12	5.06 50	18	7.59 75

Arpens.	Hectares.	Arpens.	Hectares.	Arpens.	Hectares.
19	8.01 96	47	19.83 79	75	31.65 62
20	8.44 17	48	20.26 00	76	32.07 83
21	8.86 37	49	20.68 21	77	32.50 04
22	9.28 58	50	21.10 41	78	32.92 25
23	9.70 79	51	21.52 62	79	33.34 45
24	10.13 00	52	21.94 83	80	33.76 66
25	10.55 21	53	22.37 04	81	34.18 87
26	10.97 42	54	22.79 25	82	34.61 08
27	11.39 62	55	23.21 46	83	35.03 29
28	11.81 83	56	23.63 66	84	35.45 50
29	12.24 04	57	24.05 87	85	35.87 70
30	12.66 25	58	24.48 08	86	36.29 91
31	13.08 46	59	24.90 29	87	36.72 12
32	13.50 66	60	25.32 50	88	37.14 33
33	13.92 87	61	25.74 70	89	37.56 54
34	14.35 08	62	26.16 91	90	37.98 74
35	14.77 29	63	26.59 12	91	38.40 95
36	15.19 50	64	27.01 33	92	38.83 16
37	15.61 71	65	27.43 54	93	39.25 37
38	16.03 91	66	27.85 75	94	39.67 58
39	16.46 12	67	28.27 95	95	40.09 79
40	16.88 33	68	28.70 16	96	40.51 99
41	17.30 54	69	29.12 37	97	40.94 20
42	17.72 75	70	29.54 58	98	41.36 41
43	18.14 96	71	29.96 79	99	41.78 62
44	18.57 16	72	30.39 00	100	42.20 83
45	18.99 37	73	30.81 20	150	63.31 24
46	19.41 58	74	31.23 41	200	84.41 65

§ 2. *Perches en Ares.*

La table ci-dessus sert également à convertir les perches en ares. *Exemple :*

5 *perches* valent............... 2 ares 11 centiares.

57 *perches*,....................24   06,

et ainsi pour tous les autres nombres, en

négligeant les deux derniers chiffres : s'ils excèdent 50, on doit compter un centiare de plus.

§ 3. *Dixièmes de Perche.*

Pour convertir les dixièmes de perche en ares, il faut se servir de la même table, en avançant le point décimal, d'un chiffre vers la gauche; ainsi 5 *dixièmes de perche* valent 0 *ar.* 21 *centiares*, en négligeant les 3 derniers chiffres.

TABLE XXVII. *Conversion des Ares et Hectares en Arpens communs, mesure de 20 pieds pour perche.*

Cette table sert également à convertir les hectares en arpens, et les ares et centiares en perches; voir ci-après, §§ 2 et 3.

§ 1. *Hectares en Arpens.*

Les deux premières décimales représentent des perches; la dernière, des dixièmes de perche.

Hect.	Arpens.	Hect.	Arpens.	Hect.	Arpens.
1	2.36 9	8	18.95 4	15	35.53 8
2	4.73 8	9	21.32 3	16	37.90 7
3	7.10 8	10	23.69 2	17	40.27 6
4	9.47 7	11	26.06 1	18	42.64 6
5	11.84 6	12	28.43 0	19	45.01 5
6	14.21 5	13	30.80 0	20	47.38 4
7	16.58 4	14	33.16 9	21	49.75 3

Hect.	Arpens.	Hect.	Arpens.	Hect.	Arpens.
22	52.12 2	49	116.09 1	76	180.05 9
23	54.49 2	50	118.46 0	77	182.42 9
24	56.86 1	51	120.82 9	78	184.79 8
25	59.23 0	52	123.19 9	79	187.16 7
26	61.59 9	53	125.56 8	80	189.53 6
27	63.96 8	54	127.93 7	81	191.90 5
28	66.33 8	55	130.30 6	82	194.27 5
29	68.70 7	56	132.67 5	83	196.64 4
30	71.07 6	57	135.04 5	84	199.01 3
31	73.44 5	58	137.41 4	85	201.38 2
32	75.81 4	59	139.78 3	86	203.75 1
33	78.18 4	60	142.15 2	87	206.12 1
34	80.55 3	61	144.52 1	88	208.49 0
35	82.92 2	62	146.89 1	89	210.85 9
36	85.29 1	63	149.26 0	90	213.22 8
37	87.66 0	64	151.62 9	91	215.59 8
38	90.03 0	65	153.99 8	92	217.96 7
39	92.39 9	66	156.36 7	93	220.33 6
40	94.76 8	67	158.73 7	94	222.70 5
41	97.13 7	68	161.10 6	95	225.07 4
42	99.50 6	69	163.47 5	96	227.44 4
43	101.87 6	70	165.84 4	97	229.81 3
44	104.24 5	71	168.21 3	98	232.18 2
45	106.61 4	72	170.58 3	99	234·55 1
46	108.98 3	73	172.95 2	100	236.92 1
47	111.35 3	74	175.32 1	200	473.84 1
48	113.72 2	75	177.69 0	500	1184.60 3

§ 2. *Ares en Perches.*

Pour convertir les ares en perches, on se sert de la table ci-dessus, en négligeant les 2 derniers chiffres : s'ils excèdent 50, on ajoute 1 au chiffre qui précède. *Ex.*

5 *ares* valent.................. 11 perch. 8 dixièmes.

43 *ares* ,.......................101   9

ou 1 arp. 1 perche 9 dixièmes.

§ 3. *Centiares, en fractions de Perche.*

La même table sert à convertir les centiares en dixièmes de perche, en négligeant les 4 derniers chiffres; s'ils excèdent 5000, on compte 1 dixième de plus. Ainsi

26 *centiares* valent................ .... 6 dixièmes
80 *centiares*,.........................19,
    ou une perche 9 dixièmes.

MÉTHODE *facile pour convertir l'Acre de Normandie en Ares et Hectares, et les Ares et Hectares en Acres.*

Il y avait en Normandie plusieurs espèces d'acres. Celui qu'on appelait l'acre, *grande mesure*, et qui était en usage dans un grand nombre de cantons de cette province, se divisait en 4 vergées, contenant chacune 40 perches superficielles, la perche linéaire étant, comme pour l'arpent d'ordonnance, de 22 pieds; en sorte que cet acre contenait 160 perches de 484 pieds carrés, faisant pour la vergée 19,360 pieds carrés, et pour l'acre, 77,440.

On voit que l'acre ne différait de l'arpent d'ordonnance, qu'en ce que le premier contenait 160 perches et l'autre 100, la perche d'ailleurs étant la même pour ces deux mesures. On peut donc, pour la conversion des perches d'acre en ares, et des ares en perches d'acre, se servir simplement des tables XXII et XXIII, § 2 et 3.

La conversion des acres en hectares, et des hectares en acres, se fait aussi très-aisément par le moyen des mêmes tables; voici en quoi consistent ces 2 opérations :

1° Si l'on veut convertir 18 acres en hectares, la table XXII, *page 159*, indique pour 18 arpens, 9 *hectar.* 1930, ci........................... 9.1930

Ajoutez la moitié de ce nombre, ... 4.5965

Plus, le 10e du premier nombre, ce qui se fait en retranchant la dernière décimale, et avançant le point d'un rang............ 0.9193

Vous aurez ainsi, pour 18 acres, 14 *hectar.* 7088, ci 14.7088

2° Si l'on veut convertir 3 hectares en acres, la table XXIII, *page 161*, indique pour 3 hectares, 5 *arp.* 874, ci. 5.874

Divisez par moitié, ... 2.937

Prenez le quart de la moitié, ... 0.734

Additionnez ces deux derniers nombres,   3.671

Trois hectares sont ainsi l'équivalent de 3 acres, plus la fraction décimale 671.

TABLE XXVIII. *Moyen de convertir toutes les ancienn. mesures agraires en nouvelles.*

Il nous serait impossible de donner des tables de comparaison particulières pour toutes les mesures en usage en France, comme nous l'avons fait pour les 4 mesures le plus généralement connues. La table suivante pourra néanmoins mettre les propriétaires, notaires et arpenteurs dans le cas de faire eux-mêmes la conversion de toute espèce de mesures, en se conformant aux observations qu'on va lire.

1° Abstraction faite des noms donnés aux mesures des terres, elles sont en général de 2 sortes : les *perches, verges, cordes, carreaux, gaules,* etc., sont l'unité inférieure, et représentent le carré de la chaîne linéaire adoptée suivant les lieux ; ainsi, la chaîne de l'arpenteur ayant 20 pieds, la perche est un carré de 20 pieds sur 20 pieds, contenant dès-lors 400 pieds carrés.

Les *arpens, acres, journaux, hommées,* etc., sont l'unité supérieure, et sont composés d'un certain nombre de perches, verges, cordes, etc. Le rapport des unités supérieures aux mesures inférieures, varie à l'infini ; l'*arpent* contient le plus communément 100 perches ; l'*acre,* 160 ; le *journal,* 80 cordes, etc. Il importe donc d'abord de connaître ce rapport.

2° Les *perches, verges, cordes,* etc., contiennent un certain nombre de pieds ; mais le pied n'était pas partout le même : il contenait 10, 11 ou 12 pouces, et les pouces offraient aussi la même diversité. Mais la toise et le pied d'ordonnance étant généralement connus, il est facile de savoir combien la chaîne ou perche locale contient de longueur en pieds et pouces d'ordonnance.

3° La table suivante offre la conversion en centiares, ou mètres carrés, de toutes les perches locales résultant de perches linéaires, ayant depuis quatre pieds de longueur jusqu'à 30, en croissant de pouce en pouce (1); en sorte qu'on pourra y trouver toutes les mesures en usage dans les différentes provinces et cantons, et l'opération pour convertir, par exemple, le *journal de Bourgogne* en ares et hectares, se réduira à ceci.

Ce journal contient 360 perches, et la perche a 9 pieds 6 pouces de longueur. D'après la table suivante, la perche carrée de 9 pieds 6 pouces de côté fait 9 *centiar.* 523; en multipliant par 360, le produit est de 3428.280 : le journal contient ainsi 3428 centiares, ou 34 ares 28 centiares, en négligeant les 3 derniers chiffres.

Cette opération s'applique à toutes les mesures, et devient plus simple encore, si le nombre de perches contenues dans l'arpent, acre, journal, etc., est de 100 ; dans ce cas, la table suivante sert telle qu'elle est, à la seule différence qu'elle exprime des ares au lieu de centiares; ainsi la perche carrée de

---

(1) Pour les perches linéaires de 6 en 6 lignes ou de 3 en 3 lignes, voir l'observation à la suite de la table, ci-après, *page* 178.

22 pieds répondant, suivant notre table, à 51 *centiar.* 072, l'arpent d'ordonnance qui contient 100 de ces perches, équivaut à 51 *ar.* 072.

Les décimales sont des millièmes de centiare ou mètre carré.

La perche linéaire étant de		La perche carrée est de	La perche linéaire étant de		La perche carrée est de	La perche linéaire étant de		La perche carrée est de
pi.	po.	centiar.	pi.	po.	centiar.	pi.	po.	centiar.
4	»	1.688	6	2	4.013	8	4	7.328
4	1	1.760	6	3	4.122	8	5	7.476
4	2	1.832	6	4	4.233	8	6	7.624
4	3	1.906	6	5	4.345	8	7	7.775
4	4	1.981	6	6	4.458	8	8	7.926
4	5	2.058	6	7	4.573	8	9	8.079
4	6	2.137	6	8	4.690	8	10	8.234
4	7	2.217	6	9	4.808	8	11	8.390
4	8	2.298	6	10	4.927	9	»	8.547
4	9	2.384	6	11	5.048	9	1	8.707
4	10	2.465	7	»	5.171	9	2	8.867
4	11	2.551	7	1	5.295	9	3	9.029
5	»	2.638	7	2	5.420	9	4	9.193
5	1	2.725	7	3	5.546	9	5	9.358
5	2	2.817	7	4	5.675	9	6	9.523
5	3	2.908	7	5	5.805	9	7	9.691
5	4	3.001	7	6	5.936	9	8	9.860
5	5	3.095	7	7	6.068	9	9	10.031
5	6	3.192	7	8	6.202	9	10	10.203
5	7	3.288	7	9	6.338	9	11	10.377
5	8	3.387	7	10	6.475	10	»	10.552
5	9	3.489	7	11	6.614	10	1	10.727
5	10	3.591	8	»	6.753	10	2	10.902
5	11	3.695	8	1	6.895	10	3	11.086
6	»	3.799	8	2	7.038	10	4	11.268
6	1	3.903	8	3	7.182	10	5	11.451

La perche linéaire étant de		La perche carrée est de	La perche linéaire étant de		La perche carrée est de	La perche linéaire étant de		La perche carrée est de
pi.	po.	centiar.	pi.	po.	centiar.	pi.	po.	centiar.
10	6	11.634	13	4	18.759	16	2	27.582
10	7	11.819	13	5	18.995	16	3	27.867
10	8	12.004	13	6	19.231	16	4	28.152
10	9	12.194	13	7	19.469	16	5	28.440
10	10	12.381	13	8	19.708	16	6	28.728
10	11	12.574	13	9	19.950	16	7	29.020
11	»	12.768	13	10	20.194	16	8	29.312
11	1	12.962	13	11	20.439	16	9	29.590
11	2	13.131	14	»	20.682	16	10	29.904
11	3	13.355	14	1	20.931	16	11	30.200
11	4	13.552	14	2	21.179	17	»	30.495
11	5	13.753	14	3	21.427	17	1	30.798
11	6	13.955	14	4	21.679	17	2	31.100
11	7	14.159	14	5	21.932	17	3	31.402
11	8	14.364	14	6	22.186	17	4	31.704
11	9	14.568	14	7	22.443	17	5	32.010
11	10	14.778	14	8	22.700	17	6	32.316
11	11	14.986	14	9	22.957	17	7	32.625
12	»	15.195	14	10	23.220	17	8	32.935
12	1	15.407	14	11	23.484	17	9	33.251
12	2	15.620	15	»	23.742	17	10	33.562
12	3	15.835	15	1	24.008	17	11	33.875
12	4	16.052	15	2	24.274	18	»	34.189
12	5	16.270	15	3	24.529	18	1	34.508
12	6	16.488	15	4	24.808	18	2	34.828
12	7	16.710	15	5	25.079	18	3	35.145
12	8	16.932	15	6	25.351	18	4	35.467
12	9	17.154	15	7	25.625	18	5	35.791
12	10	17.380	15	8	25.900	18	6	36.115
12	11	17.606	15	9	26.178	18	7	36.445
13	»	17.833	15	10	26.456	18	8	36.772
13	1	18.063	15	11	26.734	18	9	37.102
13	2	18.294	16	»	27.013	18	10	37.432
13	3	18.525	16	1	27.297	18	11	37.762

La perche linéaire étant de		La perche carrée est de	La perche linéaire étant de		La perche carrée est de	La perche linéaire étant de		La perche carrée est de
pi.	po.	centiar.	pi.	po.	centiar.	pi.	po.	centiar.
19	»	38.093	21	10	50.298	24	8	64.208
19	1	38.316	21	11	50.685	24	9	64.643
19	2	38.764	22	»	51.072	24	10	65.079
19	3	39.105	22	1	51.450	24	11	65.515
19	4	39.440	22	2	51.798	25	»	65.950
19	5	39.782	22	3	52.245	25	1	66.395
19	6	40.124	22	4	52.524	25	2	66.840
19	7	40.468	22	5	52.971	25	3	67.284
19	8	40.812	22	6	53.419	25	4	67.728
19	9	41.157	22	7	53.813	25	5	68.172
19	10	41.510	22	8	54.208	25	6	68.616
19	11	41.859	22	9	54.611	25	7	69.068
20	»	42.208	22	10	55.014	25	8	69.520
20	1	42.558	22	11	55.425	25	9	69.975
20	2	42.908	23	»	55.820	25	10	70.425
20	3	43.258	23	1	56.229	25	11	70.878
20	4	43.608	23	2	56.638	26	»	71.331
20	5	43.975	23	3	57.047	26	1	71.786
20	6	44.345	23	4	57.456	26	2	72.243
20	7	44.708	23	5	57.865	26	3	72.704
20	8	45.072	23	6	58.274	26	4	73.177
20	9	45.435	23	7	58.693	26	5	73.633
20	10	45.802	23	8	59.113	26	6	74.102
20	11	46.168	23	9	59.526	26	7	74.569
21	»	46.535	23	10	59.946	26	8	75.036
21	1	46.905	23	11	60.363	26	9	75.514
21	2	47.276	24	»	60.780	26	10	75.980
21	3	47.650	24	1	61.204	26	11	76.452
21	4	48.016	24	2	61.628	27	»	76.925
21	5	48.396	24	3	62.054	27	1	77.401
21	6	48.777	24	4	62.480	27	2	77.878
21	7	49.151	24	5	62.909	27	3	78.363
21	8	49.525	24	6	63.339	27	4	78.832
21	9	49.911	24	7	63.775	27	5	79.316

La perche linéaire étant de		La perche carrée est de	La perche linéaire étant de		La perche carrée est de	La perche linéaire étant de		La perche carrée est de
pi.	po.	centiar.	pi.	po.	centiar.	pi.	po.	centiar.
27	6	79.800	28	5	85.213	29	4	90.800
27	7	80.288	28	6	85.709	29	5	91.314
27	8	80.777	28	7	86.212	29	6	91.829
27	9	81.266	28	8	86.716	29	7	92.354
27	10	81.756	28	9	87.223	29	8	92.880
27	11	82.246	28	10	87.730	29	9	93.403
28	»	82.728	28	11	88.236	29	10	93.924
28	1	83.231	29	»	88.743	29	11	94.446
28	2	83.726	29	1	89.257	30	»	94.969
28	3	84.222	29	2	89.772	30	1	95.497
28	4	84.717	29	3	90.286	30	2	96.027

Nota. Par suite de la différence des pieds et pouces en usage dans certaines provinces, il pourrait se trouver des perches linéaires, dont la longueur ne s'exprimerait point par un nombre rond de pieds et pouces d'ordonnance ; comme 6 pieds 5 pouces 6 lign., ou 6 pieds 5 pouc. 3 lignes. On remarquera d'abord que, la différence d'un pouce sur la longueur de la perche linéaire n'en apportant qu'une très-légère sur la superficie, celle de 3 à 6 lignes est presque nulle ; cependant, si l'on désire l'apprécier, nous allons en indiquer le moyen.

La perche linéaire de 6 pieds 5 pouces 6 lignes de longueur, tenant le milieu entre 6 pieds 5 pouces et 6 pieds 6 pouces, additionnez les quantités de centiares indiquées pour ces deux nombres, et prenez-en la moitié ;

ce sera l'équivalent de la perche carrée de 6 pieds 5 pouces 6 lignes de côté.

Pour 6 pieds 5 pouces 3 lignes, additionnez les centiares correspondans à 6 pieds 5 pouces, avec ceux trouvés par l'opération ci-dessus correspondre à 6 pieds 5 pouces 6 lignes, et prenez-en de même la moitié.

Si le total des deux nombres est impair, et qu'on ne puisse pas en prendre la moitié juste, il faut négliger la fraction, et s'en tenir à la moitié faible.

Cette opération est fondée sur cette règle générale : Pour avoir le carré d'un nombre qui tient le milieu entre 2 autres nombres dont les carrés sont connus, il faut prendre la moitié de la somme des 2 carrés, moins le carré de la différence qui se trouve entre le nombre intermédiaire et l'un des 2 autres nombres. *Ex.* Le carré de 4 est 16, le carré de 8 est 64 ; veut-on avoir le carré de 6, prenez la moitié de la somme des deux carrés, qui fait 40 ; déduisez 4, carré de 2, différence de 6 à 4 ; reste 36, qui est effectivement le carré de 6.

Ici l'on ne déduit rien sur la moitié de la somme des deux carrés, parce que les décimales employées sont des millièmes de centiare, et que le carré de 6 lignes, différence entre 6 pieds 5 pouces et 6 pieds 5 pouces 6 lignes, est de beaucoup au-dessous d'un 1000ᵉ de centiare.

Prix compar. de l'Hectare et de l'Arpent.

1° Connaissant le prix de l'arpent, si on veut savoir le prix de l'hectare, il faut recourir aux tables XXIII, XXV et XXVII, dont la 1re colonne représentant le prix de l'arpent, la seconde donne le prix de l'hectare. On se servira de la table XXIII, si l'arpent dont on veut comparer le prix est l'arpent d'ordonnance ou à 22 pieds pour perche; de la table XXV, si c'est l'arpent de Paris ou à 18 pieds pour perche; et de la table XXVII, si c'est l'arpent commun ou à 20 pieds pour perche.

On néglige la dernière décimale, qui donnerait des dixièmes de centime; si elle excède 5, on compte 1 centime de plus.

2° Connaissant le prix de l'hectare, si on veut savoir le prix de l'arpent, il faut recourir aux tables XXII, XXIV et XXVI dont la première colonne représentant le prix de l'hectare, la seconde donne le prix comparatif de l'arpent. Il faut se servir de la table XXII, si l'arpent dont on veut savoir le prix est l'arpent d'ordonnance; de la table XXIV, si c'est l'arpent de Paris; et de la table XXVI, si c'est l'arpent à 20 pieds pour perche.

Observ. 1° Si le prix connu de l'arpent ou de l'hectare n'est pas un nombre rond, et qu'il y ait des centimes, il faut se conformer à l'observation de la page 101, en en faisant l'application aux tables que nous venons de citer.

2° Les tables des arpens et des hectares ne vont pas au-delà de 100, et cependant le prix en excède presque toujours 100 fr. : le moyen de trouver en ce cas le prix comparatif, n'en est pas moins simple. Si le prix connu de l'arpent se termine par un ou plusieurs zéros, cherchez dans la table comme s'il n'y avait pas de zéros, et reculez le point décimal, d'autant de chiffres que vous aurez supprimé de zéros. *Exemple.* Si, le prix connu de l'arpent de Paris étant de 3600 fr., on désire savoir à combien revient l'hectare, on trouve à la table XXV, qu'à 36 fr. l'arpent de Paris, l'hectare revient à 105 fr. 298; en reculant le point de 2 chiffres, pour 3600 francs, on aura 10529 fr. 80; si l'arpent ne vaut que 360 fr., l'hectare vaudra 1052 fr. 98.

Lorsque le prix est en 3 ou 4 chiffres sans zéros, voici comme on fait l'opération : Si l'arpent est de 3626 fr.; après avoir trouvé, comme ci-dessus, qu'à 3600 fr. l'arpent, l'hectare est de . . . . 10529 fr. 80 c.
on trouve pour 26 fr., . . .   76   05

ce qui fait pour le tout, . . 10605 fr. 85 c.

On opère de même sur les autres tables.

3° On peut de la même manière comparer le revenu de l'arpent et de l'hectare, ou leur cotisation respective au rôle de la contribution foncière. Une pièce de terre louée 20 fr. l'arpent d'ordonnance, devra être louée 39 fr. 16 l'hectare, *table* XXII; si l'arpent de Paris supporte une contribution de 4 fr. 30, la cotisation de l'hectare sera de 12 fr. 58, *table* XXV.

Nota. La table XXVIII servira à faire connaître le rapport existant entre les prix des mesures locales, toutes choses égales d'ailleurs. La perche carrée de 18 pieds valant 34 fr. 19, celle de 20 pieds vaut 42.21; celle de 22 pieds, 51.07, etc. Le même rapport existe entre le prix des arpens, acres, journaux, etc., si les mesures que l'on compare contiennent le même nombre de perches.

MESURES DE SOLIDITÉ.

Les mesures de *solidité* s'appliquent aux grandeurs qui ont 3 dimensions, comme longueur, largeur, et hauteur ou profondeur. Elles servent à mesurer les travaux de construction ou terrasse, la pierre, le bois, etc., le volume des corps, la capacité des vases, etc.

La toise et le pied cubes servaient précédemment à mesurer les solides; on avait cependant adopté pour le bois des mesures particulières; et bientôt, l'usage familier des mesures de capacité ayant fait oublier leur rapport avec les pieds et pouces cubes, on s'était accoutumé à n'évaluer les quantités de grains ou de liquides qu'au muid, à la pinte, au litron, etc.

Dans le nouveau système, on a de même créé des mesures pour le bois, et des mesures de capacité, avec des dénominations particulières ; mais leur rapport avec le mètre est simple et facile à retenir ; en sorte qu'on pourra toujours, avec le mètre ordinaire, mesurer une quantité de bois, et la capacité d'un vase (1). Nous parlerons successivement de ces nouvelles mesures.

Suivant l'art. V de l'arrêté du 13 brum. an 9, aujourd'hui abrogé, la dénomination *stère*, que la loi du 18 germ. an 3 appliquait spécialement à la mesure des bois de chauffage, pouvait être également employée à désigner les mesures de solidité proprement dites ; on n'a pas usé de cette autorisation, parce que le peu d'étendue des sous-divisions du stère ne permettait pas d'apporter assez de précision à l'évaluation du volume d'un corps ou de la capacité d'un espace. La plus petite de ces sous-divisions serait le *millistère*, qui équivaut au décimètre cube,

---

(1) Voir, ci-après, l'instruction sur le *jaugeage*, dont les règles sont communes à la *cubature* ou mesurage des solides.

et l'on est souvent dans le cas d'exprimer des quantités plus petites. Les centimètre et millimètre cubes sont ainsi des expressions nécessaires, analogues d'ailleurs aux pouces et lignes cubes, dont on faisait précédemment usage, soit comme fractions de la toise et du pied cubes, soit comme unités pour les volumes où capacités peu considérables. Il faut donc appeler *mètre cube* la mesure de solidité proprement dite, et réserver les noms de *stère* et *décistère* pour les bois de chauffage et de charpente, dont il sera parlé ci-après.

TABLE **XXIX**. *Conversion des anciennes Toises, Pieds, Pouces et Lignes cubes, en Mètres et parties de mètre cubes.*

Voir l'observation sur la toise courante, p. 105.

Il faut remarquer ici, comme nous l'avons fait pour les mesures de superficie, *page* 132, que le mètre cube et ses multiples ou sous-multiples, ne conservent pas entre eux les rapports que désignent leurs dénominations (1). Le décimètre cube n'est pas la 10ᵉ partie du mètre cube, mais la

---

(1) Il n'en est pas de même du *stère*, dénomination spécialement affectée à la mesure du bois de chauffage, dont le *décastère* est effectivement le décuple, et le *décistère* la dixième partie.

1000e ; le centimètre cube en est la millionième ; et le rapport, qui est décimal pour
les mesures de longueur, et centésimal pour
les mesures de superficie, devient millésimal pour les mesures de solidité. Si donc
on veut additionner des mètres cubes avec
des décimètres cubes, ou soustraire les uns
des autres, il faut avoir grand soin de placer
les décimètres cubes, de manière que les
unités de ces décimètres répondent à la 3^e
décimale des mètres, les centimètres cubes
à la 6e décimale, etc. Par la même raison,
pour convertir des mètres cubes en décim.
cubes, et réciproquement, il faut avancer
ou reculer le point décimal de 3 chiffres ;
en centimètres cubes, de 6 chiffres ; en millimètres, de 9 chiffres. Il n'en est pas moins
vrai que le premier chiffre après le point
représente des dixièmes de mètre cube ; le
second, des centièmes, etc. ; ce qui rend
le calcul et les évaluations d'une facilité
beaucoup plus grande que pour les anciennes mesures, dont la division n'avait
aucun rapport avec le système de numération adopté.

La toise cube contenait 216 pieds cubes ;
le pied cube 1728 pouces cubes, le pouce
cube 1728 lignes cubes, et la ligne cube,
1728 points cubes ; mais cette dernière division, presque imperceptible, était peu
d'usage.

La toise cube se divisait aussi en 6 *toise-toise-pieds;* la toise-toise-pied, en 12 *toise-toise-pouces,* etc. Pour l'usage des personnes qui préfèrent cette dernière manière de calculer, nous donnerons une table, où ces sous-divisions sont converties en fractions décimales de mètre cube.

Les tables suivantes présentent la conversion des anciennes lignes cubes en millimètres cubes, des anciens pouces cubes en centimètres cubes, etc.; mais on verra, par les observations qui précèdent chaque table, qu'il est facile de transporter l'unité dans l'ordre de mesures qu'on juge le plus commode.

§ 1. *Anciennes Lignes cubes, en millimétr. cubes.*

Observ. 1° Nous rappelons qu'il faut 1728 lignes cubes pour 1 pouce cube. Il sera facile, à l'aide de cette table, de trouver l'équivalent d'un nombre de lignes quelconque : si l'on a, par exemple, 1564 lignes cubes à énoncer en millimètres cubes, on voit à la table :

Lignes cubes.	Millimètr. cub.
900	10331.445
600	6887.630
60	688.763
4	45.918
Total.... 1564	17953.756

2° Les décimales sont des millièmes de millimètre cube, ou des *dix-millimètres cubes*.

3° Si l'on veut convertir les lignes cubes en centimètres ou décimètres cubes, au lieu de millimètres cubes, il suffit d'avancer le point de 3 chiffres pour avoir des centimètres, et de 6 chiffres pour avoir des décimètres : ainsi 900 *lignes cubes* valent,

en *millimètres cubes*, ... 10331.445
en *centimètres cubes*, ... 10.331445
en *décimètres cubes*, ... 0.010331445

lignes cubes.	millimètr. cubes.	lignes cubes.	millimètr. cubes.	lignes cubes.	millimètr. cubes.
1	11.479	10	114.794	100	1147.938
2	22.959	20	229.588	200	2295.877
3	34.438	30	344.382	300	3443.815
4	45.918	40	459.175	400	4591.753
5	57.397	50	573.969	500	5739.692
6	68.876	60	688.763	600	6887.630
7	80.356	70	803.557	700	8035.568
8	91.835	80	918.351	800	9183.507
9	103.314	90	1033.145	900	10331.445

§ 2. *Anciens Pouces cubes, en Centimètres cubes.*

1° La première observation du § 1ᵉʳ s'applique à cette table ; il faut également 1728 pouces cubes pour un pied cube.

2° Les décimales sont des millimètres cubes; en sorte que pour convertir en millimètres cubes, il suffit de supprimer le point : si l'on désire convertir es pouces cubes en décimètres cubes, ou en mètres cubes, il faut avancer le point de 3 chiffres pour avoir des décimètres cubes, et de six chiffres pour avoir des mètres cubes : ainsi 700 *pouces cubes* valent,

en *centimètres cubes*, ... 13885.462
en *décimètres cubes*, ... 13.885462
en *mètres cubes*, ... 0.013885462

pouces cubes.	centimètr. cubes.	pouces cubes.	centimètr. cubes.	pouces cubes.	centimètr. cubes.
1	19.836	10	198.364	100	1983.637
2	39.673	20	396.727	200	3967.275
3	59.509	30	595.091	300	5950.912
4	79.345	40	793.455	400	7934.550
5	99.182	50	991.819	500	9918.187
6	119.018	60	1190.182	600	11901.825
7	138.855	70	1388.546	700	13885.462
8	158.691	80	1586.910	800	15869.100
9	178.527	90	1785.274	900	17852.737

§ 3. *Anciens Pieds cubes, en Décimètres cubes.*

OBSERV. 1° Il faut 216 pieds cubes pour faire une toise cube (1).

2° Les décimales sont des centimètres cubes ; en sorte que pour convertir en centimètres cubes, il suffit de supprimer le point ; pour convertir en mètres cubes, il

---

(1) Le tonneau de mer répondait à 42 pieds cubes, lorsqu'on voulait exprimer par ce mot la capacité d'un navire. C'était aussi une mesure de pesanteur, équivalant à 2 milliers. Voir ci-après, table LIX.

faut avancer le point de 3 chiffres : ainsi , 150 pieds cubes valent ,

en *décimétres cubes*,. 5141.588
et en *mètres cubes*,. 5.141588

pieds cubes.	décimètr. cubes.	pieds cubes.	décimètr. cubes.	pieds cubes.	décimètr. cubes.
1	34.277	8	274.248	60	2056.635
2	68.555	9	308.495	70	2399.408
3	102.832	10	342.773	80	2742.180
4	137.109	20	685.545	90	3084.953
5	171.386	30	1028.318	100	3427.726
6	205.664	40	1371.090	150	5141.588
7	239.941	50	1713.863	200	6855.451

§ 4. *Ancienn. Toises cubes, en Mètres cubes.*

Les décimales représentent des décimètres cubes.

toises cubes.	mètres cubes.	toises cubes.	mètres cubes.	toises cubes.	mètres cubes.
1	7.404	10	74.039	100	740.389
2	14.808	20	148.078	200	1480.777
3	22.212	30	222.117	300	2221.166
4	29.616	40	296.155	400	2961.555
5	37.019	50	370.194	500	3701.944
6	44.423	60	444.233	600	4442.332
7	51.827	70	518.272	700	5182.721
8	59.221	80	592.311	800	5923.110
9	66.635	90	666.350	900	6663.498

On peut aisément, à l'aide de cette table, convertir en mètres cubes un nombre de toises plus considérable, 8070, par exemple ; pour 8000, cherchez à 800, et reculez le point d'un chiffre, vous aurez 59231.10 ;

pour 70 , on trouve 518.272 , ensemble 59749.372.

Les décimètres cubes étant des litres , pour convertir en litres, il suffit de supprimer le point.

TABLE XXX. *Conversion des Mètres et parties de Mètre cubes, en anciennes Toises, Pieds, Pouces et Lignes cubes.*

La table suivante présente seulement l'é-valuation des millimètres en lignes, des centimètres en pouces, des décimètres en pieds, et des mètres cubes en toises cubes; on peut néanmoins s'en servir pour convertir chacune de ces nouvelles mesures en telle autre de l'ancien système qu'on préférera; il suffit d'avancer ou reculer le point de 3 chiffres, pour transporter l'unité dans l'ordre de mesures qui précède ou qui suit immédiatement. Les exemples suivans suffiront pour donner une idée de cette méthode extrêmement simple.

Les décimètres cubes sont convertis en pieds cubes, au § 3. Veut-on savoir ce que 20 décimètres cubes valent en *toises cubes*, passez au § 4 , où les mètres cubes sont convertis en toises cubes , et avancez le point de 3 chiffres, vous trouvez que 20 décim. cubes valent en toises cubes 0.0027013. Veut-on savoir, au contraire, ce que 20 décimètres cubes valent en *pouces cubes*, passez au § 2, où les centimètres cubes sont convertis en pouces cubes; en reculant le point de 3 chiffres, on a, pour la valeur de 20 décimètres cubes en pouces cubes, 1008.2.

Ainsi 8 mètres cubes valent en pieds cubes 233.4, etc.

§ 1. *Millimètres cubes en anciennes Lignes cubes.*

Les décimales sont des dix-millièmes de ligne cube; en les multipliant par 1728, et retranchant les 4 derniers chiffres, on a des points cubes; voir ci-devant, *p.* 75.

millimètr. cubes.	lignes cubes.	millimètr. cubes.	lignes cubes.	millimètr. cubes.	lignes cubes.
1	0.0871	10	0.8711	100	8.7113
2	0.1742	20	1.7423	200	17.4225
3	0.2613	30	2.6134	300	26.1338
4	0.3485	40	3.4845	400	34.8451
5	0.4356	50	4.3556	500	43.5563
6	0.5227	60	5.2268	600	52.2676
7	0.6098	70	6.0979	700	60.9789
8	0.6969	80	6.9690	800	69.6902
9	0.7840	90	7.8401	900	78.4014

1000 millimètres cubes font 1 centimètre cube.

§ 2. *Centimètres cubes, en anciens Pouces cubes.*

Les décimales sont des dix-millièmes de pouce cube; en les multipliant par 1728, et retranchant les 4 derniers chiffres, on a des lignes cubes ; et, en opérant de même sur les chiffres retranchés, des points cubes.

centimèt. cubes.	pouces cubes.	centimèt. cubes.	pouces cubes.	centimèt. cubes.	pouces cubes.
1	0.0504	10	0.5041	100	5.0412
2	0.1008	20	1.0082	200	10.0825
3	0.1512	30	1.5124	300	15.1237
4	0.2016	40	2.0165	400	20.1650
5	0.2521	50	2.5206	500	25.2062
6	0.3025	60	3.0247	600	30.2475
7	0.3529	70	3.5289	700	35.2887
8	0.4033	80	4.0330	800	40.3299
9	0.4537	90	4.5371	900	45.3712

1000 centimètres cubes font 1 décimètre cube.

§ 3. *Décimètres cubes, en anciens Pieds cubes.*

Les décimales sont des dix-millièmes de pied cube ; en les multipliant par 1728, et retranchant les 4 derniers chiffres, on a des pouces cubes ; en opérant de même sur les chiffres retranchés, des lignes cubes, etc.

décimèt. cubes.	pieds cubes.	décimèt. cubes.	pieds cubes.	décimèt. cubes.	pieds cubes.
1	0.0292	10	0.2917	100	2.9174
2	0.0583	20	0.5835	200	5.8348
3	0.0875	30	0.8752	300	8.7522
4	0.1167	40	1.1670	400	11.6695
5	0.1459	50	1.4587	500	14.5869
6	0.1750	60	1.7504	600	17.5043
7	0.2042	70	2.0422	700	20.4217
8	0.2334	80	2.3339	800	23.3391
9	0.2626	90	2.6256	900	26.2565

1000 décimètres cubes font 1 mètre cube.

§ 4. *Mètres cubes, en ancienn. Toises cubes.*

Les décimales sont des dix-millièmes de toise cube; en les multipliant par 216, et retranchant les 4 derniers chiffres, on a des pieds cubes; en multipliant les chiffres retranchés par 1728, et séparant de même les 4 derniers chiffres, on obtient des pouces cubes; et ainsi de suite, pour avoir des lignes et points cubes.

En multipliant les décimales par 6, et retranchant les 4 derniers chiffres, on a des t.-t.-pieds; multipliant les chiffres retranchés par 12, et séparant de même les 4 derniers chiffres, on a des t.-t.-pouces; et ainsi de suite, pour les t.-t.-lignes et t.-t.-points.

mètres cubes.	toises cubes.	mètres cubes.	toises cubes.	mètres cubes.	toises cubes
1	0.1351	15	2.0260	65	8.7792
2	0.2701	20	2.7013	70	9.4545
3	0.4052	25	3.3766	75	10.1298
4	0.5403	30	4.0519	80	10.8051
5	0.6753	35	4.7272	85	11.4805
6	0.8104	40	5.4026	90	12.1558
7	0.9454	45	6.0779	95	12.8311
8	1.0805	50	6.7532	100	13.5064
9	1.2156	55	7.4285	200	27.0128
10	1.3506	60	8.1039	500	67.5321

TABLE XXXI. *Conversion des anciennes Toise-toise-pieds, Toise-toise-pouces, etc., en Mètres cubes.*

1° La toise cube se divisait aussi quelquefois, comme la toise courante, en 6 parties, dites *toise-toise-pieds*; la t.-t.-pied en 12 *toise-toise-pouces*; la t.-t.-pouce en 12 *toise-toise-lignes*; la t.-t.-ligne en 12 *toise-toise-points*.

Dans cette manière de diviser, les parties de la toise cube ne représentaient pas des pieds, pouces et lignes cubes, mais des *parallélipipèdes*, ou tranches parallèles ayant toutes la longueur et la largeur d'une toise, et la hauteur ou épaisseur d'un pied pour les t.-t.-pieds, d'un pouce pour les t.-t.-pouces, d'une ligne pour les t.-t.-lignes, et d'un 12ᵉ de ligne pour les t.-t.-points.

En comparant les divisions ordinaires de la toise à celles-ci, on avait les rapports suivans :

La toise-toise-pied égale	36 pieds cubes.
La toise-toise-pouce....	3 pieds cubes.
La toise-toise-ligne	432 pouces cubes.
La toise-toise-point	36 pouces cubes.

2° Dans la table suivante, les décimales sont des millionièmes de mètre cube, ou des centimètres cubes : considérés par tranches, les 3 premiers chiffres sont des décimètres cubes, et les trois derniers des centimètres; en sorte que, pour convertir les divisions de toise en décimètres ou centimètres cubes, il suffit de reculer le point de 3 chiffres, pour avoir des décimètres cubes, et de le supprimer tout-à-fait, pour avoir des centimètres.

T-T. points.	mètres cubes.	T-T. lignes	mètres cubes.	T-T. pouces.	mètres cubes.
1	0.000 714	3	0.025 708	5	0.541 159
2	0.001 428	4	0.034 277	6	0.616 991
3	0.002 142	5	0.042 846	7	0.719 822
4	0.002 856	6	0.051 416	8	0.822 654
5	0.003 570	7	0.059 985	9	0.925 486
6	0.004 285	8	0.068 554	10	1.028 318
7	0.004 999	9	0.077 124	11	1.131 149
8	0.005 713	10	0.085 693	T-T. pieds.	mètres cubes.
9	0.006 427	11	0.094 262	1	1.233 981
10	0.007 141	T-T. pouces.	mètres cubes.	2	2.467 962
11	0.007 855	1	0.102 832	3	3.701 944
T-T. lignes.	mètres cubes.	2	0.205 664	4	4.935 925
1	0.008 569	3	0.308 495	5	6.169 906
2	0.017 139	4	0.411 327	6	7.403 885

Pour convertir les toises cubes en mètres cubes, voir la table XXIX, § 4, ci-devant *page* 189.

TABLE XXXII. *Conversion des Mètres cubes en anciennes Toises cubes, avec les sous-divisions ordinaires.*

La table XXX, § 4, présente la conversion des mètres cubes en anciennes toises cubes avec fractions décimales ; si l'on a besoin de les comparer avec les anciennes sous-divisions de la toise cube, la table suivante en offre le moyen.

1° *En anciennes Toises, Pieds, Pouces et Lignes cubes.*

mètres cubes.	tois. cub.	pieds cub.	pouc. cub.	lig. cub.	mètres cubes.	tois. cub.	pieds cub.	pouc. cub.	lig. cub.
1	»	29	300	757	20	2	151	824	1307
2	»	58	600	1513	30	4	11	373	233
3	»	87	901	542	40	5	86	1649	886
4	»	116	1201	1298	50	6	162	1197	1540
5	»	145	1502	327	60	8	22	746	466
6	»	175	74	1083	70	9	98	294	1119
7	»	204	375	112	80	10	173	1571	44
8	1	17	675	869	90	12	33	1119	698
9	1	46	975	1625	100	13	109	667	1352
10	1	75	1276	654	300	40	112	275	600

2° *En Toises cubes, Toise-toise-pieds, etc.*

mètres cubes.	tois. cub.	t-t. pi.	t-t. po.	t-t. lig.	t-t. point	mètres cubes.	tois. cub.	t-t. pi.	t-t. pou.	t-t. lig.	t-t. point
1	»	»	9	8	8	20	2	4	2	5	11
2	»	1	7	5	5	30	4	»	3	8	10
3	»	2	5	2	1	40	5	2	4	11	10
4	»	3	2	10	9	50	6	4	6	2	9
5	»	4	»	7	6	60	8	»	7	5	9
6	»	4	10	4	2	70	9	2	8	8	8
7	»	5	8	»	10	80	10	4	9	11	8
8	1	»	5	9	7	90	12	»	11	2	7
9	1	1	3	6	3	100	13	3	»	5	7
10	1	2	1	2	11	300	40	3	1	4	8

Prix comparatif de la Toise cube et du Mètre cube.

1° Connaissant le prix de la toise cube, si l'on veut savoir le prix du mètre cube, il faut recourir à la table XXX, § 4, dont la 1re colonne représentant le prix de la toise cube, la seconde donne le prix du mètre cube. *Ex.* La toise cube valant 8 fr., le mètre cube vaut 1 fr. 08 c.; la toise cube valant 85 francs, le mètre cube vaut 11 f. 48. On néglige les 2 dernières décimales, en comptant 1 centime de plus, si elles excèdent 50.

Si, connaissant le prix du pied, du pouce ou de la ligne cubes, on veut en conclure le prix des décimètre, centimètre ou millimètre cubes, il faut recourir à la même table XXX, § 1, pour le prix comparatif des lignes et millimètres cubes; § 2, pour les pouces et centimètres; et § 3, pour les pieds et décimètres.

2° Connaissant le prix du mètre cube, si l'on veut savoir le prix de la toise cube, il faut recourir à la table XXIX, § 4, dont la 1re colonne représentant le prix du mètre cube, la seconde donne le prix comparatif de la toise cube. *Ex.* Le mètre cube valant 20 francs, la toise cube vaut 148 fr. 08; le mètre cube valant 60 francs, la toise cube vaut 444 fr. 23. On néglige la dernière décimale, en comptant un centime de plus, si elle excède 5.

Si, connaissant le prix des décimètres, centimètres et millimètres cubes, on veut en conclure le prix des pieds, pouces et lignes cubes, il faut avoir recours à la même table XXIX, § 1, pour le prix comparatif dès millimètres et lignes cubes; § 2, pour les centimètres et pouces cubes; et § 3, pour les décimètres et pieds cubes.

Nota. 1° Si le prix connu de la toise ou du mètre cube n'est pas un nombre rond, et qu'il y ait des centimes; il faut se conformer à l'observation de la page 101, en en faisant l'application aux tables que nous venons de citer.

2° Si le prix connu de la toise ou du mètre cube excède 100 francs. il faut se conformer à la seconde observation de la page 181, en en faisant de même l'application aux tables ci-dessus.

De la Toise usuelle cube.

Les mesures usuelles de longueur, établies par l'arr. du 28 mars 1812, pourraient être également employées comme mesures de solidité, mais dans les usages ordinaires seulement, et toujours sous l'obligation pour les agens d'administration, notaires, officiers publics, architectes et entrepreneurs, de réduire en mètres et fractions de mètre cubes les quantités ainsi exprimées en mesures usuelles cubiques : il y a donc lieu de croire qu'on renoncera à l'emploi des mesures usuelles, comme mesures de solidité; il est plus simple de recourir immédiatement au mètre, puisqu'en définitive on ne peut faire usage, dans toutes les transactions, que de calculs basés sur les mesures métriques.

Nous croyons néanmoins devoir donner les moyens de convertir les mesures usuelles de solidité en mètres et fractions de mètre cubes.

La toise usuelle est divisée comme l'ancienne toise, et contient, dès-lors, en ce qui concerne les mesures de solidité, 216 pieds cubes, chaque pied cube 1728 pouc., chaque pouce cube 1728 lignes.

La toise linéaire usuelle est égale à 2 mètres ; la toise usuelle carrée, à 4 mètres carrés ; la toise usuelle cube, à 8 mètres cubes.

Le pied linéaire usuel est le tiers du mètre ; le pied carré en est le 9e ; le pied usuel cube, le 27e.

Ces deux rapports de 1 à 8, et de 1 à 27, sont le produit de 2 et de 3, élevés à leur troisième puissance, c'est-à-dire, multipliés deux fois par eux-mêmes.

On peut ainsi réduire les toises et pieds usuels cubes en mètres cubes, et réciproquement, en multipliant ou divisant les quantités données, par 8 pour les toises, et par 27 pour les pieds.

La réduction des pouces et lignes cubes sera beaucoup plus difficile ; il faudrait diviser les pouces par 15552 pour avoir des mètres ou parties décimales de mètre cubes, et les lignes par 2,239,488.

Les tables suivantes ont pour objet de faciliter ces opérations.

TABLE XXXIII. *Convers. des Toises, Pieds, Pouces et Lignes usuels cubes, en Mètres et parties de Mètre cubes.*

Il s'agit ici de la toise cube avec ses divisions ordinaires de pieds, pouces et lignes cubes.

§ 1. *Toises usuelles cubes.*

En multipliant par 8 le nombre de toises usuelles cubes, on obtient celui des mètres cubes qu'elles représentent : 15 toises cubes valent 120 mètres cubes.

§ 2. *Pieds usuels cubes.*

Il suffit de diviser par 27 le nombre des pieds usuels cubes, pour avoir des mètres cubes : la division laissant le plus souvent un reste, et le nombre des pieds cubes contenus dans la toise étant de 216, on abrégera la conversion en recourant à la table suivante.

Les décimales sont des millionièmes de mètre cube ; par tranches, les 3 premières représentent des décimètres cubes, et les 3 dernières des centimètres cubes.

pieds cubes.	mètres cubes.	pieds cubes.	mètres cubes.	pieds cubes.	mètres cubes.
1	0.037037	8	0.296296	60	2.222222
2	0.074074	9	0.333333	70	2.592593
3	0.111111	10	0.370370	80	2.962963
4	0.148148	20	0.740741	90	3.333333
5	0.185185	30	1.111111	100	3.703704
6	0.222222	40	1.481481	150	5.555556
7	0.259259	50	1.851852	200	7.407407

§ 3. *Pouces usuels cubes.*

1728 pouces cubes font un pied cube.

Nous comparons ici les pouces usuels cubes aux décimètres cubes ; les 3 premières décimales représentent des centimèt. cubes, les 3 dernières des millimètres.

Si l'on veut additionner ces quantités avec des mètres cubes, il faut avancer le point décimal de 3 chiffes ; ainsi 800 pouc. cubes, valant en décim. cubes 17.146776, vaudront en mètres cubes 0.017146776, sauf à supprimer plus ou moins de décimales, suivant que l'opération exigera plus ou moins de précision.

pouces cubes.	décimèt. cubes.	pouces cubes.	décimèt. cubes.	pouces cubes.	décimèt. cubes.
1	0.021433	10	0.214335	100	2.143347
2	0.042867	20	0.428669	200	4.286694
3	0.064300	30	0.643004	300	6.430041
4	0.085734	40	0.857339	400	8.573388
5	0.107167	50	1.071674	500	10.716735
6	0.128601	60	1.286008	600	12.860082
7	0.150034	70	1.500343	700	15.003429
8	0.171468	80	1.714678	800	17.146776
9	0.192901	90	1.929012	900	19.290123

§ 4. *Lignes usuelles cubes.*

1728 lignes cubes font 1 pouce cube.

Nous comparons les lignes usuelles cubes aux centimètres cubes. Les décimales représentent des millimètres cubes. Si l'on veut additionner ces quantités avec des mètres ou décimètres cubes, il faut avancer le point décimal de 3 chiffres pour avoir des décimètres cubes, et de 6 pour avoir des mètres.

lignes cubes.	centim. cubes.	lignes cubes.	centim. cubes.	lignes cubes	centim. cubes.
1	0.012	10	0.124	100	1.240
2	0.025	20	0.248	200	2.481
3	0.037	30	0.372	300	3.721
4	0.050	40	0.496	400	4.961
5	0.062	50	0.620	500	6.202
6	0.074	60	0.744	600	7.442
7	0.087	70	0.868	700	8.683
8	0.099	80	0.992	800	9.923
9	0.112	90	1.116	900	11.163

TABLE XXXIV. *Conversion des Mètres cubes, en Toises, Pieds, Pouces et Lignes usuels cubes.*

Pour convertir les mètres cubes en toises usuelles cubes, il suffit de les diviser par 8; ainsi, 24 mètres cubes font 3 toises cubes: la division ne se faisant pas toujours sans reste, on abrégera l'opération en recourant à la table suivante.

§ 1. *Mètres cubes.*

mètr. cub.	toises cub.	pieds cub.	mètr. cub.	toises cub.	pieds cub.	mètr. cub.	toises cub.	pieds cub.
1	»	27	10	1	54	100	12	108
2	»	54	20	2	108	200	25	»
3	»	81	30	3	162	300	37	108
4	»	108	40	5	»	400	55	»
5	»	135	50	6	54	500	62	108
6	»	162	60	7	108	600	75	»
7	»	189	70	8	162	700	87	108
8	1	»	80	10	»	800	100	»
9	1	27	90	11	54	900	112	108

§ 2. *Décimètres cubes.*

décim. cubes.	pieds cub.	pouc. cub.	lig. cub.	décim. cubes.	pieds cub.	pouc. cub.	lig. cub.
1	»	46	1134	50	1	604	1382
2	»	93	539	60	1	1071	622
3	»	139	1673	70	1	1537	1590
4	»	186	1078	80	2	276	829
5	»	233	484	90	2	743	69
6	»	279	1617	100	2	1209	1037
7	»	326	1023	200	5	470	54
8	»	373	429	300	7	1569	80
9	»	419	1562	400	10	940	107
10	»	466	968	500	13	311	134
20	»	933	207	600	15	1410	161
30	»	1399	1175	700	18	781	188
40	1	138	415	800	23	1251	241

1000 décimètres cubes font un mètre cube.

§ 3. *Centimètres cubes.*

cent. cub.	pouc. cub.	lig. cub.	cent. cub.	pouc. cub.	lig. cub.	cent. cub.	pouc. cub.	lig. cub.
1	»	81	4	»	322	7	»	564
2	»	161	5	»	403	8	»	645
3	»	242	6	»	484	9	»	726

cent. cub.	pouc. cub.	lig. cub.	cent. cub.	pouc. cub.	lig. cub.	cent. cub.	pouc. cub.	lig. cub.
10	»	806	70	3	460	400	18	1145
20	»	1612	80	3	1266	500	23	567
30	1	690	90	4	344	600	27	1717
40	1	1496	100	4	1150	700	32	1139
50	2	575	200	9	572	800	37	561
60	2	1384	300	13	1722	900	41	1711

1000 centimètres cubes font un décimètre cube.

§ 4. *Millimètres cubes.*

Les décimales sont des millièmes de ligne; on peut les négliger, lorsqu'on n'a pas besoin d'une précision très-rigoureuse.

millim. cubes.	lignes cubes.	millim. cubes.	lignes cubes.	millim. cubes.	lignes cubes.
1	0.081	10	0.806	100	8.062
2	0.161	20	1.612	200	16.124
3	0.242	30	2.419	300	24.186
4	0.322	40	3.225	400	32.249
5	0.403	50	4.031	500	40.311
6	0.484	60	4.837	600	48.373
7	0.564	70	5.644	700	56.435
8	0.645	80	6.450	800	64.497
9	0.726	90	7.256	900	75.529

1000 millimètres cubes font 1 centimètre cube.

BOIS DE CHAUFFAGE.

Le bois se vendait communément à la *corde*, à la *voie*, à l'*anneau*, au *moule*, etc.: mais ces dénominations n'exprimaient pas des quantités constantes. La longueur de la bûche, la hauteur de la membrure, variaient dans chaque pays, et pour ainsi dire d'une *vente* à l'autre ; il n'y avait aucun terme de comparaison.

Le *stère*, adopté par le nouveau système, pour servir à mesurer le bois, n'est autre chose que le mètre cube ; en sorte qu'en donnant à la bûche un mètre de *longueur*, la membrure pour mesurer un stère, doit avoir un mètre de *couche* ou de *base*, et un mètre de *hauteur*. Pour plus de célérité et de justesse, les marchands de bois sont tenus d'avoir des membrures de double stère ; on emploie aussi le décastère sur les ports et dans les chantiers, où l'on a à mesurer des quantités de bois considérables : le double stère a 2 mètres de couche ou de base, le décastère en a 10.

Si la bûche n'a pas exactement un mètre de longueur, il faut donner plus ou moins de hauteur à la mesure, afin que le calcul des 3 dimensions produise un mètre cube. On trouve ci-après, table XXXVIII, un tableau servant à indiquer les différentes hauteurs à donner à la membrure, suivant la plus ou moins grande longueur des bûches.

TABLE XXXV. *Conversion des Cordes et Voies en Stères.*

Il nous serait impossible d'offrir ici la

conversion en stères de toutes les mesures usitées pour le bois ; nous nous bornons aux quatre qui étaient le plus connues, la voie de Paris, la corde des eaux et forêts, la corde de grand bois, et la corde dite *de port*. Les marchands qui faisaient usage d'une autre mesure, et qui désireraient en connaître exactement le rapport avec le stère, le pourront aisément, en réduisant leur mesure en pieds et pouces cubes, et en consultant la table XXIX, qui indique la conversion des pieds et pouces cubes en mètres cubes. On sait que le *mètre cube* est un *stère*.

Les décimales sont ici des millièmes.

§ 1. *Voies de Paris en Stères.*

La voie de Paris contenait 4 anciens pieds de *couche* et 4 de *hauteur*, la bûche ayant 3 pieds 6 pouces de *longueur*. La voie de Paris équivaut à peu près à deux stères.

voies.	stères.	voies.	stères.	voies.	stères.
1	1.920	7	13.437	40	76.781
2	3.839	8	15.356	50	95.976
3	5.759	9	17.276	60	115.172
4	7.678	10	19.195	70	134.367
5	9.598	20	38.391	80	153.562
6	11.517	30	57.586	100	191.953

§ 2. *Cordes des eaux et forêts ou d'ordonnance, en Stères.*

Cette corde contenait 8 anciens pieds de

couche et 4 de *hauteur*, la bûche ayant 3 pieds 6 pouces de longueur. *Edit d'août* 1669, *art.* 15.

Cette corde étant le double de la voie de Paris, on peut se servir de la table précédente, en prenant le double de la quantité de stères qui correspond au nombre donné ; 4 cordes valent 15 *stér.* 356.

§ 3. *Cordes de grand bois, en Stères.*

La corde dite *de grand bois* contenait 8 anciens pieds de *couche* et 4 de *hauteur*, la bûche ayant 4 pieds de *longueur.*

cordes.	stères.	cordes.	stères.	cordes.	stères.
1	4.387	7	30.712	40	175.500
2	8.775	8	35.100	50	219.375
3	13.162	9	39.487	60	263.250
4	17.550	10	43.875	70	307.125
5	21.937	20	87.750	80	350.999
6	26.325	30	131.625	100	438.749

§ 4. *Cordes de port, en Stères.*

La corde dite *de port* contenait 8 anciens pieds de *couche* et 5 de *hauteur*, la bûche ayant 3 pieds 6 pouces de *longueur.*

cordes.	stères.	cordes.	stères.	cordes.	stères.
1	4.799	7	33.592	40	191.953
2	9.598	8	38.391	50	239.941
3	14.396	9	43.189	60	287.929
4	19.195	10	47.988	70	335.917
5	23.994	20	95.976	80	383.906
6	28.793	30	143.965	100	479.882

TABLE XXXVI. *Conversion des Stères en Cordes et Voies.*

Les décimales sont des millièmes ; il est facile de les réduire aux fractions de moitié, quart et demi-quart, seules divisions usitées pour la corde et la voie ; 500 millièmes font la moitié, 250 le quart, etc.

§ 1. *Stères en Voies de Paris.*

Dimensions de la voie de Paris, voyez *table* XXXV, § 1.

stères.	voies.	stères.	voies.	stères.	voies.
1	0.521	7	3.647	40	20.838
2	1.042	8	4.168	50	26.048
3	1.563	9	4.689	60	31.258
4	2.084	10	5.210	70	36.467
5	2.605	20	10.419	80	41.677
6	3.126	30	15.629	100	52.096

§ 2. *Stères en Cordes des eaux et forêts ou d'ordonnance.*

Cette corde étant le double de la voie de Paris, on peut se servir de la table précédente, en prenant la moitié du nombre de la seconde colonne, qui correspond au nombre donné.

§ 3. *Stères en Cordes de grand bois.*

Dimensions de la corde de grand bois, voir *table* XXXV, § 3.

stères.	cordes.	stères.	cordes.	stères.	cordes.
1	0.228	7	1.595	40	9.117
2	0.456	8	1.823	50	11.396
3	0.684	9	2.051	60	13.676
4	0.912	10	2.279	70	15.954
5	1.140	20	4.558	80	18.234
6	1.368	30	6.838	100	22.792

§ 4. *Stères en Cordes de port.*

Dimensions de la corde de port, voir *table* XXXV, § 4.

stères.	cordes.	stères.	cordes.	stères.	cordes.
1	0.208	7	1.459	40	8.335
2	0.417	8	1.667	50	10.419
3	0.625	9	1.875	60	12.503
4	0.834	10	2.084	70	14.587
5	1.042	20	4.168	80	16.671
6	1.250	30	6.252	100	20.838

Le décastère usité sur les ports, correspond, comme on le voit, à environ 2 anciennes cordes de port ou 5 anciennes voies de Paris.

Prix comparatif de la Corde et du Stère.

1° Connaissant le prix de la corde ou de la voie, si l'on veut savoir le prix du stère, il faut recourir à la table XXXVI, dont la première colonne représentant le prix de la corde ou de la voie, la seconde donne le prix comparatif du stère.

2° Connaissant le prix du stère, si l'on veut savoir le prix de la corde ou de la voie,

18*

il faut recourir à la table **XXXV**, dont la première colonne représentant le prix du stère, la seconde donne le prix de la corde ou de la voie.

L'opération se fait sur les §§ 1, 3 ou 4, suivant que l'on veut comparer ou conclure le prix de la voie de Paris, de la corde de grand bois, ou de la corde de port. On néglige la dernière décimale, en observant d'ajouter 1 centime, si elle excède 5.

Nota. Si le prix connu de la corde ou du stère n'est pas un nombre rond, et qu'il y ait des centimes, il faut se conformer à l'observation de la page 101, en en faisant l'application aux tables citées.

CORDE USUELLE.

L'arr. du 28 mars 1812 n'établit pas de mesures usuelles pour le bois de chauffage ; mais les anciennes voies, cordes, etc. ayant pour élémens la toise et le pied, elles paraissent pouvoir être tolérées au moins entre les marchands de bois et leurs facteurs et ouvriers, pourvu qu'elles soient basées sur la toise et le pied usuels.

A cet égard, il y a lieu d'observer que le nouveau système a singulièrement compliqué la mesure du bois de chauffage, en en faisant une mesure de solidité, lorsque autrefois c'était simplement une mesure de superficie, calculée sur la longueur de couche et la hauteur de pile, sans égard à la longueur de la bûche.

Le *cordage* était alors à la portée de tout le monde, même des simples bûcherons, et la membrure en usage était la même pour toute espèce de bois de chauffage : il faut, au contraire, pour mesurer aujourd'hui le bois au stère ou mètre cube, avoir égard à la longueur de la bûche, et faire, pour chaque longueur au-dessus ou au-dessous du mètre, une réduction ou augmentation à la hauteur de la pile, ce qui exige plus de connaissances que n'en ont la plupart des acheteurs et même des marchands de bois. Il en résulte que, s'il se trouve dans le même chantier du bois de différentes longueurs, on est forcé d'employer à le mesurer des membrures de hauteurs différentes, ce qui ne s'éloigne pas moins de l'uniformité, qui était cependant la première donnée du problème, que de la simplicité et de la commodité, conditions essentielles de tout instrument de mesure. Est-ce parce qu'une pile de bois est un solide, qu'on a cru devoir lui appliquer une mesure de solidité ? C'est comme si, parce que les étoffes offrent un plan ou une superficie, on avait imaginé de les vendre au centiare ou au mètre carré. On sent quelle confusion et combien d'inconvéniens il serait résulté d'une disposition de ce genre, qui, pour l'achat du moindre morceau de toile, aurait exigé la présence d'un toiseur, ou du moins des calculs sans fin. Si donc, encore bien que les étoffes aient une seconde dimension, qui peut varier à l'infini, on s'est toujours borné à en mesurer la longueur, laissant à l'acheteur et au marchand à se mettre d'accord sur la largeur avant d'en arrêter le prix, on pouvait également, pour le mesurage du bois à brûler, faire abstraction d'une des dimensions de la pile, et déterminer, pour toute espèce de bois, une membrure uniforme de même longueur et hauteur : alors le marchand, l'acheteur, le propriétaire, le garde-vente et le bûcheron eussent pu connaître la mesure, et en faire aisément l'application, même sans membrure, dans quelque pays et pour quelque espèce de bois que ce fût. Au reste, la mesure du bois de chauffage n'a pas seulement pour objet d'en fixer la valeur vénale ; elle doit encore servir à en régler les frais d'exploitation : pour ce dernier objet, le stère est et sera toujours inutile. On sait qu'en faisant prix avec le bûcheron pour la façon d'une corde de bois, le marchand ne tient aucun compte de la longueur de la bûche, et alloue ordinairement le même prix pour tous bois, la façon étant la même pour l'un comme pour l'autre. Il est donc indispensable qu'il y ait un mode de cordage usuel, consistant à mesurer seulement la longueur de couche et la hauteur de pile.

En établissant la toise usuelle, on aurait pu admettre, comme mode usuel de cordage, la *toise superficielle*, calculée d'après la longueur et la hauteur de la pile, et mesurée dans une membrure uniforme de deux toises ou 4 mètres de long, sur un mètre de hauteur, ce qui donnerait la facilité de vendre à la demi-toise et au quart, en donnant seulement une toise ou 3 pieds de couche.

Cet objet n'ayant pas été prévu par le réglement, la corde de 8 pieds de long sur la hauteur de 4 ou 5 pieds continuera d'être employée dans les ventes, avec cette différence seulement, qu'on pourrait y appliquer les pieds usuels. C'est dans cette supposition que la table suivante a été calculée.

Table XXXVII. *Convers. des Cordes usuelles en Stères ou Mètres cubes.*

Les décimales sont des millièmes de stère, ou décimètres cubes.

§ 1. *Cordes de 8 pieds usuels sur 4 de hauteur, bûches de 3 pieds et demi.*

Cette corde, sauf l'emploi du pied usuel au lieu du pied de Paris, correspond à la corde dite des eaux et forêts : elle contient 112 pieds usuels cubes.

cordes.	stères.	cordes.	stères.	cordes.	stères.
1	4.148	7	29.037	40	165.926
2	8.296	8	33.185	50	207.407
3	12.444	9	37.333	60	248.889
4	16.593	10	41.481	70	290.370
5	20.741	20	82.963	80	331.852
6	24.889	30	124.444	100	414.815

§ 2. *Cordes de 8 pieds usuels sur 5 de hauteur, bûches de 3 pieds et demi.*

Cette corde correspond à la corde dite *de port ;* elle contient 140 pieds usuels cubes.

cordes.	stères.	cordes.	stères.	cordes.	stères.
1	5.185	7	36.296	40	207.407
2	10.370	8	41.481	50	259.259
3	15.556	9	46.667	60	311.111
4	20.741	10	51.852	70	362.963
5	25.926	20	103.704	80	414.815
6	31.111	30	155.556	100	518.519

§ 3. *Cordes de 8 pieds usuels sur 4 de hauteur, bûches de 4 pieds.*

Cette corde correspondant à celle dite *de grand bois ,* contient 128 pieds usuels cubes.

cordes.	stères.	cordes.	stères.	cordes.	stères.
1	4.741	7	33.185	40	189.630
2	9.481	8	37.926	50	237.037
3	14.222	9	42.667	60	284.444
4	18.963	10	47.407	70	331.852
5	23.704	20	94.815	80	379.259
6	28.444	30	142.222	100	474.074

TABLE XXXVIII. *Différentes hauteurs à donner à la membrure, d'après la longueur de la bûche.*

Le stère est un mètre cube, ou une quantité de bois, ayant un mètre de *couche* et un mètre de *hauteur*, en supposant que les bûches aient un mètre de *longueur :* mais la longueur des bûches variant en plus ou en moins, on conçoit qu'il faut varier l'une des deux autres dimensions, pour retrouver exactement le mètre cube. Suivant l'arr. du 28 messidor an 7, la membrure ou pile doit toujours avoir de *couche* un mètre, ou un nombre exact de mètres, (pour le stère, 1 mètre ; pour le double stère, 2 ; pour le demi-décastère, 5 ;) c'est donc la hauteur qu'il faut augmenter ou diminuer, en raison inverse de la plus ou moins grande longueur des bûches.

La table suivante mettra à portée de mesurer exactement le bois, de quelque longueur qu'il soit. La première colonne indiquant la longueur de la bûche, la seconde indique la hauteur qu'il faut donner au bois dans la membrure.

Cette table, qui s'applique au stère, au double stère, au décastère et au demi-décastère, suivant que la membrure a 1, 2, 10 ou 5 mètres de longueur de sole entre les montans, peut également servir à évaluer la quantité de stères contenus dans une pile considérable sur le port ou au chantier. Après avoir mesuré la longueur de la base ou couche avec le mètre, il faut mesurer la hauteur de la pile, avec une règle, de la dimension qui correspond, d'après la table suivante, à la longueur de la bûche, de 88 centimètres par exemple, pour le bois de 3 pieds 6 pouces anciens, et multiplier le nombre de mètres trouvé à la base, par le nombre de règles trouvé en mesurant la hauteur : le produit donnera le nombre de stères cherché.

Nous avons continué la table pour les longueurs de bûches, au-dessous du mètre, jusqu'à 60 centimètres, à peu près 1 pied 10 pouces. Si l'on objecte que, la membrure n'ayant qu'un mètre de hauteur, on ne peut y mesurer du bois de dimension inférieure, puisque, pour compléter le stère, il faut supposer des montans plus hauts que le mètre, il est un moyen simple de résoudre cette difficulté ; il consiste à mesurer le bois plus court, dans la membrure du double stère, et à prendre pour hauteur des montans la moitié de celle indiquée par la table suivante ; 0^m. 66, par exemple, pour le bois de 2 pieds 4 pouces.

La longueur des bûches sera énoncée, 1° en pieds et pouces anciens, 2° en mètres et centimètr. 3° en pieds et pouc. usuels ; la hauteur de la membrure l'est en centimètr.

§ 1. *En Pieds et Pouces anciens.*

Longueur de la bûche.		Hauteur dans la membrur.	Longueur de la bûche.		Hauteur dans la membrur.	Longueur de la bûche.		Hauteur dans la membrur.
pi.	pou.	mètres.	pi.	pou.	mètres.	pi.	pou.	mètres.
4	2	0.74	3	4	0.92	2	6	1.23
4	1	0.75	3	3	0.94	2	5	1.27
4	»	0.77	3	2	0.97	2	4	1.32
3	11	0.78	3	1	1.00	2	3	1.37
3	10	0.80	3	»	1.03	2	2	1.42
3	9	0.82	2	11	1.06	2	1	1.48
3	8	0.84	2	10	1.09	2	»	1.54
3	7	0.86	2	9	1.12	1	11	1.61
3	6	0.88	2	8	1.15	1	10	1.68
3	5	0.90	2	7	1.19	1	9	1.76

§ 2. *En Mètres et Centimètres.*

Longueur de la bûche.	Hauteur dans la membrur.	Longueur de la bûche.	Hauteur dans la membrur.	Longueur de la bûche.	Hauteur dans la membrur.
mètres.	mètres.	mètres.	mètres.	mètres.	mètres.
1.42	0.70	1.14	0.88	0.86	1.16
1.40	0.72	1.12	0.89	0.84	1.19
1.38	0.73	1.10	0.91	0.82	1.22
1.36	0.74	1.08	0.93	0.80	1.25
1.34	0.75	1.06	0.94	0.78	1.28
1.32	0.76	1.04	0.96	0.76	1.32
1.30	0.77	1.02	0.98	0.74	1.36
1.28	0.78	1.00	1.00	0.72	1.40
1.26	0.79	0.98	1.02	0.70	1.43
1.24	0.81	0.96	1.04	0.68	1.47
1.22	0.82	0.94	1.06	0.66	1.52
1.20	0.83	0.92	1.09	0.64	1.56
1.18	0.85	0.90	1.11	0.62	1.61
1.16	0.86	0.88	1.14	0.60	1.67

§ 3. *En Pieds et Pouces usuels.*

Longueur de la bûche.		Hauteur dans la membrur.	Longueur de la bûche.		Hauteur dans la membrur.	Longueur de la bûche.		Hauteur dans la membrur.
pi.	pou.	mètres.	pi.	pou.	mètres.	pi.	pou.	mètres.
4	2	0.72	3	4	0.90	2	6	1.20
4	1	0.73	3	3	0.92	2	5	1.24
4	»	0.75	3	2	0.95	2	4	1.29
3	11	0.77	3	1	0.97	2	3	1.33
3	10	0.78	3	»	1.00	2	2	1.38
3	9	0.80	2	11	1.03	2	1	1.44
3	8	0.82	2	10	1.06	2	»	1.50
3	7	0.84	2	9	1.09	1	11	1.57
3	6	0 86	2	8	1.12	1	10	1.64
3	5	0.88	2	7	1.16	1	9	1.71

Moyen facile de convertir en Stères, sans membrure, une quantité quelconque de bois de chauffage.

Il faut multiplier la longueur de la bûche par la longueur de la pile, et le produit par la hauteur; et séparer 6 décimales, si l'on a employé des centimètres à chaque dimension. *Ex.* La bûche ayant 1 *mèt.* 32 de longueur; la pile, 15.12 de longueur, et 6.18 de hauteur; multipliez 1.32, par 15.12, et le produit 19.9584, par 6.18; le produit est 123 *stèr.* 342912.

On néglige plus ou moins de décimales, suivant le degré de précision qu'on veut obtenir; en supprimant les 4 derniers chiffres, on a 123 stères, et la fraction 34 centièmes, qui fait un peu plus d'un tiers. Si les chiffres supprimés excèdent 5, 50, 500, etc., il faut ajouter 1 à la dernière décimale.

Si l'on n'avait employé de centimètres que pour exprimer la longueur des bûches, et seulement des décimètres pour les longueur et hauteur de pile, il ne faudrait séparer que 4 décimales ; et seulement 2, si les longueur et hauteur de pile étaient exprimées en mètres, sans fractions.

On peut aussi recourir au moyen indiqué dans les observations qui précèdent la table XXXVIII.

BOIS DE CHARPENTE.

Le bois de charpente se mesurait et se vendait au cent de *pièces* ou *solives*, dit communément le *grand cent*. La pièce ou solive était censée être une solive de 12 anciens pieds de longueur, ayant 6 pouces sur 6 d'écarrissage, et équivalant à 3 pieds cubes, en sorte que le grand cent représentait 300 pieds cubes. La solive se divisait, comme la toise courante, en 6 pieds, qui se nommaient pieds de solive, le pied en 12 pouc., le pouce en 12 lignes (1). Le bois de char-

____

(1) En Normandie et dans quelques autres provinces, le bois de charpente se mesurait à la *marque*, composée soit de 300, soit de 96 *chevilles* de 12 pouces

pente se mesure actuellement soit au mètre cube ou stère, soit au *décistère*, mesure équivalant à peu près à l'ancienne solive.

Le stère contenant 1000 décimètres cubes, le décistère en contient 100, et peut dès-lors représenter, soit 10 mètres de chevron d'un décimètre d'écarrissage, soit une solive de 2 mètres et demi de longueur sur 2 décimètres d'écarrissage, soit la longueur d'un décimètre sur un mètre d'écarrissage.

On paraît assez généralement préférer l'emploi du mètre cube à celui du décistère qui en est la 10e partie; il sera toujours facile de réduire les décistères en mètres cubes et réciproquement, en avançant ou reculant le point décimal d'un chiffre.

Les fractions du décistère seront des centièmes, millièmes et dix-millièmes de mètre cube, suivant le nombre des décimales. Il convient de ne pas employer les dénominations de *centistère* et *millistère*, qui surchargent la nomenclature, et

---

cubes chacune. Nous ne traitons avec quelque étendue que de la mesure au cent de pièces ou solives, comme plus généralement usitée; on connaîtra facilement le rapport de la marque à 96 ou à 300 chevilles avec le décistère, en opérant la conversion des pouces cubes en mètres ou décimètres cubes, à l'aide de la table XXIX, § 2.

La marque de 300 chevilles, qui contenait 3600 pouces cubes, équivaut à 0 *décist.* 74; celle de 96 chevilles, contenant 1152 pouces cubes, à 0 *décist.* 23.

seraient d'ailleurs insuffisantes dans les cas où l'on a besoin de plus de précision qu'on ne peut en obtenir avec 2 décimales.

Nous indiquerons, *tab.* XLI et XLII, une manière facile de réduire en décistères le bois de charpente, même en grume.

TABLE XXXIX. *Conversion des Piéces ou Solives, en Décistères.*

Les décimales sont des millièmes de décistère ou dix-millièmes de mètre cube. 10 décistères faisant un mètre cube, pour convertir en mètres cubes, il faut avancer le point d'un chiffre ; 70 solives valant en décistères 71.98, valent en mètr. cubes, 7.198.

solives.	décist.	solives.	décist.	pouces.	décist.
1	1.028	90	92.549	7	0.100
2	2.057	100	102.832	8	0.114
3	3.085	200	205.664	9	0.129
4	4.113	300	308.495	10	0.143
5	5.142	pieds.		11	0.157
6	6.170	1	0.171	lignes.	
7	7.198	2	0.343	1	0.001
8	8.227	3	0.514	2	0.002
9	9.255	4	0.686	3	0.004
10	10.283	5	0.857	4	0.005
20	20.566	pouces.		5	0.006
30	30.850	1	0.014	6	0.007
40	41.133	2	0.029	7	0.008
50	51.416	3	0.043	8	0.010
60	61.699	4	0.057	9	0.011
70	71.982	5	0.071	10	0.012
80	82.265	6	0.086	11	0.013

TABLE XL. *Conversion des Décistères en anciennes Pièces ou Solives.*

Les décimales sont des millièmes de l'ancienne solive ou pièce ; en les multipliant par 6, et retranchant les 3 derniers chiffres du produit, on a des pieds de solive. Les chiffres retranchés donnent des pouces de solive, en les multipliant par 12, et en séparant de même les 3 derniers chiffres, qui, multipliés également par 12, donnent des lignes de solive. Voir ci-devant, *page 75*, *3ᵉ observation.*

La même table peut servir à faire connaître combien le mètre cube de bois carré contient d'anciennes solives ; il suffit de reculer le point décimal d'un chiffre ; ainsi, 8 décistères valant 7.780, 8 mètres cubes répondent à 77 *soliv.* 80.

décist.	solives.	décist.	solives.	décist.	solives.
1	0.972	8	7.780	60	58.348
2	1.945	9	8.752	70	68.072
3	2.917	10	9.725	80	77.797
4	3.890	20	19.449	90	87.522
5	4.862	30	29.174	100	97.246
6	5.835	40	38.898	300	291.739
7	6.807	50	48.623	500	486.231

Prix comparatif de la Solive ancienne et du Décistère.

1° Connaissant le prix de la solive, ou

pièce ancienne, si l'on veut savoir le prix du décistère, il faut recourir à la table XL, dont la première colonne représentant le prix de la solive, la seconde donne le prix du décistère.

2° Connaissant le prix du décistère, si l'on veut savoir le prix de la solive ou ancienne pièce, il faut recourir à la table XXXIX, dont la première colonne représentant le prix du décistère, la seconde donne le prix de la solive ou pièce.

Si le prix connu de la solive ou du décistère n'est pas un nombre rond, et qu'il y ait des centimes, il faut se conformer à l'observation de la page 101, en, en faisant l'application aux tables que nous venons de citer.

Méthode facile pour la réduction du Bois de charpente ou Bois carré, en Décistères et en Mètres cubes.

Le bois carré est celui dont les dimensions d'écarrissage sont égales ou presque égales, comme 15 sur 15, 25 sur 26, etc. On appelle madrier, méplat ou bâtard, le bois qui a plus de largeur que d'épaisseur ; et bois en grume, celui qui est encore revêtu de son écorce.

Il fallait, pour faire un toisé de charpente à l'ancienne solive, des multiplications et réductions de lignes, pouces et pieds cubes; ce qui, pour chaque espèce de bois, présentait un grand nombre d'opérations complexes. La méthode la plus ordinaire consistait à multiplier l'une par l'autre les grosseurs exprimées en pouces, et le produit par la longueur exprimée en pieds; diviser ensuite par 72, pour avoir des pieds de solive, dont le nombre, divisé par 6, donnait des solives.

Pour réduire le bois de charpente en *décistères*, il suffit de multiplier les 2 dimensions de l'écarrissage l'une par l'autre, et le produit par la longueur; opération que facilite beaucoup la simplicité du calcul décimal. Les grosseurs s'exprimant en centimètres, et la longueur en décimètres, on séparera 4 décimales; ce qui dérive de cette règle de la multiplication, qui consiste à séparer au produit autant de décimales qu'il s'en trouve tant au multiplicande qu'au multiplicateur. Il y aurait, en effet, 5 décimales à séparer pour avoir des mètr. cubes; mais le décistère étant le 10ᵉ du mètre cube, il faut reculer le point d'un chiffre, ce qui laisse seulement 4 décimales au produit.

Ex. Soit une pièce de bois, de 31 centimètres sur 29, et de 9ᵐ. 7 de longueur; le produit de 31 par 29 est 899, qui, multiplié par 97, donne 87203, et en séparant 4 décimales, 8 *décist*. 7203 : ces décimales sont des cent-millièmes de mètre cube, ou des dix-millièmes de décistère.

On peut, en général, s'en tenir aux 2 ou 3 premières décimales, qui expriment des centièmes ou millièmes de décistère, et négliger les suivantes, en comptant 1 de plus, si elles excèdent 5, 50 ou 500.

Lorsque le bois est plus gros par un bout que par l'autre, ce qui est fort ordinaire, les dimensions de l'écarrissage se mesurent au milieu. Cette méthode n'est pas d'une exactitude rigoureuse ; et la pièce de bois, cubée stéréométriquement, produirait plus qu'elle ne le fait, étant ainsi calculée ; mais l'usage s'en est introduit pour simplifier les opérations, et les réglemens l'autorisent. En cas d'impossibilité de mesurer par le milieu, on mesure par les deux bouts, en additionnant les grosseurs de chaque bout et prenant la moitié pour grosseur moyenne.

Dans tous les cas où les dimensions d'écarrissage sont les mêmes, par exemple, 10 sur 10, 25 sur 25, on peut s'épargner la peine d'en faire la multiplication, en recourant ci-après à la table *des Carrés*, dont la seconde colonne offre le produit de ces dimensions ; il suffit alors de multiplier le nombre de la seconde colonne, correspondant aux dimensions d'écarrissage, par la longueur exprimée en décimètres, et de séparer 4 décimales ; mais la table suivante dispense même de ce calcul déjà fort simple.

Si l'on veut réduire le bois de charpente en *mètres cubes*, il faut faire l'opération telle qu'elle est indiquée pour la réduction en décistères, et séparer 5 décimales au lieu de 4; dans l'exemple cité, le produit en mètres cubes serait 0.87203.

Nous avons compté la longueur par décimètres; l'octroi de Paris la compte par mètres et demi-mètres, le demi-mètre étant acquis à 3 décimètres, et le mètre entier à 8 décimètres. Au premier aperçu, cette manière de compter paraît rigoureuse, en ce qu'elle fait payer le droit du mèt. entier pour une longueur de 8 décim. seulement, et du demi-mètre pour 3 décimètres; mais sur un grand nombre de pièces, il s'établit nécessairement une compensation, et même à l'avantage du contribuable, les excédans au-dessous de 3 décimètres ne payant rien.

TABLE XLI. *Longueur du Décistère, sur les différentes grosseurs du Bois carré.*

On a vu plus haut que le décistère, qui est la 10ᵉ partie du mètre cube, contient 100 décimètres cubes, et représente 10 mètres de longueur sur un décimètre d'écarrissage, ou 2 mètres et demi de longueur sur 2 décimètres d'écarrissage.

Mais le bois carré est susceptible de toutes

les dimensions en grosseur ; il peut donc être utile de connaître la longueur que doit avoir le décistère sur toutes les dimensions d'é-carrissage possibles ; c'est l'objet de cette table. On y voit, par exemple, qu'à 21 centimètres d'écarrissage, le décistère aura de longueur 2 *mét.* 268 ; à 54 centimètres d'é-carrissage, 0 *métr.* 343, etc. Cela donné, si la pièce qu'il s'agit de réduire a 54 centimètres d'écarrissage, elle contiendra autant de décistères qu'elle aura de fois 343 milli-mètres de longueur : à un mètre, grosseur fort rare, il ne faudrait qu'un décimètre de longueur pour former le décistère.

On peut donc, après avoir additionné la longueur de toutes les pièces de bois dont la grosseur est la même, en diviser la somme par le nombre qui, dans la table suivante, répond à la dimension d'écarrissage. S'il s'agit de grosses pièces, par exemple, d'une poutre qui aurait 60 centimètres d'écarris-sage, on peut ouvrir le compas sur 278 mil-limètres, et mesurer la longueur de la pou-tre avec cette ouverture de compas : à force de faire des réductions de ce genre, on ac-querra la facilité de juger à l'œil, au moins par approximation, le nombre de décis-tères ou solives que contient une pièce de bois carré.

On suppose ici que les deux dimensions d'écarrissage sont semblables ; s'il en était autrement, et qu'une pièce de bois eût, par exemple, 21 centimètres sur 23, la table ne lui serait pas applicable, et l'on ne pourrait en faire la réduction en décistères ou en mètres cubes, qu'en se conformant à la méthode indiquée au chapitre précédent.

Les décimales sont des millimètres.

dim. de l'écariss.	long. du décist.	dim. de l'écariss.	long. du décist.	dim. de l'écariss.	long. du décist.
centimèt.	mètres.	centimèt.	mètres.	centimèt.	mètres.
8	15.624	34	0.865	60	0.278
9	12.352	35	0.816	61	0.269
10	10.000	36	0.772	62	0.260
11	8.264	37	0.730	63	0.252
12	6.941	38	0.692	64	0.244
13	5.917	39	0.657	65	0.237
14	5.102	40	0.625	66	0.230
15	4.444	41	0.595	67	0.223
16	3.906	42	0.567	68	0.216
17	3.460	43	0.541	69	0.210
18	3.088	44	0.516	70	0.204
19	2.770	45	0.494	71	0.198
20	2.500	46	0.473	72	0.193
21	2.268	47	0.453	73	0.188
22	2.066	48	0.434	74	0.182
23	1.890	49	0.416	75	0.178
24	1.736	50	0.400	76	0.173
25	1.600	51	0.384	77	0.169
26	1.479	52	0.370	78	0.164
27	1.373	53	0.356	79	0.160
28	1.276	54	0.343	80	0.156
29	1.189	55	0.331	81	0.153
30	1.111	56	0.319	82	0.149
31	1.041	57	0.308	83	0.145
32	0.977	58	0.297	84	0.142
33	0.918	59	0.287	85	0.138

dim. de l'écariss.	long. du décist.	dim. de l'écariss.	long. du décist.	dim. de l'écariss.	long. du décist.
centimèt.	mètres.	centimèt.	mètres.	centimèt.	mètres.
86	0.135	95	0.111	104	0.093
87	0.132	96	0.109	105	0.091
88	0.129	97	0.106	106	0.089
89	0.126	98	0.104	107	0.088
90	0.123	99	0.102	108	0.086
91	0.121	100	0.100	109	0.085
92	0.118	101	0.098	110	0.083
93	0.116	102	0.096	111	0.082
94	0.113	103	0.094	112	0.080

TABLE XLII. *Application de la Table précédente au Bois en grume.*

On est souvent dans le cas de réduire en décistères le bois encore revêtu de son écorce, soit pour en déterminer le prix, soit pour le soumettre à la perception du droit d'octroi. L'usage est alors de l'évaluer, non d'après la solidité du cylindre, mais d'après celle de la pièce de bois carré qui pourrait en provenir : il s'agit donc de connaître les dimensions d'écarrissage qui peuvent résulter, soit de tel ou tel diamètre, soit de telle ou telle circonférence.

1° *D'après les Diamètres.*

Si l'arbre en grume est abattu, il est facile d'en mesurer le diamètre sans y comprendre l'écorce; et en prenant la moitié du carré de ce diamètre, on aura la surface résultant des dimensions d'écarrissage , qu'il faudra multiplier par la longueur pour avoir des mètres cubes ou des décistères ; application de la règle bien connue du carré de l'hypothénuse. On peut se convaincre aisément que la superficie d'un carré formé sur la diagonale d'un autre carré est double de celle de ce dernier ; or, le diamètre de l'arbre en grume est la diagonale du carré résultant de ses dimensions d'écarrissage. L'octroi de Paris , lorsqu'il évalue le bois en grume par le diamètre, est conforme à cette théorie ; il faut, dit le réglement, multiplier le diamètre par sa moitié, ce qui est la même chose que de prendre la moitié du carré du diamètre, et présente même plus de facilité.

Par ces méthodes, on obtient la surface résultant des dimensions d'écarrissage, ce qui suffit dans tous les cas ; mais non les dimensions d'écarrissage mêmes, qui ne pourraient s'obtenir qu'en extrayant la racine carrée de cette surface, ou en cherchant la moyenne proportionnelle entre le diamètre et sa moitié. Ces opérations sont assez difficiles en arithmétique, et le résultat en serait une ligne incommensurable, ou sans rapport exact avec le diamètre ; mais comme l'écarrissage ne se compte qu'en centimètres, en abandonnant les fractions excédantes, et que dès-lors on n'a pas besoin d'une exactitude mathématique, on peut recourir à la méthode suivante, qui est fort simple : Elevez sur le milieu du diamètre de l'arbre en grume, une ligne perpendiculaire, égale à la moitié de ce diamètre, la ligne qui en joindra les extrémités sera la dimension d'écarrissage de la pièce qui doit en résulter ; elle peut dès-lors servir à connaître la longueur du décistère, à l'aide de la table précédente.

2° *D'après les Circonférences*

Si l'arbre est écorcé, on en connaît assez exactement l'écarrissage, en déduisant le 10ᵉ de la circonférence, et prenant le quart du restant : ainsi l'arbre écorcé qui a 360 centimètres de circonférence, fournirait une poutre de 81 centimètres d'écarrissage. Cette méthode est celle de l'octroi de Paris, dont le réglement porte : La déduction pour l'écarrissage des grumes est du dixième du pourtour ; on doit déduire l'écorce en prenant la mesure.

On applique à la réduction du bois en grume non écorcé plusieurs méthodes du même genre : l'une, indiquée par quelques auteurs, consiste à prendre le tiers de la circonférence, et ensuite les 2 tiers de ce tiers, pour avoir la dimension d'écarrissage, ce qui équivaut au quart après avoir déduit le 9ᵉ ; l'autre, et c'est la plus usitée, consiste à déduire le 6ᵉ de la circonférence, et à prendre le quart du restant ; enfin, le réglement du 28 août 1816, art. 30 et 99, porte : Pour le mesurage des bois en grume, le 5ᵉ de la circonférence est déduit ; le quart du surplus formera le côté du carré d'après lequel la pièce sera cubée. Toutes ces méthodes ne sont qu'approximatives ; car l'âge, l'espèce et la grosseur des arbres, faisant varier à l'infini la proportion qui existe entre l'épaisseur de l'écorce et le diamètre du bois qu'elle enveloppe, la circonférence de l'arbre en grume ne pourra jamais faire connaître avec précision celle de l'arbre écorcé.

En comparant ces trois méthodes, on trouve qu'un arbre en grume, de 360 centimètres de circonférence, aurait, suivant la première, 80 centimétres d'écarrissage ; suivant la seconde, 75, et, suivant la troisième, 72 seulement. La première est évidemment trop forte, la même circonférence pour l'arbre écorcé ne donnant que 81 ; la troisième, qui déduit le 5ᵉ, est trop faible, et n'est sans doute employée au mesurage des bois de la marine et de l'artillerie, que parce qu'il faut pour ces deux services un écarrissage plus régulier ; c'est donc sur la seconde, qui est d'ailleurs celle du commerce, que nous avons basé la table suivante, qui indique les dimensions d'écarrissage, d'après la circonférence des arbres en grume.

Ces dimensions connues, la table XLI indiquera la longueur du décistère qui y correspond : ainsi *4 mètres* 128 de circonférence pour l'arbre en grume, répondant à 86 centimètres d'écarrissage, la table précédente indique que, sur une poutre de cette grosseur, la longueur du décistère est de 135 millimètres.

Si la circonférence trouvée tombe entre celles indiquées par la table, on la rapporte à celle dont elle approche le plus.

Les décimales sont des millimètres.

circonf. mètres.	écariss. centimèt.	circonf. mètres.	écariss. centimèt.	circonf. mètres.	écariss. centimèt.
0.384	8	1.248	26	2.112	44
0.432	9	1.296	27	2.160	45
0.480	10	1.344	28	2.208	46
0.528	11	1.392	29	2.256	47
0.576	12	1.440	30	2.304	48
0.624	13	1.488	31	2.352	49
0.672	14	1.536	32	2.400	50
0.720	15	1.584	33	2.448	51
0.768	16	1.632	34	2.496	52
0.816	17	1.680	35	2.544	53
0.864	18	1.728	36	2.592	54
0.912	19	1.776	37	2.640	55
0.960	20	1.824	38	2.688	56
1.008	21	1.872	39	2.736	57
1.056	22	1.920	40	2.784	58
1.104	23	1.968	41	2.832	59
1.152	24	2.016	42	2.880	60
1.200	25	2.064	43	2.928	61

circonf. mètres.	écariss. centimèt.	circonf. mètres.	écariss. centimèt.	circonf. mètres.	écariss. centimèt.
2.976	62	3.792	79	4.608	96
3.024	63	3.840	80	4.656	97
3.072	64	3.888	81	4.704	98
3.120	65	3.936	82	4.752	99
3.168	66	3.984	83	4.800	100
3.216	67	4.032	84	4.848	101
3.264	68	4.080	85	4.896	102
3.312	69	4.128	86	4.944	103
3.360	70	4.176	87	4.992	104
3.408	71	4.224	88	5.040	105
3.456	72	4.272	89	5.088	106
3.504	73	4.320	90	5.136	107
3.552	74	4.368	91	5.184	108
3.600	75	4.416	92	5.232	109
3.648	76	4.464	93	5.280	110
3.696	77	4.512	94	5.328	111
3.744	78	4.560	95	5.376	112

MESURES DE CAPACITÉ.

Les mesures de capacité, nommées aussi *mesures de contenance*, sont d'un usage très-fréquent; elles servent à mesurer la plupart des objets nécessaires à la vie, le grain, l'avoine, le sel, les boissons, le charbon, etc. Le nombre de ces mesures, précédemment employé dans les diverses communes ou cantons, était si considérable, qu'il serait impossible d'en faire l'énumération, à plus forte raison d'en présenter la conversion en mesures métriques: mais on connaissait dans chaque pays le rapport des mesures locales avec celles de Paris, en sorte qu'il doit nous suffire de comparer ces dernières avec le litre, unité des mesures de capacité dans le nouveau système, et avec ses multiples et sous-multiples. Nous indiquerons néanmoins, ci-après, un moyen facile de convertir en nouvelles mesures de capacité toutes ces mesures locales, dont nous ne pouvons nous occuper ici particulièrement.

Les anciennes mesures de capacité peuvent se diviser en deux classes: *Mesures pour matières sèches*, comme litrons, boisseaux, minots, setiers, muids, etc.; et *Mesures pour liquides*, comme pintes, chopines, demi-setiers, setiers, veltes, muids, etc. On doit remarquer, comme un des inconvéniens attachés à l'ancien système, l'emploi des mêmes noms pour exprimer des choses différentes. Il n'y avait pas le moindre rapport entre un setier ou un demi-setier de vin et un setier de blé, un muid de vin et un muid de charbon: le setier de vin contenait 8 pintes, le demi-setier ne contenait qu'un quart de pinte; les setiers de blé, de sel, d'avoine et de charbon étaient quatre mesures différentes; il en était de même du muid.

Dans le nouveau système, le litre et ses composés servent aux deux usages, et le rapport de ces mesures avec le mètre con-

tribue à rendre le jaugeage plus facile (1).
Le litre, quelle que soit la forme qu'on lui
donne, contient exactement en capacité un
décimètre cube ; on peut donc se le représenter comme un vase de forme cubique,
de la dimension d'un décimètre.

On a vu ci-devant, *page* 185, qu'un décimètre cube, 1000ᵉ d'un mètre cube, est
1000 fois plus grand qu'un centimètre cube ;
le *kilolitre*, contenant 1000 litres, représen-
terait donc la capacité d'un mètre cube, et
le *millilitre* celle d'un centimètre cube. Il
en résulte la série suivante, pour la comparaison des mesures décimales de capacité
avec les mesures de solidité.

Le MILLILITRE équivaut à..   1 centimèt. cube.
    Le *Centilitre*, ...   10   *idem*.
    Le *Décilitre*, ...   100 *idem*.
Le LITRE , ...   1 décimèt. cube.
    Le *Décalitre*, ...   10   *idem*.
    L'*Hectolitre* , ...   100 *idem*.
Le KILOLITRE, ...   1 mètre cube.

Les dimensions du millilitre et du kilolitre s'opposent à ce qu'on en fasse usage.
Pour donner à la vente des divers objets
toute la commodité désirable, on avait autorisé, pour chacune de ces mesures, de
l'hectolitre au centilitre, l'emploi de son

---

(1) On trouve ci-après une instruction sommaire
sur la manière de jauger les mesures de capacité.

double et de sa moitié : il y avait ainsi le double litre, le demi-litre, etc. L'expérience ayant prouvé que ce mode de division ne répondait pas à tous les besoins, le décret du 12 février et l'arrêté du 28 mars 1812 ont autorisé l'emploi de mesures usuelles pour les grains et autres matières sèches, et pour les liquides ; nous en parlerons ci-après, sous leurs titres respectifs.

TABLE XLIII. *Forme et dimensions des nouvelles Mesures de capacité.*

Les dimensions des mesures de capacité ne sont pas indifférentes, et ont dû être déterminées d'après les principes d'uniformité adoptés pour leur contenance. En supposant des boisseaux de la même capacité, mais inégaux en diamètre comme en hauteur, on conçoit que le grain, le sel, etc., peuvent éprouver plus de *tassement* dans la mesure la plus haute, et dès-lors y être contenus en plus grande quantité. Il est d'ailleurs des matières qu'on ne peut mesurer autrement que comble, et le *comble* ne peut être exactement le même qu'autant que les diamètres sont égaux. Il a donc été réglé, 1° que toutes les mesures auraient la forme d'un cylindre creux ; 2° que, dans les mesures pour matières sèches, dites mesures de *boissellerie*, le diamètre de la base serait égal à la hauteur ; 3° que les mesures de liquide auraient une hauteur double du diamètre de la base, sauf la petite différence occasionnée par l'addition d'un bec pour la facilité du transvasement.

Il résulte de ces dispositions, que chacun peut s'assurer, même à l'aide d'un simple bâton, que la capacité n'a point été altérée, parce que la longueur du diamètre, peu susceptible de diminution, servira de garantie à la hauteur ; si l'on soupçonnait que le diamètre lui-même n'eût pas la dimension requise, ce qui pourrait induire dans une erreur grave, la table suivante offre un moyen facile de vérification.

En avançant le point décimal d'un chiffre, on aurait une mesure 1000 fois plus petite ; en le reculant de même d'un chiffre, elle serait 1000 fois plus grande.

Les fabricans ne pouvant pas toujours atteindre rigoureusement l'exacte conformité des mesures qu'ils fabriquent, avec les étalons, le gouvernement a autorisé les vérificateurs à admettre les mesures dont les différences n'excéderaient pas des limites déterminées : on peut voir le tableau de ces tolérances, ci-dev. *pag.* 28.

§ 1. *Pour les Grains et Matières sèches.*

Les mesures pour les grains et matières

sèches sont communément construites en bois; elles sont formées d'une éclisse ou feuille mince de chêne, noyer ou hêtre, courbée sur elle-même, fixée par des clous, et renforcée en haut et en bas par des bordures semblables; les grandes mesures sont garnies de cercles, potences et bandes en fer, pour en maintenir et conserver la forme; celles qui sont destinées au mesurage de la chaux, du plâtre, etc., ont des pieds pour en faciliter la manutention.

Dans les pays où l'on construit les mesures à grains avec des douves réunies par des cercles, on peut appliquer le même mode aux mesures usuelles, mais à condition que le diamètre supérieur différera le moins possible du diamètre inférieur, le diamètre moyen étant égal aux dimensions ci-après. Il serait à désirer que, dans la construction de ces mesures, l'épaisseur des douves étant un peu diminuée extérieurement vers le haut, les cercles pussent les serrer sans qu'il y eût de différence entre les diamètres supérieur et inférieur. *Instr. du 27 oct.* 1812.

Les dimensions portées dans cette table ont été calculées, en supposant les mesures parfaitement cylindriques à l'intérieur, et sans aucune armature susceptible d'en diminuer la contenance, comme potences, cercles, boulons, etc. Dans les mesures garnies intérieurement de quelque corps formant saillie, il faut que la hauteur soit plus forte que celle désignée, en raison du volume de ces objets.

Nous ne donnons pas les dimensions du kilolitre, du demi-kilolitre et du double hectolitre, parce qu'ils ne sont pas compris au tarif du 18 décembre 1825.

Noms des mesures.	Hauteur et diamètre.
HECTOLITRE, ... millimètres.	503.1
Demi-hectolitre, ...	399.3
Double décalitre, ...	294.2
DÉCALITRE, ...	233.5
Demi-décalitre, ...	185.3
Double litre, ...	136.6
LITRE, ...	108.4
Demi-litre, ...	86.0
Double décilitre, ...	63.4
DÉCILITRE, ...	50.3
Mesures usuelles.	
Double boisseau, ...	317.0
Boisseau, ...	251.6
Demi-boisseau, ...	199.7
Quart de boisseau, ...	158.5
Quart de litre, ...	68.3
Huitième de litre, ...	54.2

§ 2. *Pour les Liquides.*

Nous donnons ici les dimensions de toutes les mesures de capacité pour liquides, comprises au tarif du 18 décembre 1825.

Ces mesures, exécutées en étain, doivent être de forme cylindrique, et avoir, comme on l'a vu plus haut, la hauteur double du diamètre. L'étain employé à la fabrication doit contenir de 165 à 180 millièmes d'alliage; les mesures où le plomb est dans une proportion plus forte, ne peuvent être poinçonnées, et sont brisées sur-le-champ par le vérificateur. Il en est de même des mesures dont l'épaisseur n'est pas suffisante.

Noms des Mesures.	*Diamètre.*	*Hauteur.*
	millimètres.	millimètres.
Double décalitre,.........	233.5	467.0
Décalitre ,..............	185.3	370.6
Demi-décalitre,..........	147.1	294.2
Double litre ,...........	108.4	216.7
Litre ,..................	86.0	172.0
Demi-litre,.............	68.3	136.6
Double décilitre ,........	50.3	100.6
Décilitre,...............	39.9	79.9
Demi-décilitre ,..........	31.7	63.4
Double centilitre ,........	23.4	46.7
Centilitre ,..............	18.5	37 1

Mesures usuelles.

Quart de litre ,...........	54.2	108.4
Huitième de litre ,........	43.0	86.0
Seizième de litre ,........	34.2	68.3

Les mesures à lait pouvant, suivant l'usage, être fabriquées en fer-blanc, avec un diamètre égal à la hauteur, comme pour les mesures de boissellerie, on trouvera leurs dimensions au § 1, ci-dessus.

On ne peut donner les dimensions des

mesures tolérées pour la vente de l'huile en détail, parce que ces mesures n'ont pas été rattachées au système des mesures de capacité qui représentent le volume ; elles représentent le poids de la livre métrique et de ses divisions usuelles. Ces mesures, établies en fer-blanc, sont marquées M pour l'huile à manger, et B pour l'huile à brûler ; ce qui suppose, sans doute contre la réalité, que toutes les huiles à manger sont du même poids, et de même pour les huiles à brûler.

Il eût été plus conforme aux principes d'uniformité, d'ordonner que les huiles se vendraient au litre comme tous les autres liquides, sauf à leur affecter une forme particulière de mesures, comme on l'a fait pour le lait.

MESURES POUR MATIÈRES SÈCHES.

Voir pour les Mesures usuelles, ci-après, *p.* 252.

La proclamation du 19 germinal an 7, sur l'usage des mesures *de boissellerie*, dans le département de la Seine, contient des dispositions qu'il est utile de connaître.

Le litre et ses divisions remplacent le litron et ses divisions.

La vente des grains en gros se fera en hectolitres ; on mesurera les grains sur les marchés avec le demi-hectolitre, mais on comptera toujours en hectolitres.

Le cours du prix des grains sera noté en hectolitres.

Le charbon de terre se mesurera au demi-hectolitre, mais on comptera pareillement en hectolitres. L'hectolitre sera la mesure effective et de compte du charbon de bois.

On vendra à la mesure rase tous les grains, et les autres denrées susceptibles d'être mesurées ainsi.

Pour les dimensions à donner aux différentes mesures, voir *table* XLIII.

TABLE XLIV. *Conversion des Litrons, Boisseaux, Setiers et Muids de Paris, en Litres, Décalitres, etc.*

Le boisseau de Paris contenait en capacité 655 pouces cubes 78 centièmes; il y avait 16 litrons au boisseau.

D'après une sentence du 29 déc. 1670, rendue par le prévôt des marchands, pour l'exécution de l'édit d'octobre 1669, qui avait ordonné la confection de nouveaux étalons pour le boisseau, le demi-boisseau, le quart, le demi-quart, le litron et le demi-litron, de telle contenance que le grain qui composait le comble, selon l'ancien usage, y soit contenu, les dimensions de ces étalons sont ainsi déterminées :

	hauteur.		diamètre.	
Boisseau, ...	8 po. 2 lig. ¹/₂		10 po. » lig.	
Demi-boisseau, ..	6.	5	8.	»
Quart, ...	4.	9	6.	9
Demi-quart, ...	4.	3	5.	»
Litron, ...	3.	6	3.	10
Demi-litron, ...	2.	10	3.	1

En faisant séparément le calcul de ces dimensions, dont le produit devrait donner des mesures aliquotes, ou contenues exactement les unes dans les autres, on trouve que le boisseau contient tantôt 644 *pouces cub.* 690, tantôt 645.068, 629.908, 667.590, 646.291, et 676.944; et pour contenance moyenne, 651.755. Les instructions officielles l'évaluent à 655.78, apparemment d'après une vérification plus exacte, ou par suite de quelque altération dans les étalons. Cet exemple suffit pour prouver le peu de soin qu'on apportait anciennement à la composition des mesures, et combien l'on eût erré, si, comme beaucoup de personnes l'avaient jugé préférable, on se fût borné, pour établir l'uniformité des poids et mesures, à généraliser l'usage de ceux dont on se servait à Paris.

Le grain, l'avoine, le sel et le charbon de bois se mesuraient à Paris au muid et au setier : mais ce n'était pas la même mesure pour toutes ces denrées; elles n'avaient de commun que le boisseau, qui était le même pour toutes.

Lè muid, pour le grain, l'avoine et le sel, contenait 12 setiers; pour le charbon, 10 seulement : le setier, pour le grain, 12 boisseaux; pour l'avoine, 24; pour le sel, 16; pour le charbon, 32. Le muid et le setier n'étaient que des mesures de compte; la mesure effective était le boisseau.

On trouve ici la conversion des litrons et des boisseaux en litres, des setiers et des muids en hectolitres.

Nous ne parlons pas de la mine et du minot, qui étaient la moitié et le quart du setier de blé, non plus que des sous-divisions du boisseau et du litron, qui se divisaient par moitié, quart et demi-quart.

§ 1. *Litrons de Paris en Litres.*

Les décimales sont des millièm. de litre.
16 litrons, qui faisaient un boisseau, répondent assez exactement à 13 litres.

litrons.	litres.	litrons.	litres.	litrons.	litres.
1	0.813	6	4.878	11	8.943
2	1.626	7	5.691	12	9.756
3	2.439	8	6.504	13	10.569
4	3.252	9	7.317	14	11.382
5	4.065	10	8.130	15	12.195

§ 2. *Boisseaux de Paris en Litres.*

Le boisseau de Paris était le même pour les grains, le sel, l'avoine et le charbon.
Nous avons mieux aimé convertir le bois-

seau en litres qu'en décalitres, parce que cette dernière mesure, remplacée pour la vente en détail par les boisseaux usuels, tombera probablement en désuétude. Si, néanmoins, on veut convertir en décalitres, il suffit d'avancer le point décimal d'un chiffre.

On voit que l'ancien boisseau répond à peu près à 13 litres, et ce rapport suffira dans l'usage ordinaire ; mais nos tables ont été calculées sur le rapport exact, qui est comme 1 à 1.300829.

Les décimales sont des centièmes.

boiss.	litres.	boiss.	litres.	boiss.	litres.
1	13.01	14	182.12	27	351.22
2	26.02	15	195.12	28	364.23
3	39.02	16	208.13	29	377 24
4	52.03	17	221.14	30	390.28
5	65.04	18	234.15	40	520.30
6	78.05	19	247.16	50	650.43
7	91.06	20	260.17	60	780.54
8	104.07	21	273.17	70	910.55
9	117.07	22	286.18	80	1040.66
10	130.08	23	299.19	90	1170.75
11	143.09	24	312.20	100	1300.83
12	156.10	25	325.21	200	2601.66
13	169.11	26	338.22	300	3902.49

§ 3. *Setiers de Paris en Hectolitres.*

Quoique les grains, l'avoine, le sel et le charbon se vendissent au setier, c'étaient 4 mesures différentes ; le setier contenant, comme on l'a vu plus haut, pour le grain,

12 boisseaux ; pour le sel , 16 ; pour l'avoine , 24 ; et pour le charbon , 32. A l'aide de la table suivante , il sera facile de convertir ces différens setiers en hectolitres.

Les décimales sont des litres.

Grains.		Sel.		Avoine.		Charbon.	
set.	hectol.	set.	hectol.	set.	hectol.	set.	hectol.
1	1.56	1	2.08	1	3.12	1	4.16
2	3.12	2	4.16	2	6.24	2	8.33
3	4.68	3	6.24	3	9.37	3	12.49
4	6.24	4	8.33	4	12.49	4	16.65
5	7.81	5	10.41	5	15.61	5	20.81
6	9.37	6	12.49	6	18.73	6	24.98
7	10.93	7	14.57	7	21.85	7	29.14
8	12.49	8	16.65	8	24.98	8	33.30
9	14.05	9	18.73	9	28.10	9	37.46
10	15.61	10	20.81	10	31.22	10	41.63
11	17.17	11	22.90	11	34.34	11	45.79
12	18.73	12	24.98	12	37.46	12	49.95

§ 4. *Muids de Paris en Hectolitres.*

Le muid de Paris contenait 12 setiers pour les grains, l'avoine et le sel, et 10 seulement pour le charbon ; attendu la différence de ces setiers , le muid formait aussi quatre mesures différentes.

L'ancien muid de charbon valant 10 setiers, il faut, pour le convertir en hectolitres, recourir à la dernière colonne du § 3 ci-dessus, en reculant le point d'un chiffre : la table suivante ne s'applique donc qu'aux muids de grains , de sel et d'avoine.

Les décimales sont des litres.

Grains.		Sel.		Avoine.	
muids.	hectolit.	muids.	hectolit.	muids.	hectolit.
1	18.73	1	24.98	1	37.46
2	37.46	2	49.95	2	74.93
3	56.20	3	74.93	3	112.39
4	74.93	4	99.90	4	149.86
5	93.66	5	124.88	5	187.32
6	112.39	6	149.86	6	224.78
7	131.12	7	174.83	7	262.25
8	149.86	8	199.81	8	299.71
9	168.59	9	224.78	9	337.18
10	187.32	10	249.76	10	374.64
20	374.64	20	499.52	20	749.28
30	561.96	30	749.28	30	1123.92
40	749.28	40	999.04	40	1498.56
50	936.60	50	1248.80	50	1873.19
60	1123.92	60	1498.56	60	2247.83
70	1311.24	70	1748.32	70	2622.47
80	1498.56	80	1998.07	80	2997.11
90	1685.88	90	2247.83	90	3371.75
100	1873.19	100	2497.59	100	3746.39

TABLE XLV. *Conversion des Litres et Hectolitres, en Litrons, Boisseaux et Muids
de Paris.*

10 litres font un décalitre, 10 décalitres
un hectolitre ; nous n'avons pas converti les
décalitres, parce qu'au moyen de l'établissement des boisseaux usuels, cette mesure
sera peu employée : si, néanmoins, on veut
savoir le rapport des décalitres avec les litrons, boisseaux et setiers de Paris, il faut,
pour les §§ 1 et 2, reculer le point d'un

chiffre, et l'avancer d'un chiffre, pour le
§ 3.

Les décimales sont des centièmes pour
les litrons, et des millièmes pour les boisseaux.

§ 1. *Litres en Litrons.*

litres.	litrons.	litres.	litrons.	litres.	litrons.
1	1.23	4	4.92	7	8.61
2	2.46	5	6.15	8	9.84
3	3.69	6	7.38	9	11.07

§ 2. *Litres en Boisseaux de Paris.*

litres.	boisseaux.	litres.	boisseaux.	litres.	boisseaux.
10	0.769	40	3.075	70	5.381
20	1.537	50	3.844	80	6.150
30	2.306	60	4.612	90	6.919

§ 3. *Hectolitres en Setiers de Paris.*

On a vû plus haut, *p.* 246, la différence
des anciens setiers de grains, de sel, d'a-
voine et de charbon; quoique l'hectolitre
soit une mesure constante et toujours la
même, on conçoit que, comparé à ces 4
espèces de setiers, il doit présenter des rapports différens.

Les décimales expriment des millièmes de
setier; en les multipliant pour les grains par
12, pour le sel par 16, pour l'avoine par 24,
et pour le charbon par 32, et retranchant
les 3 derniers chiffres, on obtient des boisseaux. Voir ci-devant, *page* 75.

Grains.		Sel.		Avoine.		Charbon.	
hect.	setiers.	hect.	setiers.	hect.	setiers.	hect.	setiers.
1	0.641	1	0.480	1	0.320	1	0.240
2	1.281	2	0.961	2	0.641	2	0.480
3	1.922	3	1.441	3	0.961	3	0.721
4	2.562	4	1.922	4	1.281	4	0.961
5	3.203	5	2.402	5	1.602	5	1.201
6	3.844	6	2.883	6	1.922	6	1.441
7	4.484	7	3.363	7	2.242	7	1.682
8	5.125	8	3.844	8	2.562	8	1.922
9	5.765	9	4.324	9	2.883	9	2.162

§ 4. *Hectolitres en Muids de Paris.*

Les anciens muids de grains, de sel, d'avoine et de charbon, n'étaient pas une même mesure, ainsi qu'on l'a vu *page 247*. Le muid de charbon contenant 10 setiers, on pourra, pour convertir les hectolitres de charbon en muids, se servir de la 4ᵉ colonne de la table ci-dessus, en avançant le point décimal d'un chiffre. Quant aux hectolitres de grains, de sel et d'avoine, la table suivante en présente la conversion en muids.

Les décimales expriment des millièmes de muid ; si l'on a besoin de les convertir en setiers, pour les grains, le sel et l'avoine, il faut les multiplier par 12, et retrancher les 3 derniers chiffres, qui sont des millièmes de setier, et pourront eux-mêmes se convertir en boisseaux, comme au précédent paragraphe.

Grains.		Sel.		Avoine.	
hectol.	muids.	hectol.	muids.	hectol.	muids.
1	0.053	1	0.040	1	0.027
2	0.107	2	0.080	2	0.053
3	0.160	3	0.120	3	0.080
4	0.214	4	0.160	4	0.107
5	0.267	5	0.200	5	0.134
6	0.320	6	0.240	6	0.160
7	0.374	7	0.280	7	0.187
8	0.427	8	0.320	8	0.214
9	0.480	9	0.360	9	0.240
10	0.534	10	0.400	10	0.280

Prix comparatif des Litrons, Boisseaux, etc. et des Litres et Hectolitres.

1° Connaissant le prix du litron, boisseau ou setier de Paris, si l'on veut savoir le prix du litre ou hectolitre, il faut recourir à la table XLV, dont la 1re colonne représentant le prix du litron, boisseau ou setier de Paris, la seconde donne le prix du litre ou hectolitre; § 1, pour les litrons et litres; § 2, pour les boisseaux et litres, et § 3, pour les setiers et hectolitres.

2° Connaissant le prix du litre ou hectolitre, si l'on veut savoir le prix du litron, boisseau ou setier de Paris, il faut recourir à la table XLIV, dont la 1re colonne représentant le prix du litre ou hectolitre, la seconde donne le prix du litron, boisseau ou setier; § 1, pour les litres et litrons; § 2, pour les litres et boisseaux, et § 3, pour les hectolitres et setiers.

Nota. Si le prix connu des litrons ou litres, etc. n'est pas un nombre rond, et qu'il y ait des centimes, il faut se conformer à l'observation de la page 101; et si le prix excède 100 francs, à la deuxième observation de la page 181, en en faisant l'application aux tables que nous venons de citer.

MESURES USUELLES DE CAPACITÉ, POUR MATIÈRES SÈCHES.

L'art. 4 de l'arrêté du 28 mars 1812 porte que les grains et autres matières sèches pourront être mesurés, dans la vente en détail, avec une mesure égale au 8e de l'hectolitre, qui prendra le nom de boisseau, aura son double, son demi et son quart, et que chacune de ces mesures portera, avec son nom, l'indication de son rapport avec l'hectolitre.

Le boisseau usuel, qui ne diffère de l'ancien boisseau de Paris que de 4 pour 100 en moins, est parfaitement approprié à tous les besoins du peuple, qui en saisit facilement le rapport avec l'hectolitre.

En bornant l'usage de ces mesures au commerce en détail, cette disposition ne porte aucune atteinte à la mesure légale : l'hectolitre continuant à être l'unité de compte, et le demi-hectolitre l'instrument effectif pour le mesurage des grains, des charbons et autres matières sèches, dans les marchés et pour le commerce en gros.

L'art. 5 porte que, pour la vente en détail des graines, grenailles, farines, légumes secs ou verts, le litre pourra se diviser en demis, quarts et huitièmes.

Le double boisseau est le quart de l'hectolitre, et correspond à 25 litres; le boisseau, à 12 litres $\frac{1}{2}$, le demi-boisseau, à 6 litres $\frac{1}{4}$, le quart de boisseau, à 3 litres $\frac{1}{8}$. Ces rapports, ainsi que ceux du quart et demi-quart de litre, étant extrêmement simples, il est inutile de donner une table particulière pour la conversion de ces mesures en hectolitres et litres.

TABLE **XLVI.** *Moyen facile de convertir tous les anciens Boisseaux, Setiers, etc., en nouvelles Mesures de capacité.*

Il y avait deux manières d'évaluer la contenance des mesures de capacité : la première et la plus usitée, quoique seulement approximative, était de peser le grain contenu dans la mesure; ainsi l'on savait que le setier de Paris pesait en froment 240 livres, et dans chaque canton on connaissait aussi exactement le poids moyen

22

de la mesure locale. La 2ᵉ manière était de réduire la capacité des diverses mesures en pouces cubes, par le calcul de leurs 3 dimensions : on savait ainsi que le boisseau de Paris contenait en anciens pouces cubes, 655.78 ; le litron, 40.99, etc.

La table suivante a pour objet de convertir toutes les anciennes mesures de capacité en nouvelles, en les désignant d'abord par leur poids en froment, et ensuite par le nombre de pouces cubes qu'elles contiennent. Chacun pourra, par ce moyen, connaître le rapport qui existe entre la mesure de son pays, et celle qui doit la remplacer.

Si l'on avait à convertir en nouvelles mesures, quelques mesures locales, dont on ignorât la contenance en livres p. de marc, ou en pouces cubes, il faudrait les évaluer, soit par les règles ordinaires du jaugeage, que le calcul décimal rend extrêmement simples, ainsi qu'on le verra ci-après, soit en transvasant dans les nouvelles mesures le grain contenu dans ces mesures particulières.

Dans ce dernier cas, il ne suffit pas de faire l'opération sur un seul minot ou boisseau ; pour obtenir quelque exactitude, il faut, après avoir mesuré, par exemple, 30 minots ou boisseaux de grain, mesurer le même grain au décalitre ou double décalitre, en employant les mesures inférieures pour ce qui excédera un nombre juste de décalitres, racler exactement à l'une et à l'autre mesure, emplir de la même manière, pour qu'il n'y ait pas plus de tassement d'un côté que de l'autre, et tirer cette proportion : si 30 minots donnent 93 décalitres 5 litres 4 décilitres, combien 1 minot ? En divisant 93.54 par 30, on a pour la contenance du minot, 3 *décal.* 118.

§ 1. *Mesures locales, évaluées en Livres, poids de marc.*

Le setier de Paris, qui équivalait à 1 *hect.* 561, pesait en froment 240 livr., p. de marc : c'est d'après cette base que la table suivante a été calculée. Nous la conduisons depuis une livre jusqu'à 300, poids du plus grand setier.

Il est inutile d'observer que, le poids du grain variant d'une année à l'autre, et suivant la qualité, il ne s'agit ici que du poids moyen ; au reste, on sent aisément que ce mode de conversion ne peut être qu'approximatif. D'après la même base, le poids moyen de l'hectolitre de froment est de 153 livres 12 onces.

Quoique nous donnions ici la conversion en litres, on peut, en avançant ou reculant le point, convertir en telle autre mesure qu'on désire : ainsi la mesure de froment pesant 250 livres, évaluée ici 162 litr. 604 vaudra en hectolitres, 1.62604.

La même table sert à convertir les quintaux de froment, poids de marc, en hectolitres.

liv. de froment.	litres.	liv. de froment.	litres.	liv de froment.	litres.
1	0.650	50	32.521	180	117.075
2	1.301	60	39.025	190	123.579
3	1.951	70	45.529	200	130.083
4	2.602	80	52.033	210	136.587
5	3.252	90	58.537	220	143.092
6	3.902	100	65.042	230	149.596
7	4.553	110	71.546	240	156.100
8	5.203	120	78.050	250	162.604
9	5.854	130	84.554	260	169.108
10	6.504	140	91.058	270	175.613
20	13.008	150	97.562	280	182.117
30	19.512	160	104.066	290	188.621
40	26.016	170	110.570	300	195.125

§ 2. *Mesures locales, évaluées en anciens Pouces cubes.*

Nous donnons ici la conversion des pouces cubes en litres. Si la mesure contient un nombre de pouces qui ne soit pas dans la table, comme 657, on en trouvera l'équivalent, en additionnant les nombres de litres correspondans à 600, à 50 et à 7. S'il s'agissait d'une mesure plus grande, et contenant des pieds, pouces et lignes cubes, on peut recourir à la table XXIX, qui en donne la conversion en mètres cubes; on sait que le mètre cube correspond à 10 hectolitres ou à 1000 litres.

Les décimales sont des millièmes.

pouces cubes.	litres.	pouces cubes.	litres.	pouces cubes.	litres.
1	0.020	10	0.198	100	1.984
2	0.040	20	0.397	200	3.967
3	0.060	30	0.595	300	5.951
4	0.079	40	0.793	400	7.935
5	0.099	50	0.992	500	9.918
6	0.119	60	1.190	600	11.902
7	0.139	70	1.389	700	13.885
8	0.159	80	1.587	800	15.869
9	0.179	90	1.785	900	17.853

MESURES DE CAPACITÉ,

POUR LES LIQUIDES.

Les nouvelles mesures de capacité pour les liquides ont également le litre pour unité.

Le litre se divise en 10 décilitres, le décilitre en 10 centilitres, le centilitre en 10 millilitres : ces divisions, qui ont l'avantage de faire correspondre les mesures de capacité avec celles de solidité, (ci-dev., *p.* 236,) s'étant trouvées peu conformes aux besoins du peuple, l'arrêté du 28 mars 1812 a autorisé, pour la vente en détail des liquides, la division du litre en demis, quarts, huitièmes et seizièmes, divisions semblables à celles de l'ancienne pinte.

22*

La proclamation du 11 thermidor an 7, relative à l'introduction des mesures de liquides, dans le département de la Seine, contient les dispositions suivantes :

Le vin, le vinaigre, l'eau-de-vie, le lait, et toutes autres liqueurs quelconques, sauf l'huile qui se vend au poids, ne pourront être vendus qu'avec les nouvelles mesures. Il ne pourra être mis en vente, ni employé dans le commerce, aucune de ces mesures, qui ne porte, d'une manière distincte et lisible, le nom qui lui est propre, et la marque du fabricant.

Il ne pourra être exposé en vente, du vin, du cidre, de l'eau-de-vie, ou autres liqueurs en tonneaux, si la futaille ne porte, en caractères visibles et indélébiles, l'indication, en chiffres, du nombre de litres ou nouvelles pintes qu'elle contient. Si la contenance d'un tonneau est marquée 538 litres, on peut, en séparant 1 ou 2 chiffres, énoncer la même contenance par 53 *décalitr.* 8, ou 5 *hectol.* 38.

Forme et dimensions des nouv. mesures de capacité ; voir ci-devant, *table* XLIII.

Nous employons ici, pour terme de comparaison, la pinte de Paris, comme généralement connue, et assez exactement représentée par les bouteilles communes.

Nous donnerons aussi la conversion du muid de vin de Paris en hectolitres.

Quant aux pintes, veltes, tonneaux ou barriques des différens vignobles de France, on trouvera ci-après, *page 263*, le moyen d'en évaluer la capacité métrique.

———

Table XLVII. *Conversion des Pintes de Paris, en Litres.*

La pinte de Paris est composée de 2 chopines; la chopine, de 2 demi-setiers; le demi-setier, de 2 possons, vulgairement *poissons*; le posson se divisait en demi-possons, contenant chacun 2 roquilles.

On avait toujours regardé la pinte de Paris comme contenant 48 pouces cubes : il est même probable qu'on avait eu le projet de lui donner cette valeur, pour qu'elle fût la 36ᵉ partie du pied cube ; mais les anciens étalons ayant été examinés avec attention, elle s'est trouvée n'en contenir que 46.95 : c'est d'après cette fixation, devenue officielle, que les tables suivantes ont été calculées.

Les pintes sont converties en litres : si l'on désire les convertir en décalitres ou hectolitres, il faut avancer le point d'un ou 2 chiffres ; ainsi 150 pintes répondent également à 139 *litres* 698, à 13 *décal.* 9698, et à 1 *hectol.* 39698.

Les décimales sont des millièmes.

pintes.	litres.	pintes.	litres.	pintes.	litres.
1	0.931	70	65.192	210	195.577
2	1.863	80	74.505	220	204.890
3	2.794	90	83.819	230	214.203
4	3.725	100	93.132	240	223.516
5	4.657	110	102.445	250	232.830
6	5.588	120	111.758	260	242.143
7	6.519	130	121.071	270	251.456
8	7.451	140	130.385	280	260.769
9	8.382	144	134.110	288	268.220
10	9.313	150	139.698	290	270.082
20	18.626	160	149.011	300	279.395
30	27.940	170	158.324	400	372.527
40	37.253	180	167.637	500	465.659
50	46.566	190	176.951	600	558.791
60	55.879	200	186.264	1000	931.318

La chopine vaut, en litres, ... 0.466
Le demi-setier, ... 0.233
Le posson, ... 0.116

TABLE XLVIII. *Conversion des Litres, Décalitres et Hectolitres, en Pintes de Paris.*

Les décimales sont des millièmes.

litres.	pintes.	décalit.	pintes.	hectol.	pintes.
1	1.074	1	10.737	1	107.375
2	2.147	2	21.475	2	214.749
3	3.221	3	32.212	3	322.124
4	4.295	4	42.950	4	429.499
5	5.369	5	53.687	5	536.874
6	6.442	6	64.425	6	644.248
7	7.516	7	75.162	7	751.623
8	8.590	8	85.900	8	858.998
9	9.664	9	96.637	9	966.373
10	10.737	10	107.375	10	1073.747

10 hectolitres ou 1 kilolitre, valant à peu près 1074 pintes ou bouteilles, répondent assez exactement au tonneau de Bordeaux.

Le kilolitre, qui représente la capacité du mètre cube, est une mesure de compte ou d'évaluation, et non une mesure effective : rempli d'eau distillée, il aurait le poids du nouveau tonneau de mer, ou 1000 kilogrammes; voir ci-après, titre des *Tonneaux de mer*.

TABLE **XLIX.** *Conversion des Muids de Paris en Hectolitres.*

Le muid de Paris est composé de 2 feuillettes ; la feuillette, de 2 quartauts ; le quartaut, de 9 setiers ou veltes ; le setier, de 8 pintes ; total, 288 pintes, le liquide supposé sans lie (1) : il est ici comparé aux hectolitres.

La feuillette vaut en hectolitres, 1.341 ; le quartaut, 0.671 ; l'ancienne velte ou setier, 0.075.

Les décimales sont des litres.

---

(1) D'après l'édit d'octobre 1557, et les lettres patentes de 1705, le muid de Paris devait contenir 36 setiers sur lie, ou 288 pintes, et avec la lie 37 setiers $^1/_2$ ou 300 pintes : la queue ou pipe était fixée par le même édit à la contenance d'un muid et demi.

muids.	hectol.	muids.	hectol.	muids.	hectol.
1	2.68	7	18.78	40	107.29
2	5.36	8	21.46	50	134.11
3	8.05	9	24.14	60	160.93
4	10.73	10	26.82	70	187.75
5	13.41	20	53.64	80	214.58
6	16.09	30	80.47	100	268.22

TABLE L. *Conversion des Hectolitrès en Muids de Paris.*

Les décimales sont des millièmes ; en les multipliant par 288, et retranchant les 3 derniers chiffres, on a la quantité de pintes qu'elles représentent.

hectol.	muids.	hectol.	muids.	hectol.	muids.
1	0.373	7	2.610	40	14.913
2	0.746	8	2.983	50	18.641
3	1.118	9	3.355	60	22.369
4	1.491	10	3.728	70	26.098
5	1.864	20	7.456	80	29.826
6	2.237	30	11.185	100	37.282

Prix comparatif des Pintes et Muids de Paris, et des Litres et Hectolitres.

1° Connaissant le prix de la pinte, si l'on veut savoir le prix du litre, décalitre ou hectolitre, il faut recourir à la table XLVIII, dont la 1re colonne représentant le prix de la pinte, la seconde donne le prix du litre, décalitre ou hectolitre, en prenant dans cette table la partie qui correspond à chacune de ces trois mesures.

Si, connaissant le prix du muid de Paris, on veut savoir le prix de l'hectolitre, il faut recourir à la table L, et opérer de la même manière.

2° Connaissant le prix du litre, si l'on veut savoir le prix de la pinte, il faut recourir à la table XLVII, dont la 1re colonne représentant le prix du litre, la seconde donne le prix comparatif de la pinte.

Si, connaissant le prix de l'hectolitre, on désire connaître le prix du muid de Paris, il faut recourir à la table XLIX, et opérer de la même manière.

Observ. 1° Si le prix connu de la pinte ou du litre, du muid ou de l'hectolitre, n'est pas un nombre rond, et qu'il y ait des centimes, il faut se conformer à l'observation de la page 101, en en faisant l'application aux tables que nous venons de citer.

Si le prix connu du muid ou de l'hectolitre excède 100 francs, il faut se conformer à la seconde observation de la page 181.

Moyen de convertir en nouvelles Mesures de capacité, toutes les Pintes, Veltes, Muids, Tonneaux, Barriques, etc.

La contenance des mesures pour les liquides s'évaluait quelquefois, soit par le nombre de pintes de Paris qu'elles contenaient, soit par le nombre de pouces cubes, soit par le poids net du liquide contenu.

1° Si l'on veut convertir en litres, des mesures dont la contenance en pintes de Paris soit connue, on peut recourir à la table XLVII, où ces pintes sont comparées aux litres. Ainsi la demi-queue d'Orléans, que l'on sait contenir 240 pintes, équivaut à 223 *litr.* 516; le tonneau de Bordeaux, contenant 1000 pintes, vaut 931 *litr.* 318; et en avançant le point de 2 chiffres, 9 *hectolitr.* 31.

2° Si l'on connaît le nombre de pouces cubes que contient une mesure de capacité, voir ci-devant, *page 257.*

3° Connaissant le poids net de l'eau contenue dans un vaisseau quelconque, on peut aisément en conclure la capacité en litres, le poids du litre d'eau étant d'un kilogramme : si l'on n'en connaît le poids qu'en livres, poids de marc, il faut commencer par le convertir en kilogrammes, à l'aide de la table LI, ci-après.

Nous donnons, à la fin de ce manuel, quelques instructions sur le jaugeage; elles suffiront pour mettre à même d'évaluer, en nouvelles mesures de capacité, les mesures locales dont on ne connaîtrait, ni la contenance en pintes de Paris ou en pouces cubes, ni le poids net du liquide contenu.

POIDS.

Les mesures de surface, de solidité et de capacité se déduisent naturellement du mètre, parce qu'elles résultent de dimensions, qui ne peuvent être déterminées qu'en mesures de longueur : ainsi, l'are est un décamètre carré, le stère un mètre cube, le litre un décimètre cube.

Il n'en est pas de même des mesures de pesanteur, qui, considérées abstractivement, sont indépendantes de toute dimension. Pour en lier le système à celui des mesures linéaires, on a déterminé que l'unité des mesures de pesanteur serait le poids d'un décimètre cube d'eau, et ce poids a été reconnu égal à 18827 grains 15 centièmes, ce qui répond à 2 liv. 5 gros 35 grains 15 cent. poids de marc ; *ci-dev. pag. 48.* Telle est donc la pesanteur du *kilogramme*, adopté comme étalon par la loi du 19 frimaire an 8. D'après la nomenclature fixée par la loi du 18 germinal an 3, tous les poids ont pour élément le 1000ᵉ du kilogramme, ou le *gramme*, mesure qui, d'après la fixation ci-dessus, répond en grains à 18.82715.

Des multiples et sous-multipl. du gramme se forme la série suivante, dont nous indiquons la correspondance avec les mesures de capacité, supposées remplies d'eau.

Milligramme, poids d'un millimètre cube d'eau à peu près 19 millièmes de grain, poids de marc.

Centigramme, poids de 10 millimètres cubes d'eau environ 19 centièmes de grain.

Décigramme, poids de 100 millimètres cubes, peu près un grain 9 dixièmes.

Gramme, poids d'un *millilitre*, (centim. cube.)

Décagramme, poids d'un *centilitre*.

Hectogramme, poids d'un *décilitre*.

Kilogramme, poids d'un *litre*, (décimètre cube.)

Myriagramme, poids d'un *décalitre*.

Quintal, 100 kilogrammes, poids d'un *hectolitre*.

Millier, 1000 kilogr. poids d'un mètre cube d'eau ; environ 2043 livres, poids de marc.

Voici l'état et la valeur des poids, don l'usage avait été prescrit pour le commerce les décimales sont des 100es de grains.

Poids décimaux.	grammes.	liv.	onc.	gros.	grain
GRAMME, ...	1	»	»	»	18.8
Double gramme, ...	2	»	»	»	37.6
Demi-décagramme,.	5	»	»	1	22 1.
DÉCAGRAMME, ...	10	»	»	2	44.2.
Double décagramm.	20	»	»	5	16.5.
Demi-hectogramme,	50	»	1	5	5.3(
HECTOGRAMME, ...	100	»	3	2	10.7.
Double hectogramm.	200	»	6	4	21.4.
Demi-kilogramme, .	500	1	»	2	53.5.
KILOGRAMME, ...	1,000	2	»	5	35.4.
Double kilogramme,	2,000	4	1	2	70.3(
5 kilogrammes, ...	5,000	10	3	3	31.7(
10 kilogrammes, ...	10,000	20	6	6	63.5(
20 kilogrammes, ...	20,000	40	13	5	55.00
50 kilogrammes, ...	50,000	102	2	2	29.50

Cette division n'offrant pas les fractions les plus appropriées aux besoins du commerce, le gouvernement a autorisé l'établissement des poids usuels, dont il sera parlé ci-après.

Il existait en France une multiplicité, une variété de poids, telle qu'il était impossible au négociant le plus exercé d'en saisir exactement les rapports. Le poids de marc étant le plus répandu, c'est lui que nous avons dû prendre pour terme de comparaison. Nous ferons néanmoins connaître, *table* LIII, la valeur en grammes des différentes mesures de pesanteur, précédemment usitées en France.

La livre poids de marc, qui était le poids le plus généralement adopté pour les pesées médiocres et le commerce de détail, se divisait en 2 marcs, le marc en 8 onces, l'once en 8 gros ou drachmes, le gros en 3 scrupules ou deniers, le scrupule en 24 grains; la livre contenait ainsi 9216 grains, le marc 4608, et l'once 576. Le grain lui-même, pour les pesées délicates, ou pour les opérations des essais, se subdivisait, soit en 24 primes, soit en demis, quarts, huitièmes, seizièmes, etc. jusqu'aux 256es, qui étaient encore sensibles sur des balances bien exactes.

On n'employait dans l'usage le plus ordinaire, que les divisions suivantes, la livre, l'once, le gros et le grain; le marc était l'unité de poids pour l'argent, l'once pour l'or ; la dragme et le scrupule n'étaient. qu'à l'usage de la pharmacie ; voir ci-après *table* LVII. Les diamans se pesaient au karat ; *ci-après*, *table* LVIII. L'unité en usage pour les grandes pesées et le commerce en gros, était le quintal, valant 100 livres : les chargemens de navires s'évaluaient en tonneaux, et l'on entendait par *tonneau de mer* un poids de 2000 livres, poids de marc ; *ci-après*, *table* LIX.

L'unité des pesanteurs spécifiques était le pied cube d'eau ; *ci-après*, *table* LX.

La moindre opération de calcul sur les anciens poids était extrêmement compliquée, par la différence des rapports entre l'unité principale, et chacune de ses divisions et sous-divisions. Aujourd'hui les différentes unités de poids se succèdent dans le rapport décimal, ce qui simplifie les opérations.

Le résultat d'une pesée peut s'énoncer de plusieurs manières ; ainsi l'on peut dire indifféremment 53 hectogrammes, ou 5 kilogrammes 3 hectogrammes ; une quantité de 358 décagrammes est la même chose que 35 hectogrammes 8 décagrammes, ou que 3 kilogrammes 5 hectogrammes 8 décagrammes. Il vaut mieux se borner à exprimer l'unité qu'on aura choisie, et dire, sans énoncer les divisions inférieures, 3 *kilogramm.* 58.

Forme des Poids.

Des instructions avaient réglé la forme des poids : en fonte de fer, ils devaient avoir la forme d'une pyramide hexagonale tronquée ; en cuivre, celle de cylindres à bouton, ou de parallélipipèdes, dont les dimensions étaient tellement combinées, qu'à l'inspection seule d'un de ces poids, on eût pu aisément en juger la valeur.

Ces formes ont paru sans doute ne pas s'adapter facilement à tous les besoins ; car un arrêté du gouvernement, sous la date du 7 floréal an 8, permet aux balanciers de donner aux poids telle forme que ceux qui en font usage voudront adopter, et ordonne au bureau de vérification des poids et mesures de faire poinçonner tous ceux qui seront présentés, pourvu qu'ils soient exacts, que chaque subdivision porte la valeur de son poids, et que les subdivisions de l'unité principale soient des multiples du gramme ou de ses subdivisions décimales.

L'établissement des poids usuels pour la vente en détail, a fait donner encore plus de latitude. Outre les poids usuels, qui sont la livre, la demi-livre, le quart, le demi-quart ; l'once, la demi-once, le quart d'once ; le gros, le demi-gros ; les poids de 12 grains, de 8, de 6, de 4, de 3, 2 et 1 grains, on peut aussi construire des poids de 2, 4, 6, 8 et 10 livres, qui seront spécialement destinés au commerce de détail.

Les fabricans peuvent donner à ces poids toutes les formes qu'il leur plaît, pourvu que les divisions soient semblables à l'unité.

Les poids les plus usités ont la forme de godets coniques, qui s'empilent les uns dans les autres, et se trouvent ainsi tous renfermés dans une espèce de boîte, qui est elle-même un poids. La condition attachée à la fabrication de ces poids, c'est que leurs dimensions soient assez régulières, pour qu'on en puisse transporter un d'une pile dans une autre.

Les divisions du demi-gros en grains se font ordinairement avec des morceaux de feuilles de laiton minces, coupés carrément.

On est certain de l'exactitude des poids, lorsqu'ils ont été vérifiés et étalonnés; mais cela ne suffit point, il faut encore que les *balances* soient justes : pour s'en assurer, on doit, après avoir mis en équilibre 2 poids dans les bassins de la balance, les changer de bassin; la balance sera juste, si, après ce changement, elles conservent l'équilibre.

Les *romaines* sont des instrumens qui font en même temps fonction de balance et de poids; elles sont peu propres au commerce de détail, parce qu'elles ont rarement l'exactitude nécessaire, et sont sujettes à des accidens qui en altèrent la justesse. Cependant il y a des lieux où l'usage en est tellement établi, qu'il n'a pas encore été possible de lui substituer celui de balances à bras égaux. Les romaines qui seront construites dans ces pays, doivent porter la division décimale sur une face, et les divisions en livres usuelles sur l'autre; les coches destinées à recevoir le poids curseur seront faites suivant cette dernière division. Les romaines au-delà de 10 livres, étant destinées au commerce en gros, ne porteront que les divisions décimales. On voit qu'il s'agit ici des romaines oscillantes; les pesons ou romaines à ressort ne sont point admises à la vérification.

Un arrêté ministériel, en date du 28 août 1824, a autorisé, pour le commerce en gros, l'usage d'une nouvelle balance, dite bascule portative, inventée par MM. Quintenz et Rollé de Strasbourg. Cet instrument, qui offre une très-grande facilité pour le travail des pesées, a, sur les balances ordinaires, l'avantage de n'employer que le dixième des poids, ce qui diminue la dépense d'établissement des deux tiers, et en chargeant moins les couteaux, rend l'instrument susceptible d'une plus grande sensibilité.

TABLE LI. *Conversion du Poids de marc, en Poids décimaux.*

Destiné à remplacer la livre p. de marc dans l'usage ordinaire, le kilogramme en est à peu près le double; en sorte que, pour connaître approximativement le nombre de kilogrammes auquel répond une quantité donnée de livres, il suffit d'en prendre la moitié : 496 livres font ainsi, par approximation, ... 248 *kil.*

La livre n'étant pas exactement la moitié du kilogramme, on obtient un rapport plus rapproché, en retranchant 2 centièmes, ci.   4.96

Reste, ... 243.04

Enfin, le rapport est presque exact, en retranchant encore le 1000ᵉ de ce dernier nombre, ci. 0.243

Valeur presque exacte, ... 242.797
La valeur véritable est de 242.795

La table suivante abrège beaucoup les opérations de conversion, et les donne d'ailleurs avec plus d'exactitude. Chacune des anciennes sous-divisions de la livre, p. de marc, y est comparée avec celle des poids décimaux qui en approche le plus. Il sera néanmoins facile, en reculant ou avançant le point décimal, de convertir un nombre donné d'anciennes livres, onces et gros, en tel poids décimal qu'on préférera; ainsi 51 livres, qui, suivant la table, équivalent à 24 *kilogramm.* 9648, se convertiront également en 249 *hectogr.* 648, en 2496 *décagramm.* 48, etc.

§ 1. *Seizièmes de l'ancien Grain, en Centigrammes.*

Les décimales sont des millièmes.

16ᶜˢ de gr.	centigr.	16ᶜˢ de gr.	centigr.	16ᶜˢ de gr.	centigr.
1	0.332	6	1.991	11	3.651
2	0.664	7	2.324	12	3.983
3	0.995	8	2.656	13	4.315
4	1.328	9	2.988	14	4.647
5	1.660	10	3.319	15	4.979

§ 2. *Anciens Grains en Décigrammes.*

Les décimales sont des milligrammes.

grains.	décigram.	grains.	décigram.	grains.	décigram.
1	0.53	7	3.72	30	15.93
2	1.06	8	4.25	36	19.12
3	1.59	9	4.78	40	21.25
4	2.12	10	5.31	50	26.56
5	2.66	15	7.97	60	31.87
6	3.19	20	10.62	70	37.18

72 grains faisaient un gros.

§ 3. *Anciens Gros en Grammes.*

Les décimales sont des milligrammes; isolément, le 1ᵉʳ chiffre représente des décigrammes; le second, des centigrammes;

le 3ᵉ, des milligrammes. Pour convertir en décagrammes, il faut avancer le point d'un chiffre.

gros.	grammes.	gros.	grammes.	gros.	grammes.
1	3.824	4	15.297	7	26.770
2	7.649	5	19.121	8	30.594
3	11.473	6	22.946	12	45.891

8 gros faisaient une once.

§ 4. *Anciennes Onces en Décagrammes.*

Les décimales sont des milligrammes; isolément, le 1ᵉʳ chiffre représente des grammes; le second, des décigrammes; le 3ᵉ, des centigrammes; le 4ᵉ, des milligrammes. Pour convertir en hectogrammes, on avance le point d'un chiffre.

onces.	décagram.	onces.	décagram.	onces.	décagram.
1	3.0594	6	18.3565	11	33.6535
2	6.1188	7	21.4159	12	36.7129
3	9.1782	8	24.4753	13	39.7724
4	12.2376	9	27.5347	14	42.8318
5	15.2971	10	30.5941	15	45.8912

16 onces faisaient une livre.

§ 5. *Anciennes Livres en Kilogrammes.*

Les livres sont comparées aux kilogrammes; pour les convertir en hectogrammes, il suffit de reculer le point d'un chiffre; 40 livres valent 195 *hectogr.* 802.

Les décimales sont des décigrammes; isolément, le 1ᵉʳ chiffre représente des hectogrammes, le second des décagrammes, le 3ᵉ des grammes, le 4ᵉ des décigrammes.

livres.	kilogram.	livres.	kilogram.	livres.	kilogram.
1	0.4895	8	3.9160	60	29.3704
2	0.9790	9	4.4056	70	34.2654
3	1.4685	10	4.8951	80	39.1605
4	1.9580	20	9.7901	90	44.0555
5	2.4475	30	14.6852	100	48.9506
6	2.9370	40	19.5802	150	73.4259
7	3.4265	50	24.4753	200	97.9012

§ 6. *Quintaux et Milliers poids de marc, en Quintaux et Milliers métriques.*

La table ci-dessus, § 5, comparant les anciennes livres aux kilogrammes, servira de même à convertir les anciens quintaux et milliers en nouveaux; ainsi, 50 quintaux, poids de marc, valent en quintaux métriques, 24.4753, etc.

TABLE LII. *Conversion des Poids décimaux, en Poids de marc.*

Si l'on veut convertir, sans recourir aux tables, une quantité donnée de kilogrammes, en livres poids de marc, on peut se servir de la méthode suivante:

Soit 242 kilogrammes à convertir en livres; il faut d'abord prendre le double, ce qui en donne la valeur approximative, ci .... 484 liv.

Ajouter 2 centièmes, ... 9.68

Valeur plus rapprochée, ... 493.68

D'autre part, ... 493.68
Ajouter encore le millième du 1er nombre, 0.242
Et le millième de son double, ... 0.484
____
Valeur presque exacte, ... 494.406
La valeur réelle est de.............., ... 494.376

On obtient plus d'approximation en multipliant par 1001 et divisant par 49 ; dans l'exemple ci-dessus, cette opération donne 494.371, ce qui est bien près de la valeur réelle. La multiplication par 1001 est très-facile ; la division par 49 peut s'abréger, en divisant deux fois de suite par 7.

La table suivante donne des résultats encore plus approximatifs, avec les divisions ordinaires de la livre poids de marc.

§ 1. *Milligrammes et Centigrammes.*

Pour convertir ces divisions du gramme en anciens grains, il faut se servir de la table suivante, en avançant le point d'un chiffre pour les centigrammes, et de 2 pour les milligrammes : ainsi 2 centigrammes valent en grains, p. de marc, 0.377, et 2 milligrammes, 0.0377.

Les décimales sont des 100es de grain.

§ 2. *Décigrammes.*

décigr.	grains.	décigr.	grains.	décigr.	grains.
1	1.88	4	7.53	7	13.18
2	3.77	5	9.41	8	15.06
3	5.65	6	11.30	9	16.94

10 décigrammes font un gramme.

§ 3. *Grammes.*

gram.	gros.	grains.	gram.	gros.	grains.	gram.	gros.	grains.
1	»	18.83	4	1	3.31	7	1	59.79
2	»	37.65	5	1	22.14	8	2	6.62
3	»	56.48	6	1	40.96	9	2	25.44

10 grammes font un décagramme.

§ 4. *Décagrammes.*

déc.	onc.	gro.	grains.	déc.	onc.	gro.	grains	déc.	onc.	gro.	grains.
1	»	2	44.27	4	1	2	33.09	7	2	2	21.90
2	»	5	16.54	5	1	5	5.36	8	2	4	66.17
3	»	7	60.81	6	1	7	49.63	9	2	7	38.44

10 décagrammes font un hectogramme.

§ 5. *Hectogrammes et Kilogrammes.*

hectog.	liv.	onc.	gros.	grains.	kilog.	liv.	onc.	gros.	grains.
1	»	3	2	10.71	6	12	4	»	66.90
2	»	6	4	21.43	7	14	4	6	30.05
3	»	9	6	32.14	8	16	5	3	65.20
4	»	13	»	42.86	9	18	6	1	28.35
5	1	»	2	53.57	10	20	6	6	63.50
6	1	3	4	64.29	20	40	13	5	55.00
7	1	6	7	3.00	30	61	4	4	46.50
8	1	10	1	13.72	40	81	11	3	38.00
9	1	13	3	24.43	50	102	2	2	29.50
kilog.					60	122	9	1	21.00
1	2	»	5	35.15	70	143	»	»	12.50
2	4	1	2	70.30	80	163	6	7	4.00
3	6	2	»	33.45	90	183	13	5	67.50
4	8	2	5	68.60	100	204	4	4	59.00
5	10	3	3	31.75	200	408	9	1	46.00

§ 6. *Quintaux et Milliers métriques.*

La table suivante peut servir à convertir les quintaux et milliers métriques en quintaux et milliers poids de marc, comme les kilogrammes en livres anciennes. Les décimales sont des millièmes : si l'on convertit des milliers, elles représentent des livres ; s'il s'agit de quintaux, les deux premières représentent des livres, la 3ᵉ des dixièmes de livre ; si l'on convertit des kilogrammes, elles représentent des millièmes de livre.

poids métriq.	poids de marc.	poids métriq.	poids de marc.	poids métriq.	poids de marc.
1	2.043	10	20.429	100	204.288
2	4.086	20	40.858	200	408.575
3	6.129	30	61.286	300	612.863
4	8.172	40	81.715	400	817.151
5	10.214	50	102.144	500	1021.438
6	12.257	60	122.573	600	1225.726
7	14.300	70	143.001	700	1430.013
8	16.343	80	163.430	800	1634.301
9	18.386	90	183.859	900	1838.589

TABLE LIII. *Conversion en Poids décimaux, des Poids usités dans les divers départemens et à l'étranger.*

La livre, poids de marc, était particulièrement en usage dans les départemens suivans : Ain, Allier, Aube, Calvados, Charente, Charente-Inférieure, Cher, Corse, Côte-d'Or, Doubs, Eure, Eure-et-Loir, Gironde, Jura, Loire-Inférieure, Loiret, Maine-et-Loire, Manche, Haute-Marne, Meuse, Moselle, Orne, Pas-de-Calais, Puy-de-Dôme, Bas-

Rhin , Saône-et-Loire , Seine , Seine-et-Marne, Seine-et-Oise , Seine-Inférieure, Yonne, etc.

Dans quelques-uns de ces départemens, elle était en concurrence avec d'autres poids; nous les indiquons ici, ainsi que les poids des autres départemens, dont on a publié les tableaux comparatifs.

On verra ci-après que la livre usuelle équivaut à 500 grammes.

Départemens.	Villes.	Noms des poids.	Grammes.
Seine, etc.	....	L. p. de marc,	489.506
Ain.	....	P. de 14 onc.	428.32
	....	P. de 18 onc.	550.69
Alpes, hautes.	Embrun.	P. de table,	435
	Gap.	*Id.*	392
Aude.	....	P. de table,	407.921
Aveyron.	....	....	408
Bouch.-du-Rh.	Aix.	P. de table,	379.16
	Arles.	*Id.*	391.26
	Marseille.	*Id.*	388.51
	Salon.	*Id.*	376.63
	Tarascon.	*Id.*	388.11
Drôme.	....	*Id.*	414
Gard.	Nismes.	*Id.*	414.285
	Uzès.	*Id.*	412.11
Garonne, haute	....	*Id.*	407.922
Hérault.	....	*Id.*	414.65
Isere.	Grenoble.	P. de ville,	442.764
	Id.	P. de Savoie ,	551.855
	Id. et Voiron.	P. de table,	417.347
	Id. et Allevard.	P. de fonte,	552.58
	Allevard.	P. de fourn.,	532.549
	Vienne.	— de crochet,	456.83
	Id.	— de balance,	404.08

Départemens.	Villes.	Noms des poids.	Grammes.
Loire, haute.	....	....	415.5
Lot.	....	P. de table,	407.922
Lozère.	....	....	414.194
Nord.	Lille.	....	431
	Cambrai.	....	470
	Douai.	....	425
	Dunkerque.	....	435
Rhône.	Lyon.	....	418.757
	Id.	P. de soie,	458.911
	Villefranche.	....	436.821
Tarn.	Castres.	....	412
	Alby, Lavaur.	....	407.922
Tarn-et-Gar.	Montauban.	P. de table,	425.657
	Moissac.	....	429.156
Var.	....	Petit poids,	380
Vaucluse.	Avignon.	....	407.922
	Apt.	....	397.513
	Carpentras.	....	400
	Orange.	....	391.606

En Russie, la livre équivaut à 409.7 ; en Suède, 424.9 ; en Angleterre, 453.5 ; en Castille, 459.4 ; à Cologne, 467.7 ; à Amsterdam, 491.8 ; à Vienne, 560.

Toutes ces mesures portaient le nom de *livre*. Outre le quintal et le millier, quelques-unes avaient des multiples particuliers : à Toulouse et à Montauban, il y avait une *grosse livre*, ou livre carnassière, du poids de 3 livres locales : dans le Var, on donnait le nom de *Rub* à un poids de 22 ou 25 livres. La livre se divisait en 10, 12 ou 16 onces, quelquefois en 14, et même 18.

La livre, poids de marc, offrait à la fois les avantages de la division binaire et ceux de la division duodécimale. Ils se retrouvent dans la livre usuelle, dont les divisions sont les mêmes.

Prix comparatif des anciens Poids, et des Poids décimaux.

1° Connaissant le prix de la marchandise à la livre poids de marc, si l'on veut savoir ce qu'elle doit coûter au kilogramme, il faut recourir à la table LII, § 6, dont la 1re colonne représentant le prix de la livre poids de marc, la seconde donne le prix comparatif du kilogramme.

2° Si, connaissant le prix du kilogramme, on désire savoir le prix de la livre poids de marc, il faut recourir à la table LI, § 5, dont la 1re colonne représentant le prix du kilogramme, la seconde donne le prix comparatif de l'ancienne livre.

Nota. Si le prix connu des poids n'est pas un nombre rond, il faut se conformer à l'observation de la page 101; et, s'il excède 100 fr., à la 2e observation de la page 181.

On peut, à l'aide de la table LIII, connaître le prix comparatif du kilogramme et de toutes les livres locales : le kilogramme valant 1 franc, les 2 premiers chiffres de la table donnent le prix des livres locales en centimes; si le 3e chiffre est un 5, ou au-dessus, il faut ajouter un centime. Ainsi,

24*

à un franc le kilogramme, la livre d'Aix vaut 38 centimes, la livre de Cambrai, 47, celle de Lyon, 42, etc.

POIDS USUELS.

Les poids sont, dans tout système de mesures, l'objet le plus important, parce que leur usage s'applique à une plus grande quantité de substances nécessaires aux besoins journaliers ; c'est aussi dans cette partie que se sont le plus fait sentir les inconvéniens de la division décimale, pour le commerce de détail.

L'établissement des poids usuels les a fait disparaître ; l'art. 8 de l'arr. du 28 mars 1812 a permis, pour la vente en détail de toutes les substances dont les quantités et les prix se règlent au poids, l'usage d'une livre égale au demi-kilogramme, laquelle se divise en 16 onces, l'once en 8 gros, et le gros en 72 grains, et qui ne diffère de la livre, poids de marc, que d'environ 2 pour 100 en plus.

Le kilogramme ne cesse pas d'être, non seulement l'unité de compte, mais même le poids usuel pour le commerce en gros ; c'est en kilogrammes, multiples et fractions décimales de kilogramme, que doivent continuer à se faire toutes les pesées de quantités plus grandes que la livre, et qu'elles devront être exprimées ; l'emploi de la livre usuelle et de ses divisions étant borné au commerce de détail.

L'obligation d'énoncer, en poids décimaux, dans les écritures, les quantités livrées ou achetées au poids usuel, nécessitera des réductions, dont le calcul sera compliqué, lorsqu'il s'agira des divisions inférieures : ces réductions deviendront faciles à l'aide des tables suivantes.

TABLE LIV. *Conversion des Poids usuels, en Poids décimaux.*

Chacune des sous-divisions de la livre usuelle va être comparée à celui des poids décimaux qui en approche le plus ; nous suivons l'ordre de la table LI.

§ 1. *Seizièmes du Grain usuel, en Centigrammes.*

Les décimales sont des millièmes de centigramme.

16es de g.	centig.	16es de g.	centig.	16es de g.	centig.
1	0.339	6	2.035	11	3.730
2	0.678	7	2.374	12	4.069
3	1.017	8	2.713	13	4.408
4	1.356	9	3.052	14	4.747
5	1.695	10	3.391	15	5.086

§ 2. *Grains usuels, en Décigrammes.*

Les décimales sont des milligrammes

grains.	décigr.	grains.	décigr.	grains.	décigr.
1	0.54	7	3.80	30	16.28
2	1.09	8	4.34	36	19.53
3	1.63	9	4.88	40	21.70
4	2.17	10	5.43	50	27.13
5	2.71	18	9.77	60	32.55
6	3.26	20	10.85	70	37.98

§ 3. *Gros usuels, en Grammes.*

gros.	grammes.	gros.	grammes.	gros.	grammes.
1	3.906	4	15.625	7	27.344
2	7.813	5	19.531	8	31.250
3	11.719	6	23.438	12	46.875

§ 4. *Onces usuelles, en Décagrammes.*

Les décimales sont des centigrammes.

Pour convertir en hectogrammes, on avance le point décimal d'un chiffre.

onces.	décagram	onces.	décagram.	onces.	décagram.
1	3.125	6	18.750	11	34.375
2	6.250	7	21.875	12	37.500
3	9.375	8	25.000	13	40.625
4	12.500	9	28.125	14	43.750
5	15.625	10	31.250	15	46.875

§ 5. *Livres usuelles, en Kilogrammes.*

La livre usuelle est la moitié du kilogr.

Si l'on veut convertir en kilogrammes un nombre donné de livres usuelles, il faut prendre la moitié de ce nombre

Nota. Chacun des poids usuels se divise en demis, quarts et huitièmes. Ces fractions se trouveront, pour la livre, au § 4, qui offre la valeur de 8 onces, 4 onces et 2 onces ; pour l'once, au § 3, où l'on voit 4 gros, 2 gros et 1 gros, etc.

TABLE LV. *Conversion des Poids décimaux en Poids usuels.*

Pour convertir les milligrammes et centigrammes en grains et fractions décimales de grain usuels, il faut se servir de la table suivante, en avançant le point d'un chiffre pour les centigrammes, et de 2 pour les milligrammes : ainsi, 3 centigrammes valent en grains usuels 0.55296, et 3 milligrammes, 0.055296.

§ 1. *Décigrammes.*

Les décimales sont des dix-millièmes de grain ; on peut les négliger ou en diminuer le nombre, suivant le degré de précision qu'on désire obtenir.

décigr.	grains.	décigr.	grains.	décigr.	grains.
1	1.8432	4	7.3728	7	12 9024
2	3.6864	5	9.2160	8	14.7456
3	5.5296	6	11.0592	9	16.5888

10 décigrammes font un gramme.

§ 2. *Grammes.*

Les décimales sont des millièmes

gram.	gros.	grains.	gram.	gros.	grains.	gram.	gros.	grains.
1	»	18.432	4	1	1.728	7	1	57.024
2	»	36.864	5	1	20.460	8	2	3.456
3	»	55.296	6	1	38.592	9	2	21.888

10 grammes font un décagramme.

§ 3. *Décagrammes.*

Les décimales sont des centièmes.

déc.	onc.	gr.	grains.	déc.	onc.	gr.	grains.	déc.	onc.	gr.	grains.
1	»	2	40.32	4	1	2	17.28	7	2	1	66.24
2	»	5	8.64	5	1	4	57.60	8	2	4	34.56.
3	»	7	48.96	6	1	7	25.92	9	2	7	2.88

10 décagrammes font un hectogramme.

§ 4. *Hectogrammes.*

Les décimales sont des dixièmes.

hect.	liv.	onc.	gros.	grains.	hect.	liv.	onc.	gros.	grains.
1	»	3	1	43.2	6	1	3	1	43.2
2	»	6	3	14.4	7	1	6	3	14.4
3	»	9	4	57.6	8	1	9	4	57.6
4	»	12	6	28.8	9	1	12	6	28.8
5	1	»	»	»	10	2	»	»	»

§ 5. *Kilogrammes.*

Le kilogramme fait deux livres usuelles ; il suffit ainsi de doubler le nombre des kilogrammes, pour avoir des livres usuelles.

TABLE LVI. *Rapports exacts des Poids de marc et des Poids usuels.*

On peut avoir besoin de connaître ce que la livre poids de marc vaut en livre usuelle, et réciproquement : la comparaison s'établit exactement, par le moyen du kilogramme.

La *livre*, poids de marc, vaut en *kilog.* 0.48950585
La livre usuelle, ... 0.5

L'*once*, poids de marc, en *hectogr*.... 0.30594115
 L'once usuelle, ... 0.325
Le *gros*, poids de marc, en *décagr*... 0.38242644
 Le gros usuel, ... 0.390625
Le *grain*, poids de marc, en *grammes*, 0.053114784
 Le grain usuel, ... 0.0542534722

Si l'on n'a pas besoin d'une précision rigoureuse, il suffira d'ajouter 2 pour 100 aux poids usuels, pour les convertir en poids anciens, et de retrancher 2 pour 100 des anciens poids, pour les convertir en poids usuels.

Pour les prix comparatifs, il faut suivre l'opération inverse, c'est-à-dire, ajouter 2 pour 100 au prix des poids anciens, pour avoir celui des poids usuels, et diminuer, dans la même proportion, le prix des poids usuels, pour avoir celui des anciens poids.

Au reste, la table suivante, offrant la conversion exacte pour l'unité de chacun de ces poids, mettra à même de faire toutes les opérations nécessaires.

anciens poids.	en poids usuels.				poids usuels.	en poids anciens.			
	liv.	onc.	gros.	grains.		liv.	onc.	gros.	grains.
Livre,	»	15	3	22.57	Livre,	1	»	2	53.57
Once,	»	»	7	59.91	Once,	»	1	»	21.63
Gros,	»	»	»	70.49	Gros,	»	»	1	1.54
Grain,	»	»	»	0.98	Grain,	»	»	»	1.02

TABLE LVII. *Poids médicinal.*

Les médecins français ont long-temps fait usage, dans leurs prescriptions, de la livre romaine, composée de 12 onces, l'once de 8 dragmes, la dragme de 3 scrupules, et le scrupule de 20 grains, le grain supposé égal au poids d'un grain moyen d'orge ou de blé.

Cette division de la livre, encore assez généralement suivie dans les pharmacopées du nord et du midi de l'Europe, s'est maintenue à Paris jusques vers le tiers du 18e siècle.

Mais, pendant que les pharmaciens se conformaient au *Codex*, où les formules étaient rédigées suivant le poids romain, les épiciers et droguistes se servaient du poids de marc, ce qui augmentait les doses des médicamens d'un 6e, s'ils étaient livrés à l'once, et de 3 huitièmes, lorsqu'on les vendait par livre. Pour prévenir les accidens que pouvait entraîner l'emploi simultané de ces deux espèces de poids, la faculté de Paris adopta dans la 3e édition de son *Codex*, publié en 1732, l'usage exclusif du poids de marc, sauf la substitution du nom de *dragme* à celui de *gros*. Un arrêt du parlement, du 23 juillet 1748, ayant confirmé cette disposition, les prescriptions des médecins de Paris et de ceux qui suivaient leur pharmacopée, devinrent uniformes et plus exactes ; mais elles ne furent pas d'accord avec les formules des médecins de Montpellier et de quelques autres provinces de

France, qui conservèrent l'ancien poids médicinal, parce qu'il différait peu de celui du commerce, usité dans leur pays.

Consultée, relativement à l'application des nouveaux poids et mesures aux usages de la pharmacie, la société de médecine a arrêté, le 27 pluviose an 10, que le système métrique devait être admis exclusivement pour déterminer les doses des médicamens, en adoptant la nomenclature méthodique, de préférence aux dénominations vulgaires autorisées par le décret du 13 brum. an 9. Depuis ce temps, la faculté de médecine a procédé, en exécution de l'art. 38 de la loi du 11 avril 1803, à la rédaction d'un nouveau *Codex* ou formulaire pharmaceutique, rendu obligatoire pour tout le royaume, par l'ordonnance du 8 août 1816.

Les rédacteurs de ce *Codex*, imprimé en 1818, ont pris, relativement aux poids et mesures, les déterminations suivantes.

1° Pour l'énonciation des nombres généraux ou parties proportionnelles, ils ont préféré la division décimale aux divisions binaire et ternaire, comme se prêtant facilement aux plus petites divisions, et pouvant s'appliquer également aux poids français ou étrangers, anciens ou nouveaux, méthodiques ou vulgaires. 2° Pour se rapprocher le plus possible des mesures employées précédemment dans les prescriptions particulières, et ne s'éloigner beaucoup, ni des anciens poids de marc, ni des poids métriques, en adoptant le gramme pour unité de leurs nombres généraux, ils l'ont regardé comme équivalant au quart de la dragme vulgaire, supposée contenir 20 grains, et par suite, l'once composée de 8 dragmes, a été représentée par 32 grammes, la demi-once par 16, etc. En suivant cette proportion, la demi-livre, composée de 8 onces, aurait dû être exprimée par 256, la livre par 512, etc.; mais pour simplifier les calculs, on a adopté pour la demi-livre, la livre, et la double livre, les nombres 250, 500 et 1000 gramm. Dans les poids inférieurs au gramme, 0.1 ou le décigramme a été employé pour deux grains, 0.05 pour un grain, 0.025 pour le demi-grain, etc.

Il résulte de ces déterminations, que les poids inférieurs, c'est-à-dire, le gramme et ses divisions, se trouvent un peu moindres que ceux auxquels on les a substitués ; on a pensé que ces petites divisions s'appliquant particulièrement aux remèdes les plus actifs, il valait mieux être un peu au-dessous qu'au-dessus des mesures vulgaires : à partir de 2 grammes jusqu'à 1000, les poids du *Codex* excèdent un peu les poids vulgaires qu'ils remplacent ; on n'a pas jugé qu'il y eût d'inconvénient à ces différences, qui sont d'ailleurs peu considérables ; on n'aurait pu, à moins d'employer un grand nombre de décimales, donner l'équivalent exact des anciennes mesures, et il en serait résulté beaucoup de difficultés et de complication; au reste, le souvenir des anciens poids s'effacera avec le temps, et les mesures décimales se trouveront uniformément adoptées.

Nous donnons ici la comparaison des poids précédemment usités, avec leur valeur exacte en poids décimaux, et les valeurs approximatives adoptées par le *Codex*.

Anciens poids de marc.	Valeur en mesures métriques,	
	exacte.	suiv. le Codex.
	grammes.	grammes.
2 livres,	979.012	1000.
Livre,	489.506	500.
Demi-livre,	244.753	250.
4 onces,	122.376	128.
3 onces,	91.782	96.
2 onces,	61.188	64.
1 once,	30.594	32.
4 gros ou dragmes	15.297	16.
3 dragmes,	11.473	12.
2 dragmes,	7.649	8.
1 dragme,	3.824	4.
Demi-dragme,	1.912	2.
20 grains,	1.062	1.
10 grains,	0.531	0.5
4 grains,	0.212	0.2
3 grains,	0.159	0.15
2 grains,	0.106	0.1
1 grain,	0.053	0.05
Demi-grain,	0.027	0.025

TABLE LVIII. *Grains et Karats pour les pierres fines.*

On se servait autrefois du nom de karat pour désigner le degré de pureté de l'or; ainsi l'on disait : l'or fin est à 24 karats, l'or monnayé est à 22 karats : sous ce rapport, ce n'était pas un poids réel, ainsi que nous l'expliquerons ci - après, art. *Titre des métaux.* Le karat, employé à la pesée des pierres fines et des perles, se divisait en 4 grains, divisés eux-mêmes en demis, quarts, huitièmes, seizièmes, etc., mais sans aucun rapport avec les grains, poids de marc (1). Suivant Paucton, le karat vaut, en grains p. de marc, 3.876, ce qui revient presque exactement à 2 décigrammes. Le double décigramme peut donc tenir lieu du karat, et le demi-décigramme, du grain ou quart de karat. La table suivante fait connaître que la différence est à peine d'un grain sur 90 karats.

Les décimales sont des milligrammes.

---

(1) Le cheky, ou livre de Constantinople, se divise en 1600 *karas* de 4 grains chacun, le kara équivalant en grains, p. de marc, à 3.753 : d'où l'on peut induire que les orientaux nous ont transmis en même temps le luxe des pierres précieuses, et la manière de les peser.

grains.	décigr.	karats	décigr.	karats.	décig.
1	0.50	4	8.02	30	60.17
2	1.00	5	10.03	40	80.22
3	1.50	6	12.03	50	100.28
4	2.01	7	14.04	60	120.33
karats.		8	16.04	70	140.39
1	2.01	9	18.05	80	160.44
2	4.01	10	20.06	90	180.50
3	6.02	20	40.11	100	200.55

Si le grain usuel devenait un poids obligatoire pour la vente des pierres fines, il
pourrait importer de connaître le rapport
de ces nouveaux grains, avec les grains et
karats anciens. D'après la fixation en poids
de marc donnée par Paucton, le karat de
4 grains vaut en grains usuels 3.798. La
différence est d'environ un 20e, ce qui rend
la comparaison très-facile. Pour convertir
un nombre donné de grains de lapidaire en
grains usuels, il faut retrancher de ce nombre un 20e ou 5 pour 100 ; pour convertir
les grains usuels en grains de lapidaire, il
faut ajouter au nombre de grains usuels, 5
et 1 quart pour cent.

TABLE LIX. *Conversion des anciens Tonneaux en nouveaux.*

L'ancien tonneau de mer était à la fois
une mesure de pesanteur, égale à 2 milliers,
p. de marc, et une mesure de jauge ou de

capacité (1), répondant à 42 pieds cubes.
On entendait donc, par navire de 300 tonneaux, celui qui pouvait porter 600 milliers, et dont la capacité était égale à 300
fois 42 pieds cubes. 2 milliers pesant d'eau
n'occupant qu'un espace d'environ 28 pieds
cubes, ou les deux tiers de 42, le navire
dont il s'agit, en le supposant rempli d'eau,
aurait pu contenir le poids d'environ 900
milliers; mais sa charge ne se calculait que
sur les 2 tiers, en raison du poids du bâtiment même, de son équipage, et de ses
provisions et agrès. Cet excédant de capacité avait d'ailleurs son avantage; il donnait

le moyen de faire entrer dans la cargaison
des objets *encombrans*, ou des marchandises
qui, spécifiquement plus légères que l'eau,
et par conséquent ayant plus de volume,
exigent à poids égal un plus grand espace.

L'arrêté du 13 brumaire an 9, en fixant
à 1000 kilogrammes le poids du nouveau
tonneau de mer, ne l'a considéré que comme mesure de pesanteur : quelques réglemens postérieurs, notamment celui du
28 messidor an 13, ayant ordonné que le
nouveau tonneau de mer servirait de base
au jaugeage des bâtimens et bateaux, on
doit aussi le regarder comme mesure de
capacité, en le rapportant au mètre cube

---

(1) Voyez ci-après, titre *Jaugeage des vaisseaux*.

d'eau, dont le poids est en effet de 1000 kilogrammes. Pour se rapprocher de la proportion qui existait entre le volume de l'ancien tonneau de mer et sa faculté de port, celui du nouveau tonneau devrait être d'un mètre cube et demi. En attendant qu'un réglement l'ait ainsi déterminé, nous allons comparer l'ancien tonneau de mer, 1° comme pesant 2000 livres poids de marc, au tonneau métrique pesant 1000 kilogrammes; 2° comme contenant 42 pieds cubes, au mètre cube, unité des mesures de solidité.

§ 1. *Comme mesure de pesanteur.*

Le nouveau tonneau diffère peu de l'ancien, 1000 kilogrammes équivalant environ à 2043 liv., p. de marc; on pourra donc le plus souvent, surtout lorsqu'on n'aura pas besoin d'une grande précision, prendre l'un pour l'autre, sans égard à la différence. Le rapport sera plus exact, si l'on retranche sur les anciens tonneaux 2 par 100; ainsi le bâtiment de 300 tonneaux, poids de marc, jaugé, à peu près, 294 tonneaux métriques. Pour obtenir le rapport réel, il faut recourir à la table suivante, qui pourra s'appliquer également aux dixaines, centaines et milliers, en reculant le point décimal d'un, 2 ou 3 chiffres.

Les décimales sont des kilogrammes.

anciens tonn.	tonneaux métriq.	anciens tonn.	tonneaux métriq.	anciens tonn.	tonneaux métriq.
1	0.979	4	3.916	7	6.853
2	1.958	5	4.895	8	7.832
3	2.937	6	5.874	9	8.811

§ 2. *Comme mesure de capacité.*

42 pieds cubes valant 1 *mètre cub.* 440, il serait d'autant plus convenable de fixer à un mètre cube et demi, le volume du nouveau tonneau de mer, que son poids, comme on vient de le voir, excède un peu celui de l'ancien : sans rien préjuger à cet égard, nous donnons ici la conversion des anciens tonneaux en mètres cubes, et réciproquement.

Les décimales sont des millièmes. La table peut s'appliquer également aux dixaines, centaines et milliers, en reculant le point d'un, 2 ou 3 chiffres.

1°. *Anciens Tonneaux, en Mètres cubes.*

anciens tonn.	mètres cubes.	anciens tonn.	mètres cubes.	anciens tonn.	mètres cubes.
1	1.440	4	5.759	7	10.078
2	2.879	5	7.198	8	11.517
3	4.319	6	8.638	9	12.957

2°. *Mètres cubes, en anciens Tonneaux.*

mètres cubes.	anciens tonn.	mètres cubes.	anciens tonn.	mètres cubes.	anciens tonn.
1	0.695	4	2.778	7	4.862
2	1.389	5	3.473	8	5.557
3	2.084	6	4.168	9	6.252

Table LX. *Numérotage des Fils de coton.*

Le degré de finesse des fils se détermine par la longueur contenue dans un poids donné ; on conçoit, en effet, que plus le fil est fin, plus il en entre d'aunes ou de mètres dans le poids d'une livre ou d'un kilogramme.

La finesse des fils de coton s'indiquait autrefois dans le commerce, par un *numéro* désignant le nombre d'écheveaux d'une longueur convenue, nécessaire pour former le poids d'une livre. Cette méthode était simple, et eût rempli suffisamment son objet, si la longueur de l'écheveau eût été la même partout ; mais quelques établissemens de filature avaient adopté une longueur de 625 aunes, d'autres de 650, 700, 750, 840 et même 1000 aunes. D'une aussi grande variété de systèmes, résultaient des erreurs et des moyens de fraude également préjudiciables.

On reconnaissait depuis long-temps la nécessité d'adopter un mode uniforme de numérotage, et l'établissement des nouveaux poids et mesures devait conduire à ce résultat ; l'usage de l'aune de Paris et de la livre poids de marc, élémens des anciens dévidage et numérotage, étant légalement interdit.

Un décret du 14 décembre 1810, avait réglé le numérotage des fils de coton, de lin, de chanvre ou de laine, d'après le nombre d'écheveaux de 1000 mètres de longueur, qui seraient contenus dans le poids d'un kilogramme; mais les instructions nécessaires pour mettre ce décret à exécution, ne furent pas publiées. On a jugé depuis, qu'il était préférable, et plus conforme aux habitudes du commerce, d'adopter, pour base du nouveau numérotage, le poids du demi-kilogramme ou livre usuelle; mais on ne l'a encore appliqué qu'aux fils de coton.

En exécution de la loi du 21 avril 1818, portant, *art.* 46, qu'à l'égard des cotons filés, la marque de nationalité serait suppléée par un nouveau mode de dévidage, à déterminer ultérieurement par une ordonnance spéciale, les dispositions suivantes ont été successivement prescrites.

L'écheveau se compose de 10 échevettes, formées chacune d'un fil de 100 mètres de longueur; la longueur totale de l'écheveau est ainsi de 1000 mètres. *Ordonn. du* 26 *mai* 1819, *art.* 2.

Les cotons filés doivent être étiquetés suivant leur degré de finesse, d'un numéro indicatif du nombre d'écheveaux nécessaire pour former le poids d'une livre métrique ou demi-kilogramme. *Ibid. art.* 4 Ainsi le n° 18 désignera le coton filé, dont il faudra 18 écheveaux pour former le poids d'une livre métrique; pour atteindre au n° 70, le demi-kilogramme devra contenir 70 écheveaux, etc.

Ces dispositions ne s'appliquent pas aux cotons livrés directement par les filatures aux entrepreneurs de tissage, soit en chaînes ourdies, soit simplement en bobines. *Ord. du 16 juin 1819, art. 1ᵉʳ, et du 1ᵉʳ déc. 1819, art. 6.*

Le nouveau système de dévidage et numérotage des cotons filés n'est rigoureusement applicable qu'à ceux qui sont livrés au commerce en *écru*, et dont le degré de finesse est supérieur au n° 16 (16 écheveaux de 1000 mètres par demi-kilogramme), correspondant à peu près au n° 20 de l'ancien système à l'écheveau de 650 aunes. *Ordonn. du 1ᵉʳ déc. 1819, art. 7.*

L'ancien mode de numérotage étant entièrement abandonné, il paraît inutile de donner des tables de conversion des anciens numéros en nouveaux, et réciproquement; il suffira de savoir que le nouveau numérotage, presque identique avec l'ancien système à l'écheveau de 840 aunes, était avec les autres systèmes dans les rapports indiqués par la table suivante.

Il n'y a qu'une décimale; elle représente des échevettes ou 10ᵉˢ d'écheveau.

NUMÉROS du nouveau mode.	N^{os} DES ANCIENS SYSTÈMES, A L'ÉCHEVEAU DE				
	1000 aunes.	750 aunes.	700 aunes.	650 aunes.	625 aunes.
10	8.2	11.0	11.8	12.7	13.2
20	16.4	22.0	23.5	25.3	26.4
30	24.7	32.9	35.3	38.0	39.5
40	32.9	43.9	47.0	50.7	52.7
50	41.0	55.0	58.8	63.3	65.9

Les entrepreneurs de filature ont besoin, pour régler exactement leur fabrication, de connaître le poids de l'écheveau, entrant dans la composition de chaque numéro; c'est l'objet de la table suivante, dont la 1re colonne indiquant le numéro, la seconde indique le poids de l'écheveau en grammes : les décimales sont des millièmes.

N^{os}.	POIDS.	N^{os}.	POIDS.	N^{os}.	POIDS.	N^{os}.	POIDS.
1	500.000	16	31.250	31	16.129	46	10.869
2	250.000	17	29.412	32	15.625	47	10.638
3	166.667	18	27.778	33	15.152	48	10.417
4	125.000	19	26.316	34	14.706	49	10.204
5	100.000	20	25.000	35	14.286	50	10.000
6	83.333	21	23.809	36	13.889	51	9.804
7	71.429	22	22.727	37	13.514	52	9.615
8	62.500	23	21.739	38	13.158	53	9.446
9	55.556	24	20.833	39	12.821	54	9.259
10	50.000	25	20.000	40	12.500	55	9.091
11	45.455	26	19.231	41	12.195	56	8.928
12	41.667	27	18.519	42	11.905	57	8.772
13	38.462	28	17.857	43	11.628	58	8.621
14	35.714	29	17.241	44	11.364	59	8.475
15	33.333	30	16.667	45	11.111	60	8.333

N^{os}.	POIDS.	N^{os}.	POIDS.	N^{os}.	POIDS.	N^{os}.	POIDS.
61	8.197	71	7.042	81	6.173	91	5.495
62	8.065	72	6.944	82	6.098	92	5.435
63	7.936	73	6.849	83	6.024	93	5.376
64	7.812	74	6.757	84	5.952	94	5.319
65	7.692	75	6.667	85	5.882	95	5.263
66	7.576	76	6.579	86	5.814	96	5.208
67	7.463	77	6.494	87	5.747	97	5.155
68	7.353	78	6.410	88	5.682	98	5.102
69	7.246	79	6.329	89	5.618	99	5.051
70	7.143	80	6.250	90	5.556	100	5.000

Si l'on avait besoin d'un degré de finesse supérieur au n° 100, comme 110 ou 120, il faudrait chercher dans la table les nombres 55 et 60, qui forment la moitié de ces nombres, et prendre la moitié des poids qui s'y trouvent; ainsi l'écheveau du n° 110 pèserait en grammes, 4.545, et celui du n° 120, 4.167.

TABLE LXI. *Pesanteurs spécifiques de diverses substances.*

On peut avoir besoin de connaître la pesanteur spécifique des corps, soit pour apprécier les mélanges faits dans les métaux communs ou dans les liquides, soit pour évaluer le poids d'une masse considérable, d'un bloc, etc. Le nouveau système des poids et mesures a rendu très-faciles les opérations de ce genre.

La pesanteur spécifique d'un corps est le

rapport de son poids à son volume ; c'est dans ce sens qu'on dit : un mètre cube de marbre pèse 2696 kilogrammes. On désigne ordinairement la pesanteur spécifique des différentes substances, par comparaison avec celle de l'eau, parce que l'eau, purgée par la distillation, de toutes ses parties hétérogènes, est une substance constante, invariable, et facile à retrouver partout, au même degré de pureté.

Si l'on pouvait réduire tous les corps au même volume, il suffirait de les peser, sous le volume dont on serait convenu, pour déterminer leur pesanteur spécifique ; mais cette réduction n'étant pas aisée, quand il s'agit de substances solides, il a fallu recourir à d'autres moyens. Le plus simple, comme le plus exact, consiste à peser le corps dont on veut connaître la pesanteur spécifique, dans l'air, et ensuite dans l'eau. La différence du poids dans l'eau et dans l'air étant exactement le poids d'un volume d'eau égal à celui du corps soumis à l'expérience, on connaîtra le rapport de leurs pesanteurs spécifiques, en divisant le poids de ce corps pesé dans l'air, par la différence en poids de ce corps pesé dans l'eau. Si le corps pèse dans l'air 18, et dans l'eau 12, on en conclura que la différence 6 est le poids de l'eau sous le même volume, et que le corps dont il s'agit pèse spécifiquement

3 fois plus que l'eau, le quotient de 18 par 6 étant 3.

Le volume, employé autrefois à ces évaluations, était le pouce ou le pied cube. On savait que le pied cube d'eau distillée était environ du poids de 70 liv. p. de marc (1). Il fallait donc multiplier ce poids par le rapport trouvé entre la pesanteur spécifique de l'eau et celle des différens corps, pour connaître ce que devait peser chacun de ces corps, sous le volume d'un pied cube.

Le décimètre cube d'eau pesant un kilogramme, et le mètre cube 1000 kilogrammes, il suffit aujourd'hui de connaître le rapport des pesanteurs spécifiques de l'eau et d'une substance quelconque, pour savoir ce que pèse un mètre ou décimètre cube de cette substance.

La table suivante indique donc à la fois que la pesanteur spécifique de l'eau est à celle du plomb, par exemple, comme 1000 à 11352, et que le mètre cube de plomb pèserait 11352 kilogrammes, le décimètre cube 11.352.

Si l'on applique cette table au décimètre cube, les nombres suivans expriment des grammes, et, en séparant les 3 derniers chiffres par le point décimal, des kilogram-

---

(1) Exactement, et d'après la fixation définitive du kilogramme, 70 *liv.* 239.

mes ; si l'on opère sur le mètre cube, les nombres, tels qu'ils sont, expriment des kilogrammes.

La pesanteur spécifique des liquides est facile à déterminer ; il suffit d'en peser un litre, ou un de ses multiples décimaux : il en est de même des grains et autres matières sèches ; mais il faut, dans ce cas, peser plusieurs mesures, et prendre un terme moyen.

C'est surtout dans le commerce des eaux-de-vie et esprits, qu'il importe de pouvoir apprécier sûrement et promptement la pesanteur spécifique de ces liqueurs, plus ou moins pesantes, suivant qu'elles sont plus ou moins mélangées d'eau : nous indiquerons ci-après, table LXII, les moyens employés à cet effet.

Eau distillée,....	1000	Huile de navette,	919
Eau de mer, ...	1026	Essence de téréb.	869
Eau glacée,.....	930	Or fin, fondu,...19258
Lait,...........	1020	Argent, *idem*,...10474
Ether sulfurique,.	716	Platine purifié, ..19500
——muriatique,.	874	Cuivre fondu, ... 8788
Acide nitrique,..	1550	Fer, *idem*,...... 7207
——nitreux, ...	1207	Fer forgé, ... 7788
——sulfurique,..	1841	Acier non écroui, 7816
Vin de Bourgogne,	992	Etain fondu, ... 7291
—— de Bordeaux,	994	Plomb, *idem*, ...11352
Alcool absolu,...	792	Zinc, *idem*,..... 6861
Huile d'olive, ...	915	Antimoine, *idem*, 6712
——de noix, ...	923	Arsenic, *idem*,.. 8308
——de lin, ...	940	Mercure, ...13598

Cinabre oriental,	6902	Succin,	1078
Diamant,	3521	Alun,	1720
Rubis oriental,	4283	Opium,	1337
Topaze de Saxe,	3564	Cire jaune,	965
Topaze orientale,	4011	——blanche,	969
Emeraude,	2776	Suif,	942
Saphir oriental,	3994	Lard,	948
Flint glass anglais,	3329	Beurre,	942
Cristal de roche,	2653	Bois de chêne,	1170
Quartz cristallisé,	2655	Liége,	240
Grès,	2416	Orme,	800
Agathe orientale,	2590	Frêne,	845
——onyx,	2638	Hêtre,	852
Calcédoine,	2616	Aune,	800
Cornaline,	2614	Erable,	755
Pier. à fusil, blonde	2594	Noyer,	671
——noirâtre,	2582	Saule,	685
Jaspe brun,	2691	Tilleul,	604
——vert clair,	2559	Sapin jaune,	657
Albâtre,	1874	Peuplier,	383
Marbre,	2696	Pommier,	733
——Brèche d'Alep	2687	Poirier,	661
Pierre de St.-Leu,	1659	Prunier,	785
——de liais,	2078	Cerisier,	715
Spath pesant,	4430	Coudrier,	600
——fluor rouge,	3191	Buis,	912
Granit d'Egypte,	2654	Sureau,	695
——du Dauphiné,	2643	Gayac,	1333
Pierre ponce,	915	Ebénier,	1331
Porcel^e de Sèvres,	2146	If,	807
——de la Chine,	2385	Cyprès,	598
Verre de S. Gobin,	2488	Cèdre,	561
Ivoire,	1917	Bois de Brésil,	1031
Corail,	2680	——de Campêche,	913
Perles,	2750	Oranger,	705
Soufre natif,	2033	Citronnier,	726
Sandaraque,	1092	Air, suiv. *Duluc*,	1.345
Gomme arabique,	1452	——suiv. *Brisson*,	1.234
Résine du pin,	1073	——suiv. *Biot*,	1.299

26*

FORCE *des Eaux-de-vie et Esprits.*

L'eau-de-vie est un mélange d'eau et d'alcool pur, dans des proportions variables. L'eau et l'alcool absolu étant, pour la pesanteur spécifique, dans le rapport de 1000 à 792., *ci-devant, page* 304, on conçoit que l'eau-de-vie la plus légère est celle où il y a le plus d'alcool. On a imaginé, pour connaître la force respective des eaux-de-vie, des instrumens nommés *aréomètres* ou *pèse-liqueurs*, divisés en plusieurs degrés, et plongeant plus ou moins dans le liquide, suivant que l'alcool y est en plus ou moins grande quantité : ces instrumens servent également à déterminer la densité relative ou pesanteur spécifique des autres liquides, comme eaux salées, huiles, sirops, etc. Le commerce en employait particulièrement trois, nommés aréomètres de *Baumé*, de *Borie* et de *Cartier*, du nom de leurs inventeurs, tous trois construits sur le même principe, différant seulement par leur graduation.

L'administration des contributions indirectes ayant adopté celui de Cartier, la loi du 14 avril 1816 avait établi, pour la perception du droit sur les eaux-de-vie et esprits, une gradation qui partageait ces liqueurs en trois divisions ; la 1re, comprenant les eaux-de-vie *simples*, ou au-dessous de 22 degrés ; la 2ᵉ, les eaux-de-vie *rectifiées*, ou de 22 degrés à 28 exclusivement ; la 3ᵉ, les *esprits* ou eaux-de-vie de 28 et au-dessus.

L'aréomètre de Cartier, gradué à la température de 10° de Réaumur, marquait 10 pour l'eau de rivière ; l'alcool pur y aurait atteint 44 degrés 23 centièmes.

Cette manière d'asseoir l'impôt n'était ni juste ni exacte, l'esprit à 36 degrés, par exemple, ne payant pas plus cher que celui à 28, quoique le premier contint 89 centièmes d'alcool pur, et le second seulement 74, et que la valeur de ces deux liqueurs, dans le commerce, fût proportionnelle à cette différence, il en était de même pour les degrés, soit de 15 à $21\ ^3/_4$, soit de 22 à $27\ ^3/_4$.

Ce mode avait en outre le désavantage d'engager le fabricant à porter constamment le produit de sa distillation au degré le plus élevé de chaque classe, ce qui ne livrait à la circulation que des degrés fixes et peu nombreux, tandis que le consommateur a besoin, pour les arts, de tous les degrés intermédiaires.

Ces inconvéniens étaient signalés depuis long-temps ; la loi du 24 juin 1824 les a fait cesser, en ordonnant que les droits sur les eaux-de-vie et esprits seraient perçus en raison de l'alcool pur contenu dans ces liquides.

Pour déterminer exactement cette quantité d'alcool, on emploie un nouvel aréomètre, inventé par M. Gai-Lussac, et approuvé par l'académie des sciences : cet instrument, auquel on donne le nom d'*alcoomètre*, est gradué à la température de 15° centigrades (12° ¹/₂ de Réaumur); son échelle est divisée en 100 parties ou degrés, dont chacune représente un centième d'alcool pur en volume ; le degré 0, correspondant à l'eau pure, et le degré 100, à l'alcool absolu. Plongé dans un liquide spiritueux, il en fait connaître immédiatement la force ; s'il s'enfonce jusqu'à la division 45, il indique que la force de l'eau-de-vie est de 45 centièmes, c'est-à-dire qu'elle contient 45 parties d'alcool pur, contre 55 d'eau.

Dans l'application, l'alcool pur est devenu l'unité ; les droits sont fixés par hectolitre d'alcool, et les quantités à divers degrés se réduisent en alcool, par un calcul très-simple. Ce calcul consiste à multiplier la quantité de liquide par le degré trouvé à l'alcoomètre, et à diviser le produit par 100, en séparant 2 chiffres à droite : ainsi, soit une pièce d'eau-de-vie de 584 litres à 56 degrés, en multipliant 584 par 56 et séparant 2 chiffres, on aura 327 litres, ou 3 hectolitr., 27 d'alcool pur.

On obtient, par des calculs également faciles, les résultats à provenir des différens mélanges ou *mouillages* ; ainsi :

1° Pour amener 353 litres d'eau-de-vie du degré 68 au degré 55, il faut multiplier 353 par 0.68, ce qui donne 239 lit. 68, et diviser ensuite par 0.55 ; le quotient 435 indique qu'il faut ajouter aux 353 litres d'eau-de-vie, 82 litres d'eau pure, pour en porter la quantité à 435 litres, dont le degré sera 55.

2° Pour élever 421 litres, du degré 55 au degré 68, ce qui ne peut se faire qu'en y versant de l'esprit à un degré supérieur, il faut recourir à l'opération suivante :

Le produit de 421 par 0.68 est de 286.28
Celui de 421 par 0.55............. 231.55
Différence............ 54.73

En divisant ce dernier nombre par la différence du degré de l'esprit qu'on veut employer, avec le degré 68 auquel doit être porté le mélange, c'est-à-dire, 32, si l'on employait de l'alcool pur; 21, si l'on emploie du degré 89, etc., on connaîtra la quantité d'alcool ou d'esprit, qu'on devra ajouter aux 421 litres dont il s'agit.

3° Si l'on verse 75 litres d'eau pure sur 425 litres d'eau-de-vie à 66 degrés, pour avoir 500 litres d'eau-de-vie moins forte, quel sera le degré du mouillage ? Le produit de 425 par 0.66 est 280.50, qui, divisé par 500, donne pour nouveau degré, 56.

4° Veut-on connaître la force qu'aurait un mélange composé de 221 litres à 57, 348 litres à 74, et 115 litres à 65, multipliez comme il suit chacune des qualités :

$$
\begin{array}{ll}
\text{221, par 0.57, donne} \dots\dots\dots\dots & 125.97 \\
\text{348, par 0.74,} \dots\dots\dots\dots\dots\dots & 257.52 \\
\text{115, par 0.65,} \dots\dots\dots\dots\dots\dots & 74.75 \\
\end{array}
$$

Total, 684 litres, donnant en alcool pur, . 458.24

En divisant 458.24 par 684, on a pour quotient 67, indiquant le degré du mélange.

Ces exemples suffisent pour mettre à même d'opérer toutes les réductions et rectifications nécessaires ; pour simplifier, nous avons négligé les fractions de degré.

Ainsi qu'on l'a vu plus haut, l'alcoomètre centésimal est gradué à la température de 15° centigrades, ou 12 degrés ¹/₂ de Réaumur ; si celle du liquide est différente, on peut la ramener à 15°, en en prenant un échantillon, et l'échauffant avec la main, ou le refroidissant dans de l'eau de puits ; la table LXIV, ci-après, indique un moyen plus facile et plus sûr.

Si l'on n'avait sous la main, ni l'alcoomètre centésimal, ni le thermomètre centigrade, on pourrait également opérer avec l'aréomètre de Cartier et le thermomètre de Réaumur, en se réglant sur les tables suivantes, qui indiquent la correspondance de ces différens instrumens.

Table **LXII**. *Correspondance de l'alcoo-mètre centésimal, et de l'aréomètre de* Cartier.

Cette table est la copie de celle annexée à la loi du 24 juin 1824. M. Gai-Lussac en a calculé de nouvelles, qui présentent de légères différences ; nous avons dû préférer celle-ci, qui a un caractère légal. Les décimales sont des dixièmes de degré.

Au reste, cette comparaison, faite pour la même température, ne serait plus exacte, si l'on voulait comparer les degrés de Cartier à 10° de Réaumur, avec les degrés de l'alcoomètre à 15° centigrades ; il faudrait alors recourir aux indications de la table LXIV, ci-après.

§ 1. *Degrés de Cartier en degrés centésimaux.*

degr. de Cartier.	degrés centesim.	degr. de Cartier.	degrés centesim.	degr. de Cartier.	degrés centesim.	degr. de Cartier.	degrés centesim.
10	0.0	18	45.5	27	71.8	36	89.6
eau pure.		19	49.2	28	74.0	37	91.1
11	5.3	20	52.5	29	76.3	38	92.6
12	11.3	21	55.7	30	78.4	39	94.0
13	18.4	22	58.7	31	80.5	40	95.4
14	25.4	23	61.5	32	82.4	41	96.6
15	31.7	24	64.2	33	84.3	42	97.7
16	37.0	25	66.9	34	86.2	43	98.8
17	41.5	26	69.4	35	88.0	44	99.9

§ 2. *Degrés centésimaux en degrés de Cartier.*

degrés centésim.	degr. de Cartier.	degrés centésim	degr. de Cartier.	degrés centésim	degr. de Cartier.	degrés centésim	degr. de Cartier.
0	10.0	25	14.0	51	19.5	77	29.4
eau pure.		26	14.1	52	19.8	78	29.8
1	10.2	27	14.2	53	20.1	79	30.3
2	10.4	28	14.4	54	20.5	80	30.8
3	10.6	29	14.5	55	20.8	81	31.3
4	10.8	30	14.7	56	21.1	82	31.8
5	10.9	31	14.9	57	21.4	83	32.3
6	11.1	32	15.0	58	21.8	84	32.8
7	11.3	33	15.2	59	22.1	85	33.3
8	11.5	34	15.4	60	22.5	86	33.9
9	11.6	35	15.6	61	22.8	87	34.4
10	11.8	36	15.8	62	23.2	88	35.0
11	12.0	37	16.0	63	23.5	89	35.6
12	12.1	38	16.2	64	23.9	90	36.3
13	12.3	39	16.4	65	24.3	91	36.9
14	12.4	40	16.6	66	24.7	92	37.6
15	12.5	41	16.9	67	25.1	93	38.3
16	12.7	42	17.1	68	25.5	94	39.0
17	12.8	43	17.4	69	25.8	95	39.7
18	12.9	44	17.6	70	26.3	96	40.5
19	13.1	45	17.9	71	26.7	97	41.4
20	13.2	46	18.1	72	27.1	98	42.3
21	13.4	47	18.4	73	27.5	99	43.2
22	13.5	48	18.7	74	28.0	100	44.2
23	13.6	49	19.0	75	28.4	expression de	
24	13.8	50	19.2	76	28.9	l'alcool pur.	

L'inspection de ces tables suffit pour faire juger la supériorité de l'alcoomètre centésimal ; la division y est proportionnelle , chaque degré correspondant à un 100ᵉ d'alcool pur , tellement que de l'énonciation du degré 44, par exemple, on peut conclure qu'un hectolitre de l'eau-de-vie dont il s'agit, contient 44 litres d'alcool, et doit payer ainsi 44 centimes par franc du droit imposé. L'aréomètre de Cartier, au contraire, sert bien à faire connaître que l'eau-de-vie à 13 degrés est plus forte que l'eau-de-vie à 12, et l'esprit 37 que l'esprit 36 ; mais il n'indique aucunement le rapport de cette augmentation de force, rapport qui paraît n'avoir pas été consulté dans la graduation de cet instrument ; l'intervalle qui sépare les 12e et 13e degrés, correspondant à 7 centièmes $^1/_{10}$ d'alcool, et le degré de 36 à 37, à 1 centième $^1/_2$ seulement.

M. Gaï-Lussac a donc, par l'invention de son alcoomètre, rendu un grand service, non seulement au trésor pour la perception des droits, mais encore au commerce, dont il assure les opérations, par l'appréciation exacte des qualités et la facilité des mélanges et rectifications.

TABLE LXIII. *Correspondance du thermomètre centigrade, avec celui de* Réaumur.

Le thermomètre de *Réaumur* et le thermomètre centigrade ont été construits sur le même principe ; les points extrêmes y étant également l'eau en congélation et l'eau bouillante. Ils diffèrent seulement en ce que l'intervalle entre ces deux points a été divisé par Réaumur en 80 degrés, et par le nouveau thermomètre en 100. Les épreuves et opérations sur les eaux-de-vie, devant se régler sur une température donnée, c'est-à-dire, 15° centigrades, répondant à 12° de Réaumur, il sera souvent nécessaire de comparer les 2 thermomètres, suivant qu'on opérera avec l'un ou avec l'autre; la table suivante remplit cet objet.

Les décimales du § 1ᵉʳ sont des centièmes; celles du § 2, des dixièmes.

§ 1. *Degrés de Réaumur en degr. centigrades.*

Réaum.	centig.	Réaum.	centig.	Réaum.	centig.	Réaum.	centig.
1	1.25	21	26.25	41	51.25	61	76.25
2	2.50	22	27.50	42	52.50	62	77.50
3	3.75	23	28.75	43	53.75	63	78.75
4	5. »	24	30. »	44	55. »	64	80. »
5	6.25	25	31.25	45	56.25	65	81.25
6	7.50	26	32.50	46	57.50	66	82.50
7	8.75	27	33.75	47	58.75	67	83.75
8	10. »	28	35. »	48	60. »	68	85. »
9	11.25	29	36.25	49	61.25	69	86.25
10	12.50	30	37.50	50	62.50	70	87.50
11	13.75	31	38.75	51	63.75	71	88.75
12	15. »	32	40. »	52	65. »	72	90. »
13	16.25	33	41.25	53	66.25	73	91.25
14	17.50	34	42.50	54	67.50	74	92.50
15	18.75	35	43.75	55	68.75	75	93.75
16	20. »	36	45. »	56	70. »	76	95. »
17	21.25	37	46.25	57	71.25	77	96.25
18	22.50	38	47.50	58	72.50	78	97.50
19	23.75	39	48.75	59	73.75	79	98.75
20	25. »	40	50. »	60	75. »	80	100. »

§ 2. *Degrés centigrades en degr. de* Réaumur.

centig.	Réaum.	centig.	Réaum.	centig.	Réaum.	centig.	Réaum.
1	0.8	26	20.8	51	40.8	76	60.8
2	1.6	27	21.6	52	41.6	77	61.6
3	2.4	28	22.4	53	42.4	78	62.4
4	3.2	29	23.2	54	43.2	79	63.2
5	4.»	30	24.»	55	44.»	80	64.»
6	4.8	31	24.8	56	44.8	81	64.8
7	5.6	32	25.6	57	45.6	82	65.6
8	6.4	33	26.4	58	46.4	83	66.4
9	7.2	34	27.2	59	47.2	84	67.2
10	8.»	35	28.»	60	48.»	85	68.»
11	8.8	36	28.8	61	48.8	86	68.8
12	9.6	37	29.6	62	49.6	87	69.6
13	10.4	38	30.4	63	50.4	88	70.4
14	11.2	39	31.2	64	51.2	89	71.2
15	12.»	40	32.»	65	52.»	90	72.»
16	12.8	41	32.8	66	52.8	91	72.8
17	13.6	42	33.6	67	53.6	92	73.6
18	14.4	43	34.4	68	54.4	93	74.4
19	15.2	44	35.2	69	55.2	94	75.2
20	16.»	45	36.»	70	56.»	95	76.»
21	16.8	46	36.8	71	56.8	96	76.8
22	17.6	47	37.6	72	57.6	97	77.6
23	18.4	48	38.4	73	58.4	98	78.4
24	19.2	49	39.2	74	59.2	99	79.2
25	20.»	50	40.»	75	60.»	100	80.»

TABLE LXIV. *Force des eaux-de-vie à diverses températures, ramenée à celle de* 15° *centigrades.*

L'alcoomètre centésimal, qui sert de base à la perception du droit, a été gradué à la température de 15° centigrades, répondant à 12° de Réaumur. Si l'on opère à des températures plus élevées, la densité du liquide diminuant par la dilatation, l'alcôomètre s'y enfonce davantage, et marque des degrés plus forts qu'à la température légale de 15°; le contraire arrivera, si l'on opère à des températures inférieures : il est donc important, pour les cas où l'on n'est pas maître de choisir ou de régler la température, de pouvoir connaître le degré réel alcoolique des liquides spiritueux, aux différentes températures, pour servir de base, soit à la perception du droit, soit au réglement des transactions commerciales.

La table suivante en fournit le moyen; elle est extraite de celle rédigée par l'administration des contributions indirectes, pour l'exécution de la loi. La 1re colonne indiquant le degré marqué par l'alcoomètre centésimal plongé dans un liquide spiritueux, les colonnes suivantes en indiquent le degré réel, pour les diverses températures marquées en tête du tableau; ainsi, l'alcoomètre s'enfonçant au degré 59, on voit que le degré réel, si on opère à 9°, est de 61 centièmes, et à 24°, de 55 seulement.

Toutes les indications de cette table, se rapportent au thermomètre centigrade; si on opère avec celui de Réaumur, on en convertira aisément les degrés en degrés centigrades, à l'aide de la table LXIII, § 1er.

Et de même, si l'on employait l'aréomètre de Cartier, il faudrait commencer par en réduire les degrés en degrés alcoométriques, en recourant à la table LXII, § 1er.

degr. marq. par l'alcoom. centésimal.	DEGRÉS RÉELS, AUX TEMPÉRATURES SUIVANTES DU THERMOMÈTRE CENTIGRADE.										
	0°.	3°.	6°.	9°.	12°.	15°.	18°.	21°.	24°.	27°.	30°.
31	38	36	35	33	32		30	28	27	26	25
32	39	37	36	34	33		31	29	28	27	26
33	40	38	37	35	34		32	30	29	28	27
34	41	39	38	36	35		33	31	30	29	28
35	41	40	39	37	36		34	32	31	30	29
36	42	41	40	38	37	mêmes degrés que ceux trouvés à l'alcoomètre centésimal.	35	33	32	31	30
37	43	42	41	39	38		36	34	33	32	31
38	44	43	42	40	39		37	35	34	33	32
39	45	44	43	41	40		38	36	35	34	33
40	46	45	44	42	41		39	37	36	35	34
41	47	46	45	43	42		40	38	37	36	35
42	48	47	46	44	43		41	39	38	37	36
43	49	48	47	45	44		42	40	39	38	37
44	50	49	48	46	45		43	41	40	39	38
45	51	50	49	47	46		44	42	41	40	39
46	52	51	50	48	47		45	43	42	41	40
47	53	52	51	49	48		46	45	43	42	41
48	54	53	52	50	49		47	46	44	43	42
49	55	54	53	51	50		48	47	45	44	43
50	56	55	54	52	51		49	48	46	45	44
51	57	56	55	53	52		50	49	47	46	45
52	58	57	56	54	53		51	50	48	47	46
53	59	58	57	55	54		52	51	49	48	47
54	60	59	57	56	55		53	52	50	49	48
55	61	60	58	57	56		54	53	51	50	49
56	62	61	59	58	57		55	54	52	51	50
57	63	62	60	59	58		56	55	53	52	51

degr. marq^s par l'alcoom. centésimal.	DEGRÉS RÉELS, AUX TEMPÉRATURES SUIVANTES DU THERMOMÈTRE CENTIGRADE.										
	0°.	3°.	6°.	9°.	12°.	15°.	18°.	21°.	24°.	27°.	30°.
58	64	63	61	60	59		57	56	54	53	52
59	65	64	62	61	60		58	57	55	54	53
60	66	65	63	62	61		59	58	56	55	54
61	67	66	64	63	62		60	59	57	56	55
62	68	67	65	64	63		61	60	58	57	56
63	69	68	66	65	64		62	61	59	58	57
64	70	69	67	66	65		63	62	60	59	58
65	71	70	68	67	66		64	63	61	60	59
66	72	71	69	68	67		65	64	62	61	60
67	73	72	70	69	68		66	65	63	62	61
68	74	73	71	70	69		67	66	64	63	62
69	75	74	72	71	70		68	67	65	64	63
70	76	74	73	72	71		69	68	66	65	64
71	77	75	74	73	72		70	69	67	66	65
72	78	76	75	74	73		71	70	68	67	66
73	79	77	76	75	74		72	71	70	68	67
74	80	78	77	76	75		73	72	71	69	68
75	81	79	78	77	76		74	73	72	70	69
76	82	80	79	78	77		75	74	73	71	70
77	83	81	80	79	78		76	75	74	72	71
78	84	82	81	80	79		77	76	75	73	72
79	84	83	82	81	80		78	77	76	74	73
80	85	84	83	82	81		79	78	77	75	74
81	86	85	84	83	82		80	79	78	76	75
82	87	86	85	84	83		81	80	79	77	76
83	88	87	86	85	84		82	81	80	78	77
84	89	88	87	86	85		83	82	81	79	78
85	90	89	88	87	86		84	83	82	80	79
86	91	90	89	88	87		85	84	83	82	80
87	92	91	90	89	88		86	85	84	83	81
88	93	92	91	90	89		87	86	85	84	83
89	94	93	92	91	90		88	87	86	85	84
90	95	94	93	92	91		89	88	87	86	85

(15°: mêmes degrés que ceux trouvés à l'alcoomètre centésimal.)

DES MONNAIES.

L'avantage des nouvelles monnaies sur les anciennes est facile à saisir. Les monnaies *de compte* étaient différentes des monnaies *effectives* ; on comptait par francs, et il n'y avait pas de pièces de monnaie d'un franc. 100 francs, 1000 francs étaient des sommes rondes, dont le paiement ne pouvait se faire en argent monnayé, sans un appoint. Le nom de livre, employé concurremment avec celui de franc, offrait l'idée de deux quantités différentes ; enfin la livre se divisait en 20 sous, et aucune mesure ne se divisait de même en 20 parties : le sou lui-même avait une autre division en 12 deniers, et le denier était une simple monnaie de compte ou idéale.

Dans le nouveau système, le nom de franc est le seul que porte l'unité monétaire ; cette unité est une pièce d'argent effective ; il y a en outre des pièces de 2 fr. et de 5 fr. : ainsi, tous les nombres possibles d'entiers peuvent être payés sans employer de pièce de monnaie inférieure au franc. Le franc se divise en 10 décimes, le décime en 10 centimes, et ces parties mêmes ne sont point idéales ; il y a en cuivre des pièces d'un décime et d'un et 5 centimes, et en billon, des pièces de 10 centimes. Il y a aussi en argent des pièces d'un $\frac{1}{4}$ de fr. et d'un $\frac{1}{2}$ fr. Les pièces d'or sont de 20 et 40 fr. ; il en sera fabriqué de 10 et de 100 fr. *Ord. du 8 nov.* 1830 (1).

Suivant les principes du calcul décimal, la place des francs étant marquée par un point, le premier chiffre après le point représente des décimes, et le second des centimes : ainsi, 3 fr. 54 représente 3 francs 5 décimes 4 centimes ; mais il n'est pas d'usage d'énoncer les décimes, et l'on doit dire, 3 fr. 54 centimes.

A l'exception de la taxe des lettres, qui s'écrit en décimes, cette dénomination ne s'emploie que pour désigner la pièce de 10 centimes, ou pour exprimer un dixième de franc, comme lorsqu'on impose un ou 2 décimes par franc. Les termes de *franc* et *centime* étant seuls usités dans le calcul, il ne faut pas dire ou écrire 4 fr. 5 décimes, mais 4 fr. 50 centimes.

S'il n'y a pas de dixaines de centimes, il faut les remplacer par un zéro ; 4 f. 5 c. doivent donc s'écrire ainsi, 4 fr. 05. Les multiplications et divisions se faisant dans le calcul décimal, comme dans la numération ordinaire, en faisant abstraction du point décimal, et souvent par une simple

---

(1) Suivant la loi du 7 germinal an 11, il doit être aussi fabriqué des pièces de 2 et de 3 centimes, et de $\frac{3}{4}$ de franc ; elles ne sont pas encore en émission.

transposition de ce point, on s'exposerait à
de graves erreurs, en n'observant pas cette
règle : ainsi, veut-on multiplier 4 fr. 05 par
10 ou par 100, il suffit de reculer le point
d'un ou de deux rangs, et l'on a 40 *fr.* 50,
ou 405 francs; ce qui ne peut s'opérer, si
l'on écrit seulement 4 fr. 5.

POIDS DES MONNAIES.

Suivant la loi du 16 vendémiaire an 2,
l'unité principale des monnaies, soit d'or,
soit d'argent, devait être du poids de 10
grammes. Dans cette supposition, le franc
d'argent eût été le double de ce qu'il est aujourd'hui, et le franc d'or, de 31 fr., d'après
le rapport d'un à 15 et demi, conservé entre
la valeur de l'argent et celle de l'or monnayé. Il y aurait eu beaucoup d'inconvéniens à introduire 2 unités monétaires de
valeurs différentes, et à remplacer la livre
tournois par un franc de 40 sous 6 den. La
loi du 28 therm. an 3 a réduit le poids du
franc en argent à 5 grammes; et c'est en
vertu de celle du 7 germinal an 11, qu'il a
été fabriqué des pièces d'or de 20 francs
à la taille de 155 au kilogramme, et de 40
francs, pesant le double : les pièces de 100
francs, fabriquées d'après l'ordonnance du
8 nov. 1830, seront à la taille de 31 au kilogr.
celles de 10 fr. à celle de 310. Le mot *taille*

est employé, pour exprimer la quantité d'espèces, que doit produire un poids déterminé.

La législation a également varié sur le poids des monnaies de cuivre; le centime, dont les lois des 24 août 1793 et 28 therm. an 3 avaient fixé par erreur le poids à un gramme, a été porté à 2, par celle du 3 brumaire an 5, ce qui rétablit entre la valeur du cuivre et de l'argent monnayés le rapport de 1 à 40; ci-après, *p.* 325. Les pièces de 5 centimes et les décimes sont ainsi du poids de 10 et de 20 grammes.

Les pièces de 10 centimes en billon, fabriquées en exécution de la loi du 15 sept. 1807, sont du poids de 2 grammes.

La tolérance de poids sur les monnaies de cuivre, fixée par les lois des 24 août 1793 et 3 brum. an 5, à 4 centièmes, moitié en dehors, moitié en dedans, est aujourd'hui réduite à un 50ᵉ en dehors : sur le billon, elle est de 14 millièmes; sur les monnaies d'argent, de 20 millièmes pour les *quarts de franc*, de 14 millièmes pour les *demi-francs* et *trois quarts de franc*, de 10 millièmes pour les *francs* et *deux francs*, et de 6 millièmes pour les *cinq francs :* pour les monnaies d'or, elle est fixée à 2 millièmes pour les pièces de 100 francs et à 4 pour les pièces inférieures. Toutes ces tolérances sont moitié en dehors, moitié en dedans.

TABLE LXV. *Poids et valeurs respectifs des métaux monnayés.*

Le rapport des nouvelles monnaies avec les poids est simple, surtout pour celles d'argent, de billon et de cuivre. La table suivante indique, 1° à quelle somme répond un nombre donné de kilogrammes, en monnaies de cuivre, billon, argent ou or; 2° le poids de diverses sommes, d'après l'espèce de monnaie employée au paiement.

§ 1. *Valeur, d'après les poids.*

On donne ici la valeur des kilogrammes : si l'on veut connaître la valeur des hectogrammes, décagrammes et grammes, en métaux monnayés, il suffit de séparer par le point un chiffre pour les hectogrammes, 2 pour les décagrammes, et 3 pour les grammes. Ainsi, 7 hectogrammes en monnaies de cuivre valent 3 fr. 50; un décagramme en monnaies d'argent, 2 francs; un hectogramme en or monnayé, 310 fr.

Poids de diverses sommes.	Valeur en Monnaies			
	de cuivre.	de billon.	d'argent.	d'or.
kilogram.	francs.	francs.	francs.	francs.
1	5	50	200	3100
2	10	100	400	6200
3	15	150	600	9300
4	20	200	800	12400
5	25	250	1000	15500

Poids de diverses sommes.	Valeur en Monnaies			
	de cuivre.	de billon.	d'argent.	d'or.
kilogram.	francs.	francs.	francs.	francs.
6	30	300	1200	18600
7	35	350	1400	21700
8	40	400	1600	24800
9	45	450	1800	27900
10	50	500	2000	31000
20	100	1000	4000	62000
50	250	2500	10000	155000

§ 2. *Poids, d'après les valeurs.*

Le poids des monnaies de cuivre, de billon et d'argent est énoncé en kilogrammes, celui des monnaies d'or en grammes : pour l'exprimer en poids de l'unité immédiatement supérieure ou inférieure, il suffit d'avancer ou de reculer le point décimal d'un chiffre.

Les décimales employées pour l'argent sont des 10es; pour l'or, des 1000es.

Sommes.	Poids en Monnaies			
	de cuivre.	de billon.	d'argent.	d'or.
francs.	kilogr.	kilogr.	kilogr.	gramm.
100	20	2	0.5	32.258
200	40	4	1.0	64.516
300	60	6	1.5	96.774
400	80	8	2.0	129.032
500	100	10	2.5	161.290
600	120	12	3.0	193.548
700	140	14	3.5	225.806
800	160	16	4.0	258.064
900	180	18	4.5	290.323
1000	200	20	5.0	322.581

La table précédente sert à faire connaître les poids et valeurs respectifs des métaux monnayés. On voit par le § 1, que le cuivre et l'argent monnayés sont entre eux dans le rapport de 5 à 200, ou de 1 à 40; et l'argent et l'or, dans le rapport de 2 à 31, ou de 1 à 15 et demi. Il faudrait ainsi donner 40 kilogr. de cuivre monnayé pour 1 d'argent, et 620 pour 1 d'or : de même, il faudrait donner 15 kilogr. et demi d'argent monnayé, pour équivaloir à 1 kilogr. d'or; le tout, abstraction faite des différences que peuvent apporter, dans les spéculations du commerce, la plus ou moins grande facilité de transporter les espèces, et la rareté plus ou moins grande de tel ou tel métal, dans le temps et le lieu donnés.

Le billon est avec le cuivre dans le rapport de 10 à 1, et avec l'argent, de 1 à 4. Dix kilogrammes de cuivre monnayé valent 1 kilogr. de billon; 4 kilogr. de billon valent 1 kilogr. d'argent monnayé.

Observations sur les Monnaies d'or.

Il n'a été fabriqué de nouvelles pièces d'or qu'en 1803, *Loi du 7 germ. an* 11, et l'on avait proposé plusieurs fois d'y renoncer, pour s'en tenir à celles d'argent, ou du moins d'abandonner au cours du commerce, comme on le fait en Hollande pour les ducats, la valeur des pièces d'or que l'on pourrait fabriquer. Les motifs allégués à l'appui de cette opinion, résultaient de la variation continuelle du prix de l'or relativement à celui de l'argent, et l'on avait recueilli à cet égard les notions suivantes.

Au sixième siècle de Rome, on donnait

15 livres d'argent pour une d'or; au siècle
suivant, la proportion fut d'un à 14; jusqu'à Constantin, d'un à 12; sous cet em-
pereur et ses premiers successeurs, d'un à
13 et demi. En France, sous Charles - le -
Chauve, le prix de la livre d'or fin fut fixé
à 12 livres d'argent fin; sous Philippe-le-Bel,
un marc d'or avait cours pour 10 marcs
d'argent; en 1388, la proportion était de 10
trois quarts; elle était de 12 sur la fin du 15ᵉ
siècle, et se retrouva la même en 1609,
sous Henri IV; Louis XIII établit la proportion à un peu plus de 13 et demi; sous
Louis XIV et Louis XV, jusqu'en 1726,
elle fut successivement de 14 quinze seizièmes, de 15 et demi, de 11, de 12 et de 13.
Lors de la refonte des monnaies, en 1726,
on fixa la proportion à un peu moins de 14
et demi; le tarif du 15 mai 1773, la porta
à environ 14 deux tiers; enfin, en 1785,
on refondit l'or, et on rétablit le rapport de
15 *et demi*; c'est également celui des nouvelles monnaies (1), et encore bien qu'on

---

(1) Les monnaies étrangères offrent à cet égard de
grandes disparités; on donne à Achem 11.624 d'argent pour 1 d'or; au Bengale, 16.286; au Japon, 8
ou 9; en Chine, 12 ou 13; au Mexique, 15.58; en
Espagne, 15.801, etc. Il résulte de cette différence
de proportion, que celui qui a une somme à toucher
en pays étranger a de l'avantage à recevoir son paiement en argent, si l'argent y est moins précieux par
rapport à l'or, que dans le pays du créancier.

ne puisse prévoir si ce rapport sera long-temps conforme à la valeur respective de ces métaux dans le commerce, il vaut mieux qu'on l'ait adopté, que de s'être exposé, faute de fixer la valeur des monnaies d'or, à fournir un aliment de plus à l'agiotage.

DIMENSION DES MONNAIES.

La dimension des monnaies a été réglée avec précision, en sorte qu'on pourrait s'en aider au besoin, pour retrouver les mesures linéaires. Le diamètre des pièces d'or étant, pour celle de 100 francs de 34 millimètres, pour celle de 40 francs 26, pour celle de 20 francs 21, et pour celle de 10 francs 18; et celui des pièces d'argent, pour celle de 5 francs 38, et pour celle de 2 francs 28 ; on trouverait la longueur exacte du mètre, en mettant à côté l'une de l'autre et sur la même ligne 22 pièces de 100 francs et 14 de 10 francs, *ou bien* 34 pièces de 20 francs et 11 de 40 fr., *ou encore* 16 pièces de 5 fr. et 14 de 2 fr.

TITRE DES MONNAIES.

Nous traitons particulièrement ci-après page *350*, du *Titre des Métaux.*

Les anciennes monnaies d'or étaient au titre de 22 *karats*, et celles d'argent au titre de 11 *deniers;* ce qui faisait, sur les unes et les autres, un 12e d'alliage : aujourd'hui, le titre de l'or et de l'argent monnayé est fixé à 9 dixièmes de fin et un 10e d'alliage.

Par ce nouveau mode d'alliage, il est aisé de connaître la quantité de métal fin contenue dans une somme quelconque d'argent ou d'or ; après en avoir établi le poids d'après la table LXV, § 2, il suffit de le multiplier par 9 dixièmes, ou 0.9 : ainsi, 800 francs en or contiennent en métal fin 232 *gramm.* 258, et 900 francs d'argent, 4 *kilogr.* 05.

En multipliant ces poids par les prix des métaux, au cours des différentes places, on connaîtra exactement le rapport de la valeur intrinsèque avec la valeur nominale, si l'on retranche de cette dernière les frais de monnàyage et d'affinage, ainsi qu'ils ont été fixés par les réglemens. La table LXXII, ci-après, contient le taux du prix des matières d'or et d'argent au change, d'après leur titre, et déduction faite de ces frais.

La loi du 28 therm. an 3 avait fixé la tolérance du titre à 14 millièmes pour les monnaies d'argent, et à 6 pour celles d'or; la loi du 7 germ. an 11 l'a réduite à 6 millièmes pour l'argent et 4 pour l'or, moitié en dedans, moitié en dehors. Cette tolérance rendant admissibles les pièces d'argent au titre de 897 millièmes, et celles d'or au titre de 898, pourrait autoriser à croire que l'ensemble des fabrications serait à un titre inférieur au titre légal, de la plus grande partie de la tolérance autorisée par les lois : il est au contraire établi, par les relevés des délivrances faites dans les hôtels des monnaies, de 1806 au 1er janvier 1825, que le titre commun des fabrications totales de ces 18 années, a été, pour les monnaies d'argent, de 899.849, et pour celles d'or, de 899.937; ce qui ne donne qu'une différence moyenne d'environ un dix-millième et demi sur les monnaies d'argent, et un quinze-millième sur les espèces d'or.

Les pièces de 10 centimes en billon sont au titre de 200 millièmes; tolérance, 7 millièmes en dedans, 7 en dehors.

Nota. Les pièces de 30 et de 15 sous contiennent, en grains de fin, la moitié et le quart de l'écu, et sont au titre de 7 den. 22 grains. *Lois des* 28 *juillet et* 18 *août* 1791.

FABRICATION DES MONNAIES.

Les nouvelles monnaies, ainsi qu'on l'a vu dans les articles précédens, réunissent beaucoup d'avantages : 1° la division décimale, qui a fait disparaître la différence existant auparavant entre les monnaies effectives et les monnaies de compte; 2° des coupures commodes, qui se prêtent sans appoint à la composition de toutes les sommes rondes; 3° le titre de 9 dixièmes, qui simplifie les opérations relatives au commerce des lingots; 4° un rapport simple, tant avec les poids ordinaires, qu'entre ceux des divers métaux monnayés.

28*

A tant de motifs de préférence sur les anciennes monnaies, il faut ajouter ceux qui résultent des nouveaux procédés appliqués à la fabrication. Toutes les monnaies d'or ont été frappées en virole, et celles d'argent le sont également depuis 1807, par le moyen de nouveaux balanciers, dont le résultat est de les rendre parfaitement rondes, et toujours rigoureusement de la même dimension, avantage qu'on ne pouvait obtenir de la fabrication à coins libres, et qui ajoute sensiblement aux difficultés de la contrefaction. La légende, gravée en creux sur la tranche, se conservera plus long-temps que le cordon ou chapelet des anciennes monnaies, et donne un moyen de reconnaissance très-difficile à imiter.

D'après des renseignemens exacts, que nous nous sommes procurés à la Monnaie, la fabrication des nouvelles monnaies s'élevait au 31 décembre 1825, savoir :

Or, av. la restauration. 528,024,440 f.	⎫	
sous Louis XVIII, 389,333,060	⎬ 933,897,200	
sous Charles X,... 16,539,700	⎭	
Argent, sous la républ. 106,237,255	⎫	
sous Bonaparte,.. 887,830,055	⎪	
sous Louis XVIII, 614,836,109	⎬ 1,638,812,173	
sous Charles X,.. 29,908,754	⎭	
Pièces de 30 et 15 sous,.............	27,278,019	
Billon, pièces de 10 c. avant la restaur.	3,286,932	

Ensemble..........2,603,274,324

Cette somme égale à peu près la totalité du numéraire, existant dans la circulation en 1789. En effet, la fabrication des espèces d'or, au titre fixé par l'édit de janvier 1726, s'était élevée, jusqu'en 1785, en francs, à 967,407,923 fr. La refonte en ayant été ordonnée par la déclaration du 30 octob. 1785, il en a été fabriqué en nouveaux louis pour   738,157,152 f.

Espèces d'argent, au titre de 1726, 1,956,402,112

Ensemble........ 2,694,559,264

Il a été employé depuis 1803, à la fabrication des nouvelles monnaies, en louis de 1785, 134,162,144 f.

En écus de 3 et 6 francs, ... 753,443,289

En pièces de 24, 12 et 6 sous,.... 4,988,218

Ensemble 892,593,651

Ces dernières sommes, calculées, non d'après la valeur nominale des monnaies refondues, mais au prix du tarif des changes sans retenue, doivent être augmentées, et du droit de monnayage, et du poids qu'elles ont perdu par une longue circulation : le reste des métaux employés à la fabrication, provient d'espèces étrangères et de lingots ou matières portés à la monnaie.

De la différence des quantités de monnaies refondues, avec le montant de leur fabrication, on pourrait croire qu'il reste encore dans la circulation,

En vieux louis de 1726, ... 231,250,771 f.

En louis de 1725, ... 603,994,608

En anciennes pièces d'argent,.... 1,197,970,605

Ensemble........2,033,215,984

sauf la différence résultant du prix inférieur à la valeur nominale, auquel les monnaies refondues ont été payées.

Mais il est probable qu'une grande partie de cet excédant a été fondue, soit pour la fabrication des

monnaies étrangères, soit pour les travaux de l'or-
févrerie, tant en France que dans les pays étrangers,
où ces monnaies ont été répandues par l'émigration.

VALEUR NOMINALE DES MONNAIES.

La valeur *nominale* d'une pièce de monnaie est la
quantité de francs, livres ou autres unités pour laquelle
elle circule. La valeur *intrinsèque* est celle de la quantité de métal fin qu'elle contient.

La loi du 25 germinal an 4 fixe la valeur de la pièce
de 5 francs, à 5 livres 1 sou 3 deniers de l'ancienne
monnaie.

Suivant la loi du 17 flor. an 7, toutes stipulations et
comptes postérieurs au 1er vendém. an 8, ne peuvent
être énoncés qu'en francs et centimes ; ou les sommes
seront censées évaluées de cette manière, quand même
elles seraient énoncées en livres, sous et deniers.
Art. 1 et 2.

Le paiement des obligations antérieures doit être
fait en valeur de l'ancienne livre tournois, lors même
que l'expression de franc se trouverait écrite dans les
actes ; sauf le cas où la valeur du nouveau franc aurait
été formellement stipulée. *Art.* 3.

Les pièces d'or et d'argent à l'ancien type et au
poids légal continuent d'avoir cours, mais seulement
pour les valeurs déterminées par les décrets des 18 août
et 12 septembre 1810. Voy. ci-après, *page* 336..

D'après ces dispositions, la comptabilité ne se fait
plus qu'en monnaies décimales ; et, lors même qu'il
s'agit d'acquitter d'anciennes créances avec les anciennes monnaies, on est forcé de les réduire d'abord
en francs, comme si l'on avait à payer en nouvelles
monnaies.

Pour la conversion des francs en livres tournois et
réciproquement, on peut employer la méthode suivante, ou recourir aux tables LXVI et LXVII ci-
après.

Méthode *pour convertir, par le simple calcul et sans tables, les Livres tournois en Francs, et les Francs en Livres tournois.*

81 livres valent 80 francs ; 100 fr. valent 101 liv. 5 s. ; de ces 2 équations se déduit un moyen facile de convertir les livres en francs, et réciproquement.

1° *Livres tournois en Francs.*

Il faut en retrancher un 81ᵉ, fraction qui s'obtient en divisant 2 fois par 9. *Ex.* : Soit à convertir en francs, 372 l. 18 s. 6 d. ; pour la facilité du calcul, on réduit les sous et deniers en décimales, ci......... 372.925

En divisant par 9, le quotient est........ 41.436

Divisant ce quotient par 9, le deuxième quotient est........................ 4.604

En retranchant ce dernier quotient, de la première somme, il reste.............. 368.321
ou 368 fr. 32 c., en supprimant la dernière décimale.

2° *Francs en Livres tournois.*

Il faut ajouter à la somme des francs le 100ᵉ de cette somme et le quart du 100.ᵉ *Exemple* :

Soit à convertir en livres la somme de. . 2624.24

Le 100ᵉ se prend en avançant le point décimal de 2 chiffres, ci................ 26.2424

Le quart du 100ᵉ, ci................ 6.5606

Total en livres tournois.............. 2657.0430
ou 2657 liv. 10 deniers., en négligeant les deux dernières décimales, et convertissant les centièmes de livres tournois en sous et deniers.

Table LXVI. *Livres tournois en Francs.*

Le paiement des obligations antérieures au 1ᵉʳ vendémiaire an 8, doit être fait en livres, sous et deniers ; néanmoins on ne peut employer les anciennes pièces d'or et d'argent, que pour les valeurs indiquées ci-après, *p.* 336. Si l'on paie en nouvelles monnaies d'or ou d'argent, on doit retenir par franc 1 centime et 1 quart, équivalant à 3 deniers tournois. Si on doit 80 livres, et qu'on paie en francs, on voit par la table que le paiement à faire est de 79 fr. 01 centimes. Nous avons négligé dans cette table les quarts de centime, en comptant un centime de plus, lorsque la fraction s'élevait à la moitié ou aux trois quarts d'un centime.

liv.	fr.	liv.	fr.	liv.	fr.
1	0.99	10	9.88	100	98.77
2	1.98	20	19.75	200	197.53
3	2.96	30	29.63	300	296.30
4	3.95	40	39.51	400	395.06
5	4.94	50	49.38	500	493.83
6	5.93	60	59.26	600	592.59
7	6.91	70	69.14	700	691.36
8	7.90	80	79.01	800	790.13
9	8.89	90	88.89	1000	987.65

TABLE LXVII. *Francs en Livres tournois.*

Toutes stipulations postérieures au 1er vend. an 8, sont calculées en francs et centimes, et s'acquittent avec les nouvelles monnaies d'or et d'argent, valeur nominale. Si on emploie à leur paiement les anciennes pièces d'or et d'argent, voir ci-après, *pag.* 336. Si l'on fait, à valoir sur d'anciennes créances, des paiemens en nouvelles monnaies, ou en anciennes espèces, d'après leur réduction en francs et centimes, la table suivante en indique la valeur en livres tournois.

fr.	liv.	s.	d.	fr.	liv.	s.	d.	fr.	liv.	s.	d.
1	1	»	3	10	10	2	6	100	101	5	»
2	2	»	6	20	20	5	»	200	202	10	»
3	3	»	9	30	30	7	6	300	303	15	»
4	4	1	»	40	40	10	»	400	405	»	»
5	5	1	3	50	50	12	6	500	506	5	»
6	6	1	6	60	60	15	»	600	607	10	»
7	7	1	9	70	70	17	6	700	708	15	»
8	8	2	»	80	81	»	»	800	810	»	»
9	9	2		90	91	2	6	1000	1012	10	»

Sous et Deniers en Centimes.

Un arrêté du 14 niv. an 4 avait autorisé à donner en paiement de tous droits et contributions, le 40° de la somme à payer, indépendamment de l'appoint, en monnaie de cuivre, et le même usage s'était introduit dans la banque et dans le commerce : suivant le décret du 18 août 1810, la monnaie de cuivre et de billon ne peut être employée dans les paiemens, si ce n'est de gré à gré, que pour l'appoint de la pièce de 5 francs.

D'après l'arrêté du 26 vendém. an 8, la monnaie de cuivre et de métal de cloche, et le billon, connu vulgairement sous la dénomination de *monnaie grise*, sont employés en recettes et en dépense, comme fractions du franc, ainsi que les pièces d'un décime, de 5 centimes et d'un centime, et pour la même valeur que ces pièces. Sous le nom de monnaie grise, on comprend les pièces dites de *six liards*, qui sont reçues pour 7 centimes et demi, et les anciennes pièces de *deux sous*, réduites, par la loi du 5 ventôse an 12, à la même valeur que celles de six liards.

Pour convertir des sous en centimes, il faut ajouter un zéro au nombre des sous et prendre la moitié ; ainsi pour 13 sous, on prend la moitié de 130, c'est-à-dire, 65 centimes ; et de même, en divisant un nombre de centimes par 5, on obtient des sous.

Table LXVIII. *Conversion des anciennes monnaies d'or et d'argent, en Francs.*

Suivant le décret du 18 août 1810, les pièces de 6, 12 et 24 sous, qui ont conservé quelque trace de leur empreinte, sont reçues pour 25 cent., 50 c., et 1 fr.

Le décret du 12 sept. suivant a réduit la pièce d'or de 48 liv. tournois à 47 fr. 20 c.; celles de 24 liv. à 23 fr. 55 c.; de 6 liv. à 5 fr. 80 c., et de 3 liv. à 2 fr. 75 c.

Les pièces de 30 et 15 sous sont admises pour la valeur de 1 fr. 50 c. et de 75 c.

Aux termes de la loi du 14 juin 1829, les écus de 3 et 6 livres, les pièces de 6, 12 et 24 sous, ainsi que les pièces d'or de 12, 24 et 48 livres cesseront d'avoir cours forcé pour leur valeur nominale actuelle, au 1er avril 1834, et d'être reçus dans les caisses publiques, au 1er juillet suivant. A cette époque, ils ne seront plus reçus aux hôtels des monnaies qu'au poids, et sur le pied de 198 *fr.* 53 le kilogramme d'argent au titre de 907, et de 3091 *fr.* le kilogramme d'or au titre de 900.

La table suivante, indiquant la valeur en francs des différentes pièces réduites, facilitera les calculs auxquels on aura besoin de recourir, tant que ces pièces resteront dans la circulation : on n'y a pas compris les pièces de 6, 12 et 24 s., qui, réduites à 25 c., 50 c. et 1 fr., ne présentent dans leur emploi aucune difficulté.

Ces anciennes monnaies ne pouvant être employées, même au paiement des anciennes créances, que pour les valeurs auxquelles elles sont réduites, il faudra, dans ce dernier cas, commencer par convertir les livres en francs ; voir ci-dev. table LXVI.

Nombre de pièces.	*Valeur en francs des Pièces de*			
	3 liv.	6 liv.	24 liv.	48 liv.
1	2.75	5.80	23.55	47.20
2	5.50	11.60	47.10	94 40
3	8.25	17.40	70.65	141.60
4	11	23.20	94.20	188.80
5	13.75	29	117.75	236
6	16.50	34.80	141.30	283.20
7	19.25	40.60	164.85	330.40
8	22	46.40	188.40	377.60
9	24.75	52.20	211.95	424.80
10	27.50	58	235.50	472
20	55	116	471	944
30	82.50	174	706.50	1416
40	110	232	942	1888
50	137.50	290	1177.50	2360
100	275	580	2355	4720

Table LXIX. Monnaies coloniales.

Une ordonnance du 30 août 1826 rend obligatoire dans les îles de la Martinique et de la Guadeloupe, et dans les établissemens dépendant de cette dernière colonie, le système monétaire de la métropole.

Le Franc y sera la seule unité monétaire légale : toute computation en livres coloniales, ou en toute autre monnaie de compte, est interdite.

Monnaies d'or et d'argent.

Ont seules cours forcé, dans ces îles, les monnaies d'or et d'argent françaises, pour la valeur qu'elles ont dans le royaume, et les monnaies étrangères suivantes :

SAVOIR :	POIDS.	TITRE.	VALEUR.
	grammes.	1000es.	francs.
Or. *Guinée*, d'Angleterre..	8.3802	917	26.47
Souverain, idem......	7.9808	*id.*	25.20
Moïde, lisbonine, où por- *tugaise*............	14.334	*id.*	45.28
Quadruple, d'Espagne, depuis 1786........	27.045	875	81.51
Argent. *Piastre gourde*....	26.98	896	5.40
— demie............	....	...	2.70
— quart............	....	...	1.35
— huitième............	....	...	».675
— cinquième............	....	...	1.08
— dixième............	....	...	».54
— 20ᵉ, réal de veillon..	....	...	».27

Monnaie de billon.

Les pièces de billon connues sous les noms de *noirs* et d'*étampées*, continuent d'avoir cours de monnaie, pour la valeur de 16 centimes et demi chacune.

Il sera frappé, pour les colonies de la Martinique et de la Guadeloupe, des pièces de bronze de 5 et 10 centimes, semblables à celles qui ont été fabriquées pour le Sénégal et la Guyane française, et dont la circulation n'aura lieu que dans les colonies.

Toute introduction ou circulation de monnaie de cuivre ou de billon de fabrique étrangère est expressément prohibée.

Contrats et engagemens stipulés antérieurement.

Conformément aux dernières évaluations de la livre coloniale, arrêtées en 1817, l'état légal de la monnaie de compte est de 180 *livres coloniales* pour 100 *francs* à la Martinique, et de 185 à la Guadeloupe

---

Les tables suivantes ont pour objet de faciliter les opérations relatives à la conversion des monnaies anciennes en nouvelles.

§. I. *Valeur en francs des Monnaies étrangères d'or et d'argent qui ont cours forcé dans les Colonies.*

OBSERV. 1° Les monnaies françaises d'or et d'argent le nouvelle fabrication sont admises pour leur valeur nominale.

2° Les anciennes monnaies françaises dites écus de 3 et 6 livres, et louis de 24 ou 48 livr. ayant cours pour la même valeur qu'en France, on pourra, pour connaître leur valeur en francs, recourir à la table LXVIII, ci-devant, *pag.* 336.

3° Les monnaies étrangères ne peuvent être données en paiement, et avoir cours forcé qu'autant qu'elles ont été fabriquées au cours légal, et qu'elles n'ont pas subi par le frai, ou autrement, plus d'un centième de diminution dans leur poids de rigueur.

Nous donnons ici la conversion en francs des diverses monnaies étrangères d'or et d'argent qui ont cours dans les colonies......

Pour les divisions de la piastre gourde, voir *pag.* 337; ces divisions ne peuvent être employées dans les paiemens pour plus d'un vingtième.

Nombre de pièces.	Valeur en francs, des monnaies suivantes :				
	guinées.	souverains.	portugaises.	quadrupl.	p. gourdes.
1	26.47	25.20	45.28	81.51	5.40
2	52.94	50.40	90.56	163.02	10.80
3	79.41	75.60	135.84	244.53	16.20
4	105.88	100.80	181.12	326.04	21.60
5	132.35	126.00	226.40	407.55	27.00
6	158.82	151.20	271.68	489.06	32.40
7	185.29	176.40	316.96	570.57	37.80
8	211.76	201.60	362.24	652.08	43.20
9	238.23	226.80	407.52	733.59	48.60
10	264.70	252. »	452.80	815.10	54. »
20	529.40	504. »	905.60	1630.20	108. »
30	794.10	756. »	1358.40	2445.30	162. »
40	1058.80	1008. »	1811.20	3260.40	216. »
50	1323.50	1260. »	2264. »	4075.50	270. »
60	1588.20	1512. »	2716.80	4890.60	324. »
70	1852.90	1764. »	3169.60	5705.70	378. »
80	2117.60	2016. »	3622.40	6520.80	432. »
90	2382.30	2268. »	4075.20	7335.90	486. »
100	2647. »	2520. »	4528. »	8151. »	540. »

§ II. *Monnaie de billon, en francs et centimes.*

Les pièces de billon, dites *noirs* et *étampées*, actuellement en circulation dans les deux Colonies, sont admises dans les paiemens, chacune pour 16 centimes et demi ; mais ne peuvent être employées pour plus d'un 40ᵉ de la somme.

pièces.	fr. cent.	pièces.	fr. cent.	pièces.	fr. cent.
1	0.165	8	1.32	60	9.90
2	0.33	9	1.485	70	11.55
3	0.495	10	1.65	80	13.20
4	0.66	20	3.30	90	14.85
5	0.825	30	4.95	100	16.50
6	0.99	40	6.60	200	33.00
7	1.155	50	8.25	500	82.50

§ III. *Conversion des livres coloniales en francs.*

Si l'on veut savoir combien une somme énoncée en livres coloniales vaut en francs, ou à combien une somme exprimée en francs équivaut en livres coloniales, questions qui se présenteront souvent à l'occasion des contrats et engagemens stipulés antérieurement à l'introduction du nouveau système monétaire, on pourra utilement recourir à la table suivante.

Ile de la Martinique.			*Ile de la Guadeloupe.*		
sommes.	liv. colon. en francs.	francs en l. colon.	sommes.	liv. colon. en francs.	francs en l. colon.
100	55.56	180.»	100	54.55	185.»
200	111.11	360.»	200	109.09	370.»
300	166.67	540.»	300	163.64	555.»
400	222.22	720.»	400	218.18	740.»
500	277.78	900.»	500	272.73	925.»
600	333.33	1080.»	600	327.27	1110.»
700	388.89	1260.»	700	381.82	1295.»
800	444.44	1440.»	800	436.36	1480.»
900	500.00	1620.»	900	490.91	1665.»
1000	555.56	1800.»	1000	545.45	1850.»

Si, au lieu de centaines de francs ou de livres coloniales, on veut convertir des dixaines ou des unités, il suffit d'avancer le point d'un ou deux chiffres ; ainsi, 4 livres coloniales valent en francs 2.22 à la Martinique, ou 2.18 à la Guadeloupe, et 80 francs valent en livres coloniales 144, ou 148, s'il s'agit de milliers, on recule le point d'un chiffre, ou l'on ajoute un zéro ; ainsi, 9000 francs valent en livres coloniales, 16200 à la Martinique, et 16650 à la Guadeloupe.

TABLE LXX. *Valeur intrinsèque, ou au pair du change, des monnaies étrangères, supposées exactes de poids et de titre.*

La valeur intrinsèque des monnaies, qui détermine le pair du change, est celle de la quantité de métal fin qu'elles contiennent : on la connaît en multipliant le poids légal par le titre légal ; ainsi, le franc pesant 5 grammes, au titre de 0.900, vaut intrinsèquement 4 *gramm.* 500 d'argent fin ; l'ancien schilling d'Angleterre pesant 6 *gr.* 0.15, au titre de 0.925, équivaut à 5 *gramm.* 564 d'argent fin, qui, divisés par 4.500, valeur du franc, donnent pour valeur intrinsèque du schilling, 1 fr. 236. C'est sur cette base que la table suivante a été construite.

O désigne les monnaies d'or ; *A*, celles d'argent.

Le poids légal est exprimé en grammes ; le titre légal, en millièmes ; et la valeur, en francs et centimes ; les 3ᵉ et 4ᵉ chiffres, qui suivent les centimes, représentent des dixièmes ou centièmes de centime.

DÉNOMINATION DES PIÈCES.	POIDS légal.	TITRE légal.	VALEUR.
ANGLETERRE.	g.		f. c.
O. Guinée de 21 schillings ...	8.3802	917	26 47
Demi........................	4.1901	917	13 235
Un quart....................	2.095	917	6 6175
Un tiers, ou 7 schillings....	2.7934	917	8 8233
Souverain (1818) de 20 schill..	7.9808	917	25 208
A. Crown de 5 schill. anciens..	30.074	925	6
Schillings anciens...........	6.015	925	1 236
Crown, ou couronne (1818).	28.2514	925	5 8072
Shillings (1818)	5.6503	925	1 1614
AUTRICHE ET BOHÊME.			
O. Ducat de l'empereur.....	3.491	986	11 86
Ducat de Hongrie	3.491	990	11 90
Souverain...................	5.567	917	17 58
Demi.......................	2.7835	917	8 79
A. Ecu, risdale de conv°ⁿ (1753)	28.064	833	5 195
Demi-risdale, ou florin.....	14.032	833	2 5975
Vingt kreutzers.............	6.682	583	0 865
Dix kreutzers	3.898	500	0 4325
BADE.			
O. Pièce de 2 florins.........	6.800	901	21 04
Pièce de 1 florin...........	3.400	901	10 52

DÉNOMINATION DES PIÈCES.	POIDS légal.	TITRE légal.	VALEUR.
	g.		f. c.
A. Pièce de 2 florins........	25.450	750	4 18
Pièce de 1 florin	12.725	750	2 09
DANEMARCK ET HOLSTEIN.			
O. Ducat courant (1767).....	3.143	875	9 47
Ducat species (1791 à 1802)..	3.519	979	11 86
Chrétien (1773)............	6.735	903	20 95
A. Risdale d'espèce, doub. écu de 96 schillings danois(1776)	29.126	875	5 66
Risdale courante, ou pièce de 6 marcs danois (1750).....	26.800	833	4·96
Mark danois de 16 schil. (1776)	»	688	0 94
Marc de Lubeck de 16 schill. (1740)...................	9.164	750	1 5 0
ESPAGNE.			
O. Pistole ou doublon de 8 écus (1772 à 1786)........	27.045	901	83 93
Pistole ou doublon de 4 écus.	13.5225	901	41 965
Pistole ou doublon de 2 écus.	6.7613	901	20 9825
Demi-pistole ou écu	3.3806	901	10 4912
Pistole, doub. de 8 écus(1786)	27.045	875	81 51
Pistole, doublon de 4 écus..	13.5225	875	40 755
Pistole, doublon de 2 écus..	6.7613	875	20 3755
Demi-pistole ou écu	3.3806	875	10 1887
A. Piastre (1772)...........	27.045	903	5 43
Réal de 2, piécette, 5ᵉ de piastre..................	5.971	813	1 08
Réal de 1, demi-piécette, 10ᵉ de piastre............	2.9855	813	0 54
Reallillo, réal Veillon, 20ᵉ de piastre................	1.4928	813	0 27

Ces trois dernières pièces, nommées *monnaie provinciale*, n'ont cours que dans la péninsule.

DÉNOMINATION DES PIÈCES.	POIDS legal.	TITRE légal.	VALEUR.
	g.		f. c.
ÉTATS ECCLÉSIASTIQUES.			
O. Pistoles de Pie VI et Pie VII.	5.471	$916\frac{2}{3}$	17 275
Demi......................	2.7355	$916\frac{2}{3}$	8 6375
Sequin (1769) Clément XIV	3.426	1000	11 80
Demi......................	1.713	1000	5 90
A. Ecu de 10 pauls ou 100 bayoques...............	26.437	$916\frac{2}{3}$	5 385
Trois dixièmes d'écu ou testion de 30 bayoques.......	7.932	$916\frac{2}{3}$	1 62
5ᵉ d'écu, papeto de 20 bayoq.	5.288	$916\frac{2}{3}$	1 08
10ᵉ d'écu ou paul de 10 bayoq.	2.644	$916\frac{2}{3}$	0 54
ÉTATS-UNIS D'AMÉRIQUE.			
O. Double aigle de 10 dollars.	17.480	917	55 21
Aigle de 5 dollars..........	8.740	917	27 605
Demi-aigle, ou 2 dollars ½...	4.370	917	13 8025
A. Dollar.................	27.000	903	5 42
GÊNES.			
O. Sequin	3.487	1000	12 01
HAMBOURG.			
O. Ducat *ad legem imperii*...	3.491	986	11 86
Ducat nouveau de la ville...	3.488	979	11 76
A. Marc banco (*monn. imagin.*)	»	»	1 88
Marc ou 16 schillings, d'après la convention de Lubeck...	91.64	750	1 53
Risdale de constitution ou écu de banque...........	29.233	889	5 78
HOLLANDE.			
O. Ducat.................	3.512	986	11 93
Ryder....................	9.988	920	31 65
Vingt florins (1808)	13.659	917	43 14
Dix florins (1808)..........	6.8295	917	21 57
Dix flor. de Guillaume (1818).	6.700	900	20 77
A. Florin de 20 sous	10.597	917	2 1594
Escalin, ou pièce de 6 sous..	4.976	583	0 64

DÉNOMINATION DES PIÈCES.	POIDS légal.	TITRE légal.	VALEUR.
	g.		f. c.
Ducaton ou ryder..........	32.750	941	6 85
Ducat ou risdale............	28.230	873	5 48
JAPON.			
Par approximation, et faute de renseignemens précis sur le poids et le titre légal des monnaies.			
O. Kobang vieux de 100 mas.	»	»	51 24
Kobang nouveau de 100 mas.	»	»	32 69
A. Tigo-gin ou pièce de 40 mas	»	»	14 40
MOGOL (Par approximation).			
O. Roupie du Mogol........	»	»	38 72
Pagode au croissant........	»	»	9 46
Pagode à l'étoile	»	»	9 35
Ducat de la Cie hollandaise..	»	»	11 62
A. Roupie du Mogol........	»	»	2 42
Roupie de Madras.........	»	»	2 40
Roupie d'Arcate..........	»	»	2 36
Roupie de Pondichéri......	»	»	2 42
Double fanon des Indes....	»	»	0 63
Fanon	»	»	0 315
Pièce de la Cie hollandaise..	»	»	2 40
NAPLES.			
Le titre des ducats est trop variable pour qu'on puisse en donner l'évaluation en monnaies françaises.			
O. Once nouv. 3 ducats (1818)	3.7865	996	12 99
Quintuple de 15 ducats (1818)	18.933	996	64 95
Décuple de 30 ducats (1818).	37.865	996	129 90
A. 12 carlins de 120 grains (1804)...................	27.533	833⅓	5 10
Ducat de 10 carlins (1784)..	22.810	839½	4 25
Deux carlins (1804)........	4.589	833⅓	0 85
Un carlin (1804)..........	2.2945	833⅓	0 42
Ducat de 10 carlins (1818)..	22.943	833⅓	4 255

DÉNOMINATION DES PIÈCES.	POIDS légal.	TITRE légal.	VALEUR.
	g.		f. c.
PARME.			
O. Sequin	3.468	1000	11 95
Pistole (1784)	7.498	891	23 01
Pistole (1786 à 1791)	7.141	891	21 915
40 lire de Marie-Louise (1815)	12.9032	900	40 »
20 lire de Marie-Louise (1815)	6.4516	900	20 »
A. Ducat (1784 à 1796)	25.707	906	5 18
Pièce de 3 livres (1790)	3.672	833	0 68
Pièce d'une liv. 10 sous (1790)	1.836	833	0 34
5 lire de Marie-Louise (1815)	25.000	900	5 »
2 lire, 1 lira, ½ et ¼ de lira	à proportion.	»	»
PERSE (Par approximation.)			
O. Roupie	»	»	36 75
A. Double roupie de 5 abassis	»	»	4 90
Abassi	»	»	0 98
Mamoudi	»	»	0 485
Larin	»	»	1 03
PORTUGAL.			
O. Mocda douro lisbonnine de 4800 reis	10.752	917	33 96
Meia mocda demi-lisbonnine de 2400 reis	5.376	917	16 98
Quartino, quart de lisbonnine de 1200 reis	2.688	917	8 49
Meia dobra, portugaise de 6400 reis	14.334	917	45 27
Demi-portugaise de 3200 reis.	7.167	917	22 635
Pièce de 16 testons de 1600 r.	3.5835	917	11 3175
Pièce de 12 testons de 1200 r.	2.538	917	8 02
Pièce de 8 testons de 800 reis.	1.792	917	5 66
Cruzade de 480 reis	1.045	917	3 30
A. Cruzade neuve de 480 reis.	14.633	903	2 94
1000 reis	»	»	6 125

DÉNOMINATION DES PIÈCES.	POIDS légal.	TITRE légal.	VALEUR
	g.		f. c.
PRUSSE.			
O. Ducat....................	3.491	979	11 77
Frédéric...................	6.689	903	20 80
Demi......................	3.3445	903	10 40
A. Risdale ou écu thaler de 24 bons gros (1767 à 1807)...	22.298	750	3 7163
Demi ou 12 bons gros.......	11.149	750	1 8581
Gros......................	»	»	0 1548
RAGUSE.			
A. Talaro, dit ragusine........	29.400	600	3 90
Demi......................	14.700	600	1 95
Ducat.....................	13.666	450	1 37
Douze grossettes............	4.140	450	0 41
Six grossettes..............	2.070	450	0 205
RUSSIE.			
O. Ducat (1755 à 1763).....	3.495	979	11 79
Ducat (1763)...............	3.473	969	11 59
Impériale de 10 roubles (1755 à 1763).................	16.585	917	52 38
Demi de 5 roub: (1755 à 1763)	8.2925	917	26 19
Impériale de 10 roubl. (1763)	13.073	917	41 29
Demi de 5 roubles (1763)...	6.5365	917	20 645
A. Rouble de 100 copecks (1750 à 1762)..................	25.870	802	4 61
Rouble de 100 cop. (1763 à 1807)..................	24.011	750	4
SARDAIGNE.			
O. Carlin (1768)...........	16.056	892	49 33
Demi......................	8.028	892	24 665
Pistole....................	9.118	906	28 45
Demi......................	4.559	906	14 225
A. Ecu (1768).............	23.590	896	4 70
Demi-écu.................	11.795	896	2 35

DÉNOMINATION DES PIÈCES.	POIDS légal.	TITRE légal.	VALEUR.
	g.		f. c.
Quart d'écu ou une livre....	5.8975	896	1 175
Ecu neuf de 5 livres (1816).	25.000	900	5
SAVOIE ET PIÉMONT.			
O. Sequin...................	3.468	1000	11 945
Double neuve pistole de 24 liv.	9.620	906	30
Demi de 12 livres..........	4.810	906	15
Carlin (1755).............	48.100	906	150
Demi......................	24.050	906	75
Pistole neuve de 20 liv. (1816)	6.4516	900	20
A. Ecu de 6 livres (1755)....	35.118	906	7 07
Demi-écu..................	17.559	906	3 535
Un quart, ou 30 sous.......	8.7795	906	1 7675
Demi-quart, ou 15 sous....	4.3897	906	0 8837
Ecu neuf de 5 livres (1816)..	25.000	900	5
SAXE.			
O. Ducat...................	3.491	986	11 86
Double-Auguste ou 10 thalers	13.340	903	41 49
Auguste ou 5 thalers.......	6.670	903	20 745
Demi-Auguste.............	3.335	903	10 3725
A. Risdale d'espèce, ou écu de convention (1763).....	28 064	833	5 195
Demi ou florin de convention	14.032	833	2 5975
Thaler de 24 bons gros (*monnaie imaginaire*)..........	»	»	3 8963
Un gros, 32ᵉ risdale, 24ᵉ thaler	1.982	368	0 1621
SICILE.			
O. Once (1748)...........	4.399	906	13 73
A. Ecu de 12 tarins.........	27.533	833⅓	5 10
SUÈDE.			
O. Ducat...................	3.482	976	11 70
Demi......................	1.741	976	5 85
Un quart..................	0.8705	976	2 925
A. Risdale d'espèce, de 48 schillings (1720 à 1802)...	29.508	878	5 7573

DÉNOMINATION DES PIÈCES.	POIDS légal.	TITRE légal.	VALEUR.
	g.		f. c.
Deux tiers de risdale, double plotte de 32 schillings.....	19.672	878	3 8382
Un tiers ou 16 schillings....	9.836	878	1 9191
SUISSE.			
O.Pièce de 32 franken de Suisse	15.297	904	47 63
Pièce de 16................	7.6485	904	23 815
Ducat de Zurich.............	3.491	979	11 77
Ducat de Berne............	3.452	979	11 64
Pistole de Berne...........	7.648	902	23 76
A.Ecu de bâle de 30 batz,2 flor.	23.386	878	4 56
Demi-écu, ou florin de 15 batz	11.693	878	2 28
Franc de Berne (1803).....	7.512	900	1 50
Ecu de Zurich (1781)......	25.057	844	4 70
Demi-écu ou florin (1781)..	12.5285	844	2 35
Ecu de 40 batz de Bâle et Soleure (1798)..............	29.480	901	5 90
4 franken de Berne (1799)..	29.370	901	5 88
4 franken de Suisse (1803)..	30.049	900	6
2 franken de Suisse (1803)..	15.0245	900	3
1 franken de Suisse (1803)..	7.5123	900	1 50
TOSCANE.			
O. Ruspone, 3 sequins aux lys.	10.464	1000	36 04
Un tiers ruspone, seq. aux lys.	3.488	1000	12 0133
Demi-sequin.............	1.744	1000	6 0067
Sequin à l'effigie...........	3.488	1000	12 0133
Rosine	6.976	896	21 54
Demi.	3.488	896	10 77
A. Francescone de 10 pauls..	27.507	917	5 61
Pièce de 5 pauls..........	13.7535	917	2 805
Pièce de 2 pauls	5.501	917	1 122
Pièce de 1 paul	2.751	917	0 561
TURQUIE.			
O. Sequin zermahboud du sultan Abdoul-Hamet (1774).	2.642	958	8 72

DÉNOMINATION DES PIÈCES.	POIDS légal.	TITRE légal.	VALEUR.
	g.		f. c.
Nisfie ou ½ zermahb. (1774).	1.321	958	36
Roubbié, ¼ sequin fondoukli.	0.881	802	2 4333
Sequin zermah. de Selim III	2.642	802	7 30
Demi	1.321	802	3 65
Quart.	0.661	802	1 825
A. L'allmichlec de 60 paras (1771)...................	28.822	550	3 52
Yaremlec de 20 paras ou 60 aspres (1757.............	»	»	0 99
Roubb de 10 paras ou 30 asp. (1757)................	»	»	0 495
Para de 3 aspres (1773)....	»	»	0 04
Aspre, dont 120 pour la piastre de 1773	»	»	0 0133
Piastre de 40 paras ou 120 aspres (1780)...............	18.015	500	2
Pièce de 5 piastres de Mahmoud (1841)	»	»	4 1367

VENISE.

DÉNOMINATION DES PIÈCES.	POIDS légal.	TITRE légal.	VALEUR.
O. Sequin..................	3.484	1000	12
Demi.....................	1.742	1000	6
Oselle	13.666	1000	47 07
Ducat	2.175	1000	7 49
Pistole...................	6.764	917	24 36
A. Ducat eff. de 8 livres piccolis.....................	22.777	826	4 18
Ecu à la croix.............	34.788	948	6 70
Justine ou ducaton	27.954	948	5 91
Talaro...................	28.990	826	5 32
Oselle	9.843	948	2 07
Ducat courant de 6 ⅔ de livre piccolis, ou 124 sous, monnaie de compte	»	»	3 2395
Livre de 20 sous...........	»	»	0 5225

TITRE DES MÉTAUX.

On appelle *Titre des Métaux*, le degré auquel le métal pur se trouve allié avec un métal inférieur.

Nous avons parlé du titre des *monnaies*, ci-devant, *page 327*.

Dans l'ancienne division, l'or pur était au titre de 24 karats, le karat se divisant en 32 parties; l'argent pur était au titre de 12 deniers, le denier se divisant en 24 grains. Les karats et deniers, sous le rapport du titre, n'étaient pas des poids réels, mais des parties aliquotes ou fractionnaires; ainsi, lorsqu'il s'agissait d'une pièce ou lingot d'or à 21 karats, quel que fût d'ailleurs le poids du métal, on voulait seulement dire qu'il contenait 21 parties d'or fin, et 3 d'alliage.

En Allemagne et en Angleterre, l'or pur est également à 24 karats; mais les Allemands divisent le karat en 12 grains, et les Anglais en 4, dont chacun est subdivisé en quarts: en Espagne, l'or pur est de 50 castillans, contenant chacun 8 tomins, et en Russie, de 96 solotnics.

Le titre de l'argent pur est en Allemagne de 16 loths de 18 grains chacun; en Angleterre, de 12 onces, contenant chacune 20 pennys; en Espagne, comme autrefois en France, de 12 deniers, composés chacun de 24 grains ; en Russie, comme pour l'or ; en Chine, de 100 tocques.

En adoptant la division décimale pour les poids et mesures, on a cru devoir l'employer également pour exprimer les divers titres ou degrés d'alliage ; et cette nouvelle division, beaucoup plus simple, a bientôt fait oublier l'ancienne, qui n'est plus en usage depuis le rétablissement du droit de garantie sur l'or et l'argent.

Suivant la loi du 19 brum. an 6, « tous les ouvrages d'orfèvrerie et argenterie fabriqués en France, doivent être conformes aux titres prescrits par la loi ; ces titres, ou la quantité de fin contenue dans chaque pièce, s'expriment en millièmes. Les anciennes dénominations de karats et deniers, pour exprimer le degré de pureté des métaux précieux, n'ont plus lieu. »

On sera quelquefois dans le cas de comparer l'ancienne expression du titre à la nouvelle, c'est l'objet de la table LXXI ci-après. On y voit que le titre de 22 karats, qui était celui des monnaies d'or, équivaut à 917 millièmes, ainsi que le titre de 11 deniers, qui était celui des monnaies d'argent. Les nouvelles monnaies sont au titre de 900 millièmes.

« Il y a 3 titres légaux pour les ouvrages d'or ; le 1er de 920, le 2e de 840, le 3e de 750 millièmes ; et 2, pour les ouvrages d'argent, le 1er de 950, le second de 800 millièmes : la tolérance des titres est de 3 millièmes pour l'or, et de 5 millièmes pour l'argent. » *Loi du* 19 *brum. an* 6. Un arrêté du 3 vendém. an 8 fixe le titre des boîtes de montres de l'horlogerie de Besançon, pour l'or, à 760 millièmes, sous la tolérance de 10 millièmes, et pour l'argent, à 834, sous la tolérance de 21.

Le titre des matières et ouvrages d'or et d'argent est déterminé par les essais qui se font aux bureaux de garantie, et indiqué par des poinçons portant les chiffres 1, 2 et 3. Lorsque les ouvrages ne sont pas exactement à l'un des premiers titres fixés par la loi, ils sont marqués au titre légal immédiatement au-dessous de celui trouvé par l'essai, et brisés, si le titre est trouvé inférieur au dernier titre légal. Les lingots d'or et d'argent non affinés, qui sont portés au bureau de garantie pour être essayés, sont marqués du poinçon de l'essayeur, qui, en outre, y insculpe son nom, un numéro particulier, et des chiffres indicatifs du vrai titre. Les lingots affinés sont marqués d'un poinçon particulier, dont les empreintes se multiplient de manière que l'une des grandes surfaces de chaque lingot en soit entièrement couverte.

Le droit de garantie pour les ouvrages d'or et d'argent, est de 20 fr. par hectogr.

d'or, et de 1 fr. par hectogramme d'argent;
on perçoit en outre le décime pour franc,
comme sur les autres impôts indirects.

*Diverses questions relatives au prix et à
l'alliage des métaux.*

L'or et l'argent fin se désignent, sur les
prix courans de la bourse, de cette manière,
1000/1000 : les autres titres se marquent
900/1000, 750/1000, etc. Le titre désigne
ainsi la quantité de métal fin contenu dans
un kilogramme, 850 grammes, par exemple, pour le titre 850.

Pour connaître la quantité de fin d'un
lingot dont le poids et le titre sont donnés,
il faut multiplier le poids par le titre, et diviser le produit par 1000.

On peut, du prix de l'hectogramme à
1000/1000, conclure le prix de l'hectogramme à un titre inférieur, en multipliant
le prix coté par le titre inférieur, et divisant ensuite par 1000; et de même, on peut
du prix de l'hectogramme du titre inférieur, conclure le prix de l'hectogramme à
1000/1000, en multipliant le prix coté par
1000, et divisant par le titre inférieur; sauf
le droit d'affinage dû pour les titres inférieurs à 900, ainsi qu'on le verra ci-après,
table LXXII, *pag.* 359.

C'est par l'alliage qu'on parvient à obtenir

le titre qu'on désire, en mélangeant, par exemple, une partie de cuivre avec 9 parties d'or ou d'argent fin, pour avoir le titre de 900, ou des matières de poids et titres différens, pour obtenir un titre moyen.

La nouvelle manière d'exprimer le titre des métaux se prête, avec beaucoup plus de facilité que l'ancienne, à la solution des diverses questions relatives à l'alliage, ainsi qu'à l'appréciation vénale des métaux.

1° Veut-on savoir la quantité d'alliage à ajouter à un lingot dont le titre est connu, pour le réduire à un titre inférieur ? il faut multiplier le titre actuel par 1000, diviser le produit par le titre demandé, et retrancher 1000 du quotient ; le reste indique combien il faut ajouter de millièmes d'alliage, c'est-à-dire, de grammes par kilogramme, ou de décigr. par hectogramme.

2° Si l'on fond ensemble plusieurs lingots de poids et titres différens, on connaîtra le titre du mélange, en multipliant le poids de chaque lingot par son titre, et en divisant la somme des produits par la somme des poids.

3° Si, avec des matières aux titres de 950 et de 720, par exemple, on veut former un mélange au titre de 800, il faut prendre du titre supérieur un nombre de parties égal à la différence du titre moyen au titre inférieur, c'est-à-dire 80 ; et du titre inférieur,

150 parties, nombre égal à la différenec du titre moyen au titre supérieur.

4° A 6 hectogrammes au titre de 950, combien faut-il ajouter de matière au titre de 720, pour obtenir celui de 800? Ces 2 matières devant être employées, suivant le résultat de l'opération précédente, dans la proportion de 80 à 150, ou de 8 à 15, une simple règle *de trois* indiquera qu'avec 6 hectogrammes au titre de 950, il faut 11 *hectogr.* 25, au titre de 720.

5° S'il faut que le mélange soit du poids de 12 kilogrammes, quel poids faut-il prendre de chacun de ces deux titres ? Puisqu'il faut 8 parties du plus haut titre, et 15 du plus bas, ensemble 23, divisez 12 kilogrammes par 23, et multipliez le quotient par 8, pour le titre de 950, et par 15, pour celui de 720.

Par ces exemples, qui suffisent pour conduire à la solution de toutes les questions du même genre, on peut voir combien le titre décimal a d'avantage sur l'ancien, qui se divisant, soit en karats et 32es pour l'or, soit en deniers et 24es pour l'argent, donnait lieu, pour les questions les plus simples, à des calculs très-difficultueux.

La valeur des matières d'or et d'argent est à peu près déterminée par celle des monnaies ; la table LXXII ci-après en indique le prix au change d'après leur titre.

TABLE LXXI. *Conversion des Karats et Deniers de fin, en Millièmes.*

La réduction de l'ancien titre en nouveau peut se faire par le calcul ; l'opération consiste à convertir en millièmes, des 24es, s'il s'agit de karats, et des 12es, s'il s'agit de deniers : ainsi, pour savoir ce que 21 karats et 11 deniers contiennent de millièmes, il suffit d'ajouter 3 zéros ; divisant ensuite 21000 par 24 et 11000 par 12, on trouve que le titre de l'or est 875 millièmes, et celui de l'argent, 917.

L'or pur contenant 768 32es de fin, et l'argent pur 288 grains, si l'ancien titre est exprimé en karats et 32es ou en deniers et grains, il faut commencer par réduire les karats en 32es et les deniers en grains, et, après y avoir ajouté 3 zéros, diviser pour l'or par 768, et pour l'argent par 288.

Cette opération n'étant pas sans quelque difficulté, on abrégera beaucoup en recourant aux tables suivantes.

Le nouveau titre s'exprime aussi quelquefois en dixièmes ; on en forme des millièmes, en ajoutant deux zéros : le titre des monnaies est ainsi de 9 dixièmes, ou 900 millièmes.

L'or est réputé fin, lorsqu'il ne contient pas plus de 5 millièmes d'alliage, et l'argent, lorsqu'il n'en contient pas plus de 20. *Loi du 19 brumaire an 6, art. 11.*

§ 1. MATIÈRES D'OR. *Karats et 32ᵉˢ de Karat.*

32ᵉˢ.	millièm.	karats.	millièm.	karats.	millièm.
1	1	1	42	13	542
2	3	2	83	14	583
3	4	3	125	15	625
4	5	4	167	16	667
5	7	5	208	17	708
6	8	6	250	18	750
7	9	7	292	19	792
8	0	8	333	20	833
9	12	9	375	21	875
10	13	10	417	22	917
20	26	11	458	23	958
30	39	12	500	24	1000

§ 2. MATIÈRES D'ARGENT. *Deniers et Grains.*

24 grains faisaient un denier de fin.

grains.	millièm.	grains.	millièm.	deniers	millièm.
1	3	13	45	1	83
2	7	14	49	2	167
3	10	15	52	3	250
4	14	16	56	4	333
5	17	17	59	5	417
6	21	18	63	6	500
7	24	19	66	7	583
8	28	20	69	8	667
9	31	21	7	9	750
10	35	22	76	10	833
11	38	23	80	11	917
12	42	24	83	12	1000

TABLE **LXXII.** *Tarif du prix des Matières d'or et d'argent, au change, d'après leur titre.*

On ne tient aucun compte, dans le prix des matières d'or et d'argent, du cuivre qui en forme l'alliage; c'est le titre seul qui en règle la valeur. Si l'abondance ou la rareté de ces métaux dans le commerce en font quelquefois varier le cours, ce ne peut être qu'instantanément et dans une proportion peu considérable, ce cours ayant un régulateur constant dans la valeur nominale des métaux monnayés.

L'or monnayé valant 3100 francs le kilogramme, et l'argent monnayé 200 fr., ainsi qu'on l'a vu, *p.* 323, l'or fin serait du prix de 3444 fr. 44, et l'argent fin de 222 fr. 22, s'il ne fallait avoir égard aux frais de monnayage, fixés par la loi du 7 germinal an 11, à 9 fr. par kilogr. d'or, et à 3 fr. par kilog. d'argent, au titre des nouvelles monnaies. C'est sur ce pied, et d'après ces déductions, qu'ont été calculés les tarifs annexés au réglement du 17 prairial an 11, qui fixe le prix des matières d'or et d'argent au change. Nous avons fondu ces tarifs en une seule table, à l'aide de laquelle on pourra facilement apprécier les variations que ce prix éprouve sur la place.

Au reste, on doit déduire encore sur ce tarif, les frais d'affinage dus sur les espèces et matières d'un titre inférieur au titre 900; frais fixés par l'arrêté du 4 prairial an 11, savoir : *pour l'or* à 32 fr. par kilogramme de fin contenu dans les parties soumises à l'affinage, et *pour l'argent*, à 4 fr. 10 c. pour les titres de 899 à 890; 4 fr. 20 c. pour ceux de 889 à 880, et ainsi de suite dans une proportion croissante de 10 en 10 centimes, en descendant jusqu'aux titres inférieurs à 300, où la gradation est de 20 en 20 centimes. Ces frais sont de 14 centimes pour tout titre inférieur à 200.

Le titre le plus bas, porté sur ces tarifs, est de 750 pour l'or, et 528 pour l'argent; nous indiquons cependant ici le prix des titres inférieurs, jusqu'à 1 millième de fin, pour donner la facilité de trouver, par le moyen de l'addition, la valeur des titres non portés sur la table : ainsi, pour connaître le prix du titre 743, en additionnant les sommes qui correspondent à 700, à 40 et à 3, on trouvera que le prix du kilogramme, à ce titre, est pour l'or 2551 fr. 59, et pour l'argent, 162 fr. 64.

La table indique le prix du kilogramme; pour avoir le prix des poids inférieurs, il faut avancer le point décimal, d'un chiffre pour l'hectogramme, de 2 pour le décagramme, et de 3 pour le gramme.

titre des matières.	prix du kilog. d'or.	prix du kilog. d'argent.	titre des matières.	prix du kilog. d'or.	prix du kilog. d'argent.
1000	3434.44	218.89	720	2472.80	157.60
990	3400.10	216.70	710	2438.45	155.41
980	3365.76	214.51	700	2404.11	153.22
970	3331.41	212.32	650	2232.38	142.27
960	3297.07	210.13	600	2060.66	131.33
950	3262.72	207.94	500	1717.22	109.44
940	3228.38	205.76	400	1373.77	87.56
930	3194.03	203.57	300	1030.33	65.67
920	3159.69	201.38	200	686.89	43.78
910	3125.34	199.19	100	343.44	21.89
900	3091.00	197.00	90	309.10	19.70
890	3056.66	194.81	80	274.76	17.51
880	3022.31	192.62	70	240.41	15.32
870	2987.97	190.43	60	206.07	15.13
860	2953.62	188.24	50	171.72	10.94
850	2919.28	186.06	40	137.38	8.76
840	2884.93	183.87	30	103.03	6.57
830	2850.59	181.68	20	68.69	4.38
820	2816.24	179.49	10	34.34	2.19
810	2781.90	177.30	9	30.91	1.97
800	2747.56	175.11	8	27.48	1.75
790	2713.21	172.92	7	24.04	1.53
780	2678.86	170.73	6	20.61	1.31
770	2644.52	168.54	5	17.17	1.09
760	2610.17	166.36	4	13.74	0.86
750	2575.83	164.13	3	10.30	0.66
740	2541.49	161.98	2	6.87	0.44
730	2507.14	159.79	1	3.43	0.22

MESURES ASTRONOMIQUES.

L'ASTRONOMIE a pour objet la connaissance des astres et de leurs mouvemens. Les élémens de cette science sont le temps et l'espace. La division du *temps* est basée sur les mouvemens apparens du soleil ; voir ci-après, *tab.* LXXV. Pour l'évaluation des orbites parcourus par les astres, de leurs grandeurs, et de leurs distances respectives, l'astronome peut se passer du secours des mesures ordinaires, comme lieues, toises, mètres, etc. Il s'est fait des unités particulières de mesure, qu'il emploie comme termes de comparaison.

Ainsi, prenant pour unité, soit le diamètre, le volume ou la masse de la terre, soit sa distance moyenne au soleil, il en a déduit les rapports suivans :

	Diamèt.	Volum.	Masses.	Distances au Soleil.
La Terre,	1.00	1.00	1.000	1.000
La Lune,	0.27	0.02	0.015	1.000
Mercure,	0.39	0.06	0.166	0.387
Vénus,	0.97	0.88	0.945	0.723
Mars,	0.56	0.14	0.178	1.524
Jupiter,	11.56	1470.20	314.753	5.203
Saturne,	9.61	887.30	95.985	9.539
Uranus,	4.26	77.50	18.813	19.183
Le Soleil,	109.93	1328460.00	337100.000	0.000

La distance moyenne de la terre au soleil, prise ici pour unité, est égale à 23578 fois le rayon ou demi-diamètre de la terre. En supposant le méridien un cercle exact, la valeur du rayon serait de 6,366,204 mètres.

La mesure des segmens ou portions de disque, relativement aux éclipses et aux phases des planètes, s'énonce en *doigts*, c'est-à-dire, en douzièmes de diamètre.

Pour indiquer la place occupée dans le ciel, et déterminer les espaces parcourus par les astres, on a divisé la sphère céleste par quatre grands cercles, l'horizon, l'écliptique, l'équateur et le méridien.

L'*horizon*, servant à indiquer les points où se lèvent et se couchent les astres, et à diriger la marche des navigateurs, est partagé par le méridien et l'équateur en quatre parties égales; les points d'intersection sont nommés *Nord*, *Est*, *Sud* et *Ouest* : voir ci-après, titre *Boussole*, P. 389.

L'*écliptique* est le cercle dans lequel le soleil paraît décrire sa révolution annuelle. Il est, depuis la plus haute antiquité, divisé en 12 signes, dont chacun contient 30 degrés. Les 360 degrés de l'écliptique servent à indiquer la position des étoiles, et à mesurer le cours du soleil.

L'*équateur* partage le ciel en deux hémisphères égaux, nommés *boréal* et *austral*; c'est dans l'équateur que le soleil paraît faire sa révolution diurne, au temps des équinoxes.

Le *méridien* est un grand cercle, qui coupe l'horizon et l'équateur à angles droits, en passant par les pôles et le zénith.

La division en 360 degrés ayant été appliquée à tous les cercles comme à l'écliptique, les degrés du méridien, marqués de 0 à 90, en allant de l'équateur aux pôles, servent à mesurer la *latitude* boréale ou australe : la latitude est la distance du zénith à l'équateur ; elle est égale à la hauteur du pôle sur l'horizon.

Chaque observateur ayant un zénith particulier, puisque le zénith est le point du ciel qui correspond verticalement au point de la terre où l'on observe, on peut concevoir autant de méridiens qu'il y a de points dans l'équateur. On nomme *longitude* la distance d'un méridien à un méridien convenu ; cette distance est indiquée par les degrés de l'équateur, de 0 à 360, en allant du couchant à l'orient. On distingue quelquefois les longitudes en *orientale* et *occidentale ;* les degrés se comptent alors, de chaque côté du méridien choisi pour point de départ, de 0 à 180. Les méridiens les plus généralement adoptés comme *premiers*, sont ceux de l'Ile de Fer, et des observatoires de Paris et de Londres.

Les degrés du cercle, servant d'ailleurs à l'évaluation des angles, sont, pour l'astronome, le complément des mesures nécessaires à ses observations ; voir *titre suivant*.

Appliquée à la géographie et à la navigation, l'astronomie leur a fourni des mesures dont nous parlerons ci-après, aux titres *Mesures géographiques* et *Nautiques*.

DIVISION DU CERCLE

Les quarts de cercle, dont les astronomes, géomètres, arpenteurs, etc. se servent pour la mesure des angles, sont divisés en 90 degrés, ce qui fait 360 degrés pour la circonférence du cercle entier, division adoptée sans doute d'après celle de l'écliptique; (voir ci-devant, *pag.* 362). Le degré se partage en 60 minutes, la minute en 60 secondes, la seconde en 60 tierces, etc.

En adoptant la division décimale pour les nouveaux poids et mesures, on a voulu l'appliquer également à la division du cercle. Prenant pour unité l'angle droit, mesure du quart de cercle, on l'a partagé en 100 degrés, le degré en 100 minutes, la minute en 100 secondes, etc. C'est en divisant ainsi, de 10 en 10, le quart du méridien terrestre, que l'on est parvenu à la fixation du mètre, qui en est la·dix-millionième partie. Cette division, plus commode sans doute pour le calcul, aurait fini par rendre inutiles les dénominations de minutes, secondes, etc., auxquelles les simples fractions décimales se seraient substituées avec avantage. Mais on ne peut se dissimuler que la division centésimale du cercle offre dans la pratique d'assez grandes difficultés. Pour changer un mode de division, employé de tout temps et par tous les peuples, il faut refaire les tables calculées pour l'astronomie et la navigation, les cartes géographiques, etc., et l'on se trouvera toujours en discordance tant avec les ouvrages précédemment publiés, qu'avec les tables et cartes des autres nations.

La division de l'écliptique en 12 signes, de 30 degrés chacun, est plus analogue à la division de l'année en 12 mois, de 30 à 31 jours; le soleil parcourt dans l'écliptique à très-peu près un degré par jour et un signe par mois. Quant au mouvement diurne, qui sert à déterminer la longitude, la division sexagésimale a beaucoup plus de rapport avec celle du jour en 24 heures, chaque heure répondant exactement à un demi-signe, ou 15 degrés de longitude, à raison d'un degré pour 4 minutes de temps.

Les marins, dont le mille est exactement la minute du degré terrestre, et les géomètres, accoutumés à partager le cercle en 6, par le rayon, ont également conservé la division en 360 degrés. Il a cependant été publié quelques ouvrages et des tables basés sur la division centésimale : elle a été adaptée aux cercles répétiteurs et à quelques autres instrumens de mathématiques. Il pourra donc être nécessaire de convertir les degrés ordinaires en arcs décimaux, et réciproquement; c'est l'objet des deux tables suivantes.

TABLE LXXIII. *Conversion des Degrés ordinaires en Degrés décimaux.*

9 degrés ordinaires font 10 degrés décimaux; on peut donc les convertir sans table, en y ajoutant un 9e; mais il faudrait commencer par réduire les secondes en fractions décimales de minute, et les minutes en fractions décimales de degré: notre table abrégera l'opération.

Les décimales sont des dix-millièmes de degré: si l'on tient aux anciennes dénominations, les 2 premières sont des minutes décimales; les 2 dernières, des secondes. Ces fractions décimales sont composées des mêmes chiffres; on peut les étendre à volonté en y ajoutant des chiffres semblables; elles en deviennent d'autant plus approximatives.

Si l'on veut appliquer ces tables aux degrés terrestres, le degré décimal formant la 100e partie du quart du méridien, répond à 10 myriamètres, et la 1re décimale représente des myriamètres; la seconde, des kilomètres; la 3e, des hectomètres; la 4e, des décamètres. On peut, en conséquence, à l'aide de cette même table, savoir ce que les anciens degrés, minutes et secondes terrestres valent en myriamètr. ou kilomètres : pour les myriamètres, il faut reculer le point d'un chiffre; pour les kilomètres, de 2 ; ainsi, 3 anciens degrés équivalent à 33 *myr.* 333, ou à 333 *kilom.* 33 ; 9 anciennes secondes, à 0 *kilom.* 28.

degrés anciens.	degrés décim.	degrés anciens.	degrés décim.	anciennes minutes.	degrés décim.
1	1.1111	100	111.1111	50	0.9259
2	2.2222	200	222.2222	60	1.1111
3	3.3333	300	333.3333	anc. second.	
4	4.4444	360	400.0000	1	0.0003
5	5.5556	anc min.		2	0.0006
6	6.6667	1	0.0185	3	0.0009
7	7.7778	2	0.0370	4	0.0012
8	8.8889	3	0.0556	5	0.0015
9	10.0000	4	0.0741	6	0.0019
10	11.1111	5	0.0926	7	0.0022
20	22.2222	6	0.1111	8	0.0025
30	33.3333	7	0.1296	9	0.0028
40	44.4444	8	0.1481	10	0.0031
50	55.5556	9	0.1667	20	0.0062
60	66.6667	10	0.1852	30	0.0093
70	77.7778	20	0.3704	40	0.0123
80	88.8889	30	0.5556	50	0.0154
90	100.0000	40	0.7407	60	0.0185

Table LXXIV. *Conversion des Degrés décimaux en Degrés, Minutes et Secondes ordinaires.*

10 degrés décimaux font exactement 9 degrés ordinaires; on peut donc opérer la conversion en retranchant un 10° ; mais il reste des décimales qu'il faut convertir en

minutes, et ensuite les décimales de minute à convertir en secondes : la table suivante épargne tous ces calculs.

Nous donnons ici la conversion, non seulement des degrés décimaux, mais aussi de leurs fractions décimales jusqu'aux dix-millièmes, en observant que les centièmes sont des minutes décimales, et les dix-millièmes des secondes.

10000ᵉˢ de deg. décimal.

1	» '	19 "	26 '''
2	»	38	53
3	»	58	19
4	1	17	46
5	1	37	12
6	1	56	38
7	2	16	5
8	2	35	31
9	2	54	58

1000ᵉˢ de deg. décimal.

1	3 '	14 "	24 '''
2	6	28	48
3	9	43	12
4	12	57	36
5	16	12	»
6	19	26	24
7	22	40	48
8	25	55	12
9	29	9	36

100ᵉˢ de deg. décimal.

1	» '	32 "	24 '''
2	1	4	48
3	1	37	12
4	2	9	36
5	2	42	»
6	3	14	24
7	3	46	48
8	4	19	12
9	4	51	36

10ᵉˢ de deg. décimal.

1	5 '	24 "
2	10	48
3	16	12
4	21	36
5	27	»
6	32	24
7	37	48
8	43	12
9	48	36

degrés décimaux.

1	0°	54
2	1	48
3	2	42
4	3	36
5	4	30
6	5	24
7	6	18
8	7	12
9	8	6
10	9	»
20	18	»
30	27	»
40	36	»
50	45	»
60	54	»
70	63	»
80	72	»
90	81	»
100	90	»
200	180	»
300	270	»

En appliquant cette table à la nouvelle division du méridien terrestre, et aux mesures décimales qui en dérivent, on voit que le décamètre, qui forme le 10,000ᵉ du degré terrestre, répond à 19‴ 26⁗ de l'ancien degré ; l'hectomètre ou 1000ᵉ du degré décimal, à 3″ 14‴ 24⁗ ; le kilomètre ou 100ᵉ du degré décimal, à 32″ 24‴ ; le myriamètre ou 10ᵉ de degré décimal, à 5′ 24″ ; et enfin le degré décimal, à 54′ de l'ancienne division.

Table LXXV. *Division du temps ; concordance des calendriers.*

Les besoins de la société ont fait imaginer diverses périodes, pour mesurer le temps : la nature en offre deux remarquables, dans le cours du soleil ; ses retours au même point de l'écliptique marquent les années, comme ses retours au méridien marquent les jours.

Le *jour* commence à minuit, et se compose de 24 heures, dont chacune est divisée en 60 minutes, la minute en 60 secondes, etc. Certains peuples comptaient les heures du lever du soleil ; les Italiens, encore aujourd'hui, les comptent de son coucher : tout le reste de l'Europe compte de minuit pour les heures du matin, et de midi pour celles du soir. Les astronomes, qui font commencer le jour à midi, comptent 24 heures de suite, sans distinction du matin et du soir.

L'année est composée de 12 *mois* de 30 ou 31 jours : cette division, qui remonte à la plus haute antiquité, et qui s'accorde avec celle de l'écliptique en 12 signes de 30 degrés chacun, doit sans doute son origine à la révolution lunaire, qui est de 29 jours et demi. Les phases de la lune auront peut-être aussi donné la première idée de la *semaine*, petite période qui se trouve mêlée aux calendriers de tous les peuples : mais ni les mois, ni les lunaisons, ni la semaine, ni les jours, ni même les heures, ne sont des parties aliquotes de l'année, qui est de 365 jours, plus la fraction décimale 0.242264.

L'observation du gnomon avait suffi pour faire reconnaître que le soleil revenait à peu près au même point de l'écliptique, en 365 jours. L'année fut donc d'abord de 365 jours. mais on s'aperçut qu'elle était trop courte d'environ 6 heures, et c'est pour y remédier, que Jules-César ordonna que, tous les 4 ans, l'année aurait un jour de plus. Dans cet arrangement, on ne tint pas compte des 11 minutes 10 secondes qui manquent aux six heures ; ce qui obligea le pape Grégoire XIII à réformer de nouveau le calendrier, en statuant que les années séculaires, qui étaient toutes bissextiles, ne le seraient plus que de 4 en 4. Cette dernière réformation date du 4 octobre 1582, à minuit ; le lendemain on compta *le 15 octobre*, en retranchant 10 jours qui se trouvaient de trop, c'est ce qu'on appelle le calendrier *grégorien*.

Quand Jules-César réforma le calendrier romain, le désordre était bien plus grand qu'en 1582; il fut obligé d'ajouter 90 jours à l'an 47 avant notre ère; cette année de 455 jours fut appelée l'année de confusion.

Le mode d'intercalation actuellement établi approche, autant qu'il est possible, d'une rigoureuse exactitude; l'année moyenne qui en résulte n'excédant l'année tropique que de 25 secondes, ce qui donnerait à peine un jour en 4000 ans.

Les dix jours retranchés en 1582, et les bissextiles qui se suppriment 3 fois sur 4 aux années séculaires, font la différence de l'ancien au nouveau style. Cette différence, qui était d'abord de 10 jours, a été, en 1700, de 11 jours; en 1800, de 12 jours; elle sera de 13 jours en 1900. Les Russes sont la seule nation de l'Europe qui ait conservé l'ancien style; les peuples catholiques avaient adopté sans délai la réformation grégorienne; les Anglais ne l'ont admise qu'en 1752.

L'*ère* ou la manière de compter les années se rattache ordinairement à un évènement remarquable. L'*ère vulgaire* remonte à la naissance de J. C.

En l'abolissant pour les usages civils, la loi du 5 oct. 1793 avait créé une nouvelle ère datant du 22 sept. 1792, jour où la république avait été proclamée par la convention. L'année fut divisée en 12 mois égaux de 30 jours, et terminée par 5 ou 6 jours qui n'appartenaient à aucun mois. La loi du 4 frimaire an 2 donna des noms particuliers aux nouveaux mois (1); l'année fut appelée *sextile*, lorsqu'elle était de 366 jours, parce qu'alors il y avait 6 jours complémentaires; les années 3, 7 et 11 ont été sextiles. Le mois fut divisé en 3 décades, le jour en 10 heures, l'heure en 100 minutes, etc.

Ces innovations blessaient de longues habitudes, et ne pouvaient s'accorder avec les pratiques religieuses; elles jetaient d'ailleurs beaucoup d'embarras dans nos relations politiques et commerciales, et nous isolaient, pour ainsi dire, au milieu de l'Europe, qui, presque entière, ainsi que l'Amérique, avait adopté le calendrier grégorien.

La division du jour en 10 heures contrariait gratuitement les usages du peuple, et ne dérangeait pas moins les calculs de la géographie et de la navigation: en conservant la division sexagésimale du cercle, la minute décimale était sans rapport avec les

---

(1) *Vendémiaire, brumaire, frimaire; nivôse, pluviôse, ventôse; germinal, floréal, prairial; messidor, thermidor, fructidor*

degrés de longitude ; en admettant même la division du cercle en 400 degrés, le quart de la révolution diurne ne pouvait pas être représenté en heures par un nombre entier.

On reconnut bientôt les inconvéniens et l'inutilité de ces changemens ; ils ont été successivement abrogés. L'art. 22 de la loi du 18 germinal an 3 suspendit indéfiniment la disposition de la loi du 4 frim. an 2, qui rendait obligatoire l'usage de la division décimale du jour. Les articles 56 et 57 de la loi du 18 germ. an 10, en maintenant l'usage du calendrier d'équinoxe (*républicain*), rendirent aux jours les noms de *lundi*, etc., qu'ils avaient dans le calendrier des solstices (*grégorien*), et fixèrent le repos des fonctionnaires publics au dimanche. Enfin, le sénatus-consulte du 22 fructid. an 13 a ordonné qu'à compter du 11 nivose an 14 (1er janvier 1806), le calendrier grégorien serait seul mis en usage. Il ne reste plus de traces du calendrier républicain, que dans les époques de paiement des rentes sur l'état, fixées aux 22 mars, juin, septembre et décembre de chaque année, correspondant aux 1er germinal, messidor, vendémiaire et nivôse.

Pour tout le temps qui s'est écoulé, de la fin de 1793 au 1er janvier 1806, si l'on a besoin de connaître à quel jour du calendrier grégorien se rapporte la date d'une loi, d'un acte, d'un événement, on pourra consulter le tableau suivant.

Premiers jours des mois républicains.

1 du mois.	An II	III	IV	V	VIII	IX	XII	XIII	XIV
	1793	..94	..95	96	..99	1800	..03	..04	..05
Vend.	Sept. 22	ɒ	23	22	23	ɒ	24	23	ɒ
Brum.	Oct. 22	ɒ	23	22	23	ɒ	24	23	ɒ
Frim.	Nov. 21	ɒ	22	21	22	ɒ	23	22	ɒ
Nivôs.	Déc. 21	ɒ	22	21	22	ɒ	23	22	ɒ
	1794	..95	..96	..97	1800	..01	..04	..03	..06
Pluv.	Janv. 20	ɒ	21	20	21	ɒ	22	21	ɒ
Vent.	Fév. 19	ɒ	20	19	20	ɒ	21	20	ɒ
Germ.	Mars, 21	ɒ	ɒ	ɒ	22	ɒ	ɒ	ɒ	ɒ
Flor.	Avr. 20	ɒ	ɒ	ɒ	21	ɒ	ɒ	ɒ	ɒ
Prair.	Mai, 20	ɒ	ɒ	ɒ	21	ɒ	ɒ	ɒ	ɒ
Mess.	Juin, 19	ɒ	ɒ	ɒ	20	ɒ	ɒ	ɒ	ɒ
Therm.	Juil. 19	ɒ	ɒ	ɒ	20	ɒ	ɒ	ɒ	ɒ
Fruct.	Août, 18	ɒ	ɒ	ɒ	19	ɒ	ɒ	ɒ	ɒ
Compl.	Sept. 17	ɒ	ɒ	ɒ	18	ɒ	ɒ	ɒ	ɒ

Premiers jours des mois grégoriens.

1 du mois.	1793	..94	..95	..96	..97	..99	1800	..03	..04	..05
	An	II	III	IV	V	VII	VIII	XI	XII	XIII
Janv.	Niv.	12	ɒ	11	12	ɒ	11	ɒ	10	11
Févr.	Pluv.	13	ɒ	12	13	ɒ	12	ɒ	11	12
Mars,	Vent.	11	ɒ	ɒ	ɒ	ɒ	10	ɒ	ɒ	ɒ
Avril,	Germ.	12	ɒ	ɒ	ɒ	ɒ	11	ɒ	ɒ	ɒ
Mai,	Flor.	12	ɒ	ɒ	ɒ	ɒ	11	ɒ	ɒ	ɒ
Juin,	Prair.	13	ɒ	ɒ	ɒ	ɒ	12	ɒ	ɒ	ɒ
Juill.	Mess.	13	ɒ	ɒ	ɒ	ɒ	12	ɒ	ɒ	ɒ
Août,	Ther.	14	ɒ	ɒ	ɒ	ɒ	13	ɒ	ɒ	ɒ
Sept.	Fruct.	15	ɒ	ɒ	ɒ	ɒ	14	ɒ	ɒ	ɒ
	An II.	III	IV	V	VI	VIII	IX	XII	XIII	XIV
Octob.	Ve. 10	ɒ	9	10	ɒ	9	ɒ	8	9	ɒ
Nov.	Br. 11	ɒ	10	11	ɒ	10	ɒ	9	10	ɒ
Déc.	Fr. 11	ɒ	10	11	ɒ	10	ɒ	9	10	ɒ

Les guillemets signifient, *comme l'année précédente*; les années omises au tableau sont comme celle qui précède.

LONGUEUR DU PENDULE.

Nous avons dit ci-dev. *pag.* 49, que, pour établir un moyen conservateur du mètre, on avait déterminé avec précision la longueur du pendule qui bat les secondes : quelques personnes pourront ne pas apercevoir le rapport qui existe entre le pendule et les mesures de longueur; les observations suivantes leur offriront quelque intérêt.

Toutes les oscillations d'un pendule sont *isochrones*, ce qui signifie qu'elles se font dans des temps égaux. Deux pendules d'égale longueur en font, dans le même temps, le même nombre. Les nombres de celles faites dans le même temps par deux pendules de différentes longueurs, sont en raison inverse des racines carrées de ces longueurs; d'où l'on peut dire : Les longueurs de deux pendules sont en raison inverse des carrés du nombre de leurs oscillations.

Le pendule qui bat les secondes fait en 24 heures 86400 oscillations ; sa longueur est de 440 *lign.* 5593, ou $0^m.99385$ (*Annuaire*). Le mètre en ferait, dans le même temps, 86140 et demie. On conçoit, d'après cela, la possibilité de retrouver le mètre, à l'aide du pendule, s'il arrivait que tous les étalons en fussent perdus. Il suffirait d'ajouter à la longueur du pendule battant les secondes, 615 parties, égales aux 99385 dont il est composé. S'il arrivait qu'on n'eût pas à sa disposition un pendule battant les secondes, il suffirait de compter le nombre des oscillations faites en 24 heures par un pendule quelconque. En supposant que ce nombre fût 122,500, on aurait cette proportion : La longueur du mètre est à celle du pendule battant 122500 oscillations, comme le carré de 122,500, ou 15,006,250,000, est à 7,420,185,740.25, carré de 86,140 1/2, nombre des oscillations qui sont battues par le mètre; d'où il résulte que le mètre serait, avec le pendule supposé, dans le rapport ci-dessus, qui se réduit, par la suppression d'un nombre égal de chiffres, à celui de 1500 à 742.

On doit observer que ces données s'appliquent à des pendules de platine, et à la latitude de Paris; en sorte que, pour obtenir un résultat rigoureusement exact, il faudrait employer des pendules du même métal, et opérer à la même latitude. Il a été démontré par des expériences exactes et multipliées, que, la pesanteur étant moindre sous l'équateur, le pendule qui bat les secondes doit y être plus court, et devenir au contraire plus long, à mesure qu'on marche vers le pôle. Les académiciens français l'ont trouvé d'environ 439 lignes sous l'équateur, et de 441.17 en Laponie.

Au reste, les précautions prises pour constater et conserver les étalons des nouveaux poids et mesures, et leurs rapports connus avec les mesures anciennes, ne permettent pas de craindre qu'on soit jamais dans le cas d'avoir recours à cette expérience, et nous ne nous sommes étendus sur cet objet que pour ne rien laisser d'obscur dans l'esprit de nos lecteurs.

MESURES GÉOGRAPHIQUES.

Si l'on en croit quelques auteurs, les mesures géographiques des anciens auraient été basées sur une mesure exacte de la terre. On a prétendu que le côté de la grande pyramide, pris 500 fois, était précisément la mesure du degré déterminé par les modernes ; et que la coudée *nilométrique* était exactement la 200,000ᵉ partie du degré et la 400ᵉ du stade : mais il faudrait, dans cette hypothèse, donner 684 pieds 1/5 au côté de la pyramide, et 20 *pouc.* 54 au nilomètre ; or, suivant nos ingénieurs, le côté de la pyramide a 716 pieds 1/2, et le nilomètre 19 *pouc.* 992 ; ce qui, bien loin de s'accorder avec la mesure du degré, que les dimensions supposées portent à environ 57000 toises, donne 59708 toises, si l'on s'en rapporte à la pyramide, et 55730 seulement, d'après la coudée nilométrique (1).

Aristote avait parlé de la division de la circonférence du globe en 400,000 stades, mais seulement comme d'une conjecture des mathématiciens de son temps ; le degré, dans cette hypothèse, aurait contenu 1111 stades. Les modernes ont attaché plus d'importance et donné plus d'attention à la solution de ce problème : des géomètres français et étrangers ont mesuré, par des méthodes qui se sont successivement perfectionnées, différens arcs du méridien, en France, en Hollande, en Angleterre, en Italie, en Hongrie, en Autriche, au cap de Bonne-Espérance, en Laponie, en Pensylvanie, et même au Pérou sous l'équateur.

L'inégalité des degrés, trouvés plus longs au nord que sous l'équateur, a fait en même temps connaître que la terre n'est pas une sphère parfaite, mais un sphéroïde aplati vers les pôles : il en résultait, sous le rapport du système métrique, que l'arc à mesurer, pour en conclure la longueur du quart du méridien, devait tenir le milieu

----

(1) Le nilomètre, qui sert encore de nos jours à mesurer la crue du Nil, est tracé sur une ancienne colonne de marbre, dans l'île de Rodda, entre le vieux Caire et Giza

entre l'équateur et le pôle; cet avantage appartient à l'arc, mesuré dernièrement en France, il traverse le 45ᵉ degré de latitude.

La longueur du degré est, sous l'équateur, de 56753 toises, et en Laponie, sous le cercle polaire, de 57419. Par la comparaison des différens arcs de l'ancienne méridienne de France, le 45ᵉ degré de latitude a été trouvé de 57027 fois la toise de l'académie, dite du Pérou. C'est d'après cette longueur du degré qu'on avait conclu celle du mètre provisoire, fixé, par la loi du 1ᵉʳ août 1793, à 443 lignes 44 centièmes.

Pour asseoir sur une base invariable le nouveau système des poids et mesures, on a mesuré un arc plus grand que tous ceux qui avaient été précédemment mesurés, en y employant, avec les méthodes les plus précises et les instrumens les plus perfectionnés, tous les soins qui pouvaient assurer l'exactitude de l'opération (ci-dev. *p.* 37 ;) en voici le résultat en toises anciennes :

Quart du méridien terrestre, ...	5130740 *toises.*
Degré ancien, (90ᵉ *partie*,)....	57008.22222
Lieue marine, (20ᵉ *du degré*,)....	2850.41111
Mille marin, (*min. ou* 60ᵉ *du deg.*).	950.137037
Lieue de 25 au degré, ...	2280.32888
Degré décimal, (100ᵉ *partie*,)..	5130.74
Myriamètre, (10ᵉ *du degré*,)....	5130.74
Kilomètre, (*minute décimale*,)....	513.074
Ce qui donne pʳ le mètre, en toises,	0.513074

faisant en lignes, 443.295936.

La mesure légale ayant été fixée à 443.296, offre, sur la mesure rigoureusement exacte, un excédant de 64 millionièmes de ligne, quantité imperceptible, qui ne donne qu'une différence d'environ 4 pieds et demi sur le quart du méridien, et deux tiers de ligne sur un myriamètre.

En multipliant par 1000 et 10000 l'expression légale du mètre, on a pour le kilomètre 513 *tois*. 0740740, et les mêmes décimales prolongées à l'infini, et pour le myriamètre 5130.740740, également à l'infini; tandis que la véritable valeur est, comme on l'a vu, 5130.74: mais les dernières décimales se supprimant ordinairement, il n'y a pas d'inconvénient à employer dans tous les cas la fixation légale. C'est d'après cette base que nous donnerons la conversion des mesures itinéraires, nautiques et topographiques.

On doit compter au nombre des mesures géographiques les degrés de latitude et de longitude : s'ils sont indiqués en degrés ordinaires et qu'on désire les convertir en degrés décimaux, ou réciproquement, voir ci-devant, tables LXXIII et LXXIV.

Veut-on convertir les degrés de latitude en distances itinéraires ? S'il s'agit de degrés ordinaires, il faut les multiplier par 20 ou 25 pour avoir des lieues de 20 ou 25 au degré, et par 60, pour avoir des milles marins, dont on trouvera la valeur en myriamètres ou kilomètres, ci - après, table LXXVI, 4ᵉ colonne : s'il s'agit de degrés décimaux, il suffit de reculer le point d'un chiffre pour les convertir en myriamètres, et de 2 pour avoir des kilomètres.

Les degrés de longitude ne peuvent pas aisément se convertir en mesures itinéraires, parce que les cercles parallèles à l'équateur, sur lesquels ces degrés se mesurent, vont toujours en diminuant jusqu'aux pôles où ils sont réduits à zéro : on y supplée, soit à l'aide des échelles rapportées au bas des cartes, soit en reportant sur le méridien, dans la portion qui traverse le parallèle dont on veut évaluer quelques degrés, l'ouverture de compas qui en mesure l'intervalle.

Pour que la position d'un point géographique soit bien fixée, il est nécessaire de connaître aussi son élévation au-dessus du niveau de la mer; c'est l'objet des *tables barométriques*, dont on parlera ci-après.

TABLE LXXVI. MESURES ITINÉRAIRES.

Les distances itinéraires se mesurent en myriamètres et kilomètres. Le nouveau degré terrestre contenant 10 myriamètres, ou 100 kilomètres, si les degrés de latitude et de longitude étaient marqués sur les cartes suivant la nouvelle division du cercle, il suffirait d'une ouverture de compas pour connaître combien il faut compter de myriamètres ou de kilomètres entre 2 points situés sur l'équateur ou sur le même méridien (1). Le rapport des degrés décimaux et des degrés ordinaires étant connu, on pourrait également, à l'aide de la table LXXIII ci-dessus, évaluer la même distance d'après le nombre de degrés indiqué sur les cartes ordinaires : mais ce moyen n'est pas applicable aux directions obliques, ni même sur les parallèles, qui vont toujours en diminuant de l'équateur au pôle ; il serait d'ailleurs insuffisant pour les distances inférieures au degré. Il faudra donc le plus souvent convertir en mesures décimales, non les degrés de l'équateur ou du méridien, mais les mesures itinéraires dont on faisait précédemment usage.

Les distances s'exprimaient en France par *lieues* ; mais l'acception de ce mot était vague, et variait quelquefois du double au simple, selon les localités. Il serait impossible de définir toutes les lieues en usage dans le royaume, soit à cause de leur grand nombre et de leur immense variété ; soit parce que c'était, dans la plupart des pays,

---

(1) Lorsque les distances sont prises en ligne droite, ou basées sur les degrés du méridien, il faut ajouter un cinquième, pour tenir compte des sinuosités des routes. *Annuaire.*

une étendue arbitraire ou simplement approximative, et sans rapport fixe avec les mesures ordinaires de longueur. Il n'y avait de bien déterminé que la lieue de 2000 toises, ou lieue de poste, la lieue de 25 au degré, celle de 20 au degré, dont le mille marin est le tiers, et quelquefois une lieue moyenne de 2500 à 2600 toises. Les § 1 et 2 ci-dessous, s'appliquent à ces différentes espèces de lieues.

L'arrêté du 13 brum. an 9, aujourd'hui abrogé, autorisait à employer les noms de *mille* et de *lieue*, concurremment avec ceux de *kilomètre* et *myriamètre*. Si l'on eût réglé le service de la poste aux chevaux, d'après les nouvelles mesures itinéraires, le mot *myriamètre* eût été plus heureusement remplacé, dans le langage vulgaire, par le nom de *poste*, proposé par l'académie des sciences, dans l'un de ses premiers projets. Au reste, le gouvernement a bientôt renoncé à l'idée de substituer le nom de *lieue* à celui de *myriamètre*, les tables de distances, publiées en exécution de l'article 1ᵉʳ du code civil, et les réglemens de douanes, n'employant le nom de *lieue* que pour exprimer un *demi-myriamètre*.

§ 1. *Lieues et Milles, en Myriamètres et Kilomètres.*

Les petites distances s'évaluent en kilomètres, et les grandes en myriamètres. Nos conversions sont basées sur le myriamètre ; pour avoir des kilomètres, il suffit de reculer le point d'un chiffre : ainsi 4 lieues de poste valent en kilomètres 15.592.

Les décimales représentent des mètres ; en sorte que si l'on veut convertir les lieues en mètres sans fractions inférieures, il ne faut que supprimer le point décimal.

La table suivante s'applique aux lieues de poste, à celles de 25 et de 20 au degré, et aux milles marins.

La *lieue de poste* est de 2000 toises d'ordonnance ; les bornes milliaires, placées sur les grandes routes, marquent des distances de 1000 toises ; 2 bornes font une lieue de poste, et 2 de ces lieues une *poste*.

La lieue *de 25 au degré* répond à 2280 toises et 1 tiers : neuf de ces lieues font exactement 4 myriamètres ; pour les convertir sans table, il faut en prendre le tiers, et y ajouter le tiers de ce tiers.

La lieue *de 20 au degré*, qui se nomme aussi *lieue marine*, répond à 2850 toises 411 millièmes : neuf de ces lieues forment exactement la longueur de 5 myriamètres.

Le *mille marin* est le tiers de la lieue marine ; il répond à la minute du degré terrestre, suivant la division ordinaire du cercle, et contient 950 anciennes toises et une légère fraction.

La *lieue moyenne*, tenant le milieu entre la lieue de 25 au degré et celle de 20, contient 2565 *tois*. 37 ; c'est cette lieue que le gouvernement a désignée comme lieue ancienne, dans la table des distances : deux de ces lieues faisant exactement un myriamètre, la conversion en est facile.

La table va seulement jusqu'à 10, mais elle peut servir à convertir les dizaines, centaines et milliers de lieues ou milles, en reculant le point d'un chiffre pour les dizaines, de 2 pour les centaines, et de 3 pour les milliers.

lieues ou milles.	lieues de poste. myriam.	lieues de 25 au degré. myriam.	lieues de 20 au degré. myriam.	milles marins. myriam.
1	0.3898	0.4444	0.5556	0.1852
2	0.7796	0.8889	1.1111	0.3704
3	1.1694	1.3333	1.6667	0.5556
4	1.5592	1.7778	2.2222	0.7407
5	1.9490	2.2222	2.7778	0.9259
6	2.3388	2.6667	3.3333	1.1111
7	2.7287	3.1111	3.8889	1.2963
8	3.1185	3.5556	4.4444	1.4815
9	3.5083	4.0000	5.0000	1.6667
10	3.8981	4.4444	5.5556	1.8519

§ 2. *Myriamètres et Kilomètres, en Lieues et Milles.*

Les myriamètres sont comparés ici aux lieues de poste, à celles de 25 et 20 au degré, et aux milles marins ; les dimensions de ces différentes lieues sont indiquées au § 1. Si, au lieu de myriamètres, on a des kilomètres à convertir, il faut avancer le point d'un chiffre; 8 kilomètres font, en milles marins, 4.32.

Les décimales sont, pour la lieue d poste, des millièmes, équivalant à 2 anciennes toises; en sorte que, pour réduire un nombre de myriamètres en anciennes toises, sans divisions inférieures, il suffit de doubler le nombre qui y correspond et de supprimer le point. On voit que le kilomètre répond à un peu plus d'un quart de lieue de poste.

4 myriamètres font exactement 9 lieues de 25 au degré : on peut en opérer la conversion, en multipliant par 2 et un quart. Les décimales sont des centièmes.

Le rapport du myriamètre avec la lieue de 20 au degré et le mille marin, est également simple : 5 myriamètres font 9 lieues ou 27 milles, 1 myriamètre répond à 1 lieue 4 cinquièmes, et à 5 milles 2 cinquièmes. Les fractions allant ainsi de 5e en 5e, il a suffi d'une décimale, qui représente des dixièmes.

On a vu que la lieue moyenne est exactement la moitié du myriamètre.

Pour convertir les dizaines, centaines et milliers de myriamètres, il faut reculer le point d'un, 2 ou 3 chiffres.

nombre de myriam.	lieues de poste.	lieues de 25 au degré.	lieues de 20 au degré.	milles marins.
1	2.565	2.25	1.8	5.4
2	5.131	4.50	3.6	10.8
3	7.696	6.75	5.4	16.2
4	10.261	9.00	7.2	21.6
5	12.827	11.25	9.0	27.0
6	15.392	13.50	10.8	32.4
7	17.958	15.75	12.6	37.8
8	20.523	18.00	14.4	43.2
9	23.088	20.25	16.2	48.6
10	25.654	22.50	18.0	54.0
1000	2565.370	2250.00	1800.0	5400.0
4000	10261.481	9000.00	7200.0	21600.0

Les 2 dernières lignes de cette table s'appliquant au quart du méridien terrestre, qui contient 1000 myriamètres, et à la circonférence entière du globe, qui est de 4000, on voit ce que l'un et l'autre contiennent en lieues de poste, en lieues de 20 et 25 au degré, et en milles marins. Si l'on multiplie par 25, par 20 et par 60, les 360 degrés de la division ordinaire du cercle, on retrouve les nombres de 9000, de 7200 et de 21600, indiqués à la fin des trois dernières colonnes.

MESURES NAUTIQUES.

Les marins, indépendamment de la latitude et de la longitude, à la reconnaissance desquelles ils emploient les observations astronomiques, ont besoin de connaître le

chemin qu'ils ont parcouru, la direction
que suit le navire, la vitesse de sa marche,
la profondeur de l'eau, la largeur d'un passage, d'un port, etc. Les mesures ordinaires
ne pouvant leur être d'aucun usage, à cause
de la mobilité de l'élément sur lequel ils vi-
vent, et de l'absence de tout point fixe qui
puisse servir de base à leurs opérations, ils
emploient des moyens particuliers d'*estime*,
qui ont suffi pour porter la navigation à un
degré extraordinaire de précision et de sécurité : nous essaierons de les décrire.

LIEUES MARINES, ET MILLES MARINS.

Les distances sur mer se rapportent à la
lieue de 20 au degré ou lieue marine, et au
mille marin, qui en est le tiers ; nous en
avons donné la conversion en myriamètres
et kilomètres, *pag.* 385 *et* 387.

Cette lieue n'est celle d'aucun pays, mais
celle des navigateurs en général ; elle est
appliquée exclusivement par la plupart des
nations maritimes à tous les calculs nautiques, et employée sur leurs cartes et plans
hydrographiques. La nécessité où se trouve
le navigateur, de rapporter sans cesse les
mesures itinéraires aux degrés et minutes
du cercle, et les degrés du cercle aux mesures itinéraires, l'a forcé d'adopter une
lieue qui fût une partie aliquote du degré

terrestre : il a donc divisé ce degré en 20 lieues, et chaque lieue en 3 milles ; ce qui fait correspondre exactement le mille marin à un 60ᵉ du degré du méridien, c'est-à-dire à une minute de latitude. Les grandes distances se mesurent en lieues marines, et les petites en milles.

Les navigateurs ne pourraient donc abandonner la lieue marine et le mille marin, pour le myriamètre et le kilomètre, qu'autant que la division du cercle en 400 degrés serait généralement adoptée et appliquée à toutes les tables, cartes et plans hydrographiques. Un degré du méridien répondrait alors à 10 myriamètres, et la minute centésimale à 1 kilomètre. Dans la division actuelle du cercle, un degré correspond à 11 *myriam.* 1111, et une suite de 1 à l'infini ; la minute sexagésimale à 1 *kilom.* 851851, et la répétition des 3 mêmes chiffres à l'infini. On conçoit combien des rapports fractionnaires offriraient de difficultés et pourraient occasionner d'erreurs : dans les usages ordinaires de la vie, les erreurs de calcul peuvent coûter de l'argent ; en navigation, elles coûtent des hommes.

BOUSSOLE, OU COMPAS DE MER.

Le cercle de l'horizon, tracé sur la boussole, est divisé, comme les méridiens et autres cercles de la sphère, en 360 degrés ; mais la *rose des vents*, autre cercle concentrique à l'horizon et fixé à l'aiguille aimantée (1), est divisée en 32 airs ou *rumbs* de vent, désignés ainsi qu'il suit :

1. Nord.	9. Est.	17. Sud.	25. Ouest.
2. n. q. n.e.	10. e. q. s.e.	18. s. q. s.o.	26. o. q. n.o.
3. n.n.e.	11. e.s.e.	19. s.s.o.	27. o.n.o.
4. n.e. q. n.	12. s.e. q. e.	20. s.o. q. s.	28. n.o. q. o.
5. n.e.	13. s.e.	21. s.o.	29. n.o.
6. n.e. q. e.	14. s.e. q. s.	22. s.o. q. o.	30. n.o. q. n.
7. e.n.e.	15. s.s.e.	23. o.s.o.	31. n.n.o.
8. e. q. n.e.	16. s. q. s.e.	24. o. q. s.o.	32. n. q. n.o.

Un angle de rumb répond à 11 degrés un quart ; avec la division décimale du cercle, il répondrait à 12 degrés et demi.

Dans l'opinion où l'on était, que la division décimale du cercle deviendrait obligatoire, on avait proposé (*ann. de l'an 7*), de partager l'horizon en arcs de 10 degrés décimaux, ce qui donnerait 40 divisions, et permettrait de composer la rose des vents de 40 rumbs ; mais il eût fallu, dans ce cas, changer aussi les dénominations des rumbs, et il était à craindre que les timoniers, dont l'instruction surpasse à peine celle des matelots, et qui gouvernent presque machina-

---

(1) Dans les boussoles à cadran, dont on fait usage sur terre, la rose des vents est fixe, et tracée sur le cercle même de l'horizon, dont les degrés sont marqués 0 au nord et au sud, et 90 à l'est et à l'ouest.

lement, d'après des ordres qu'il faut exécuter à la minute, ne pussent pas aisément se prêter à ces changemens. N'était-ce pas d'ailleurs un moyen assuré de ne pas s'entendre avec les navigateurs des autres nations? Fleurieu s'explique ainsi dans son Traité sur l'application du système métrique à la navigation, *tome 4 du Voyage autour du monde, par Marchand :* «Sans doute il faut diviser tout par 10, lorsqu'on le peut sans inconvénient ; mais on pourrait dire à celui qui, par attachement au système décimal, s'opposerait à la conservation des 32 rumbs: Ordonnez donc à la terre de faire tous les ans 400 révolutions sur son axe, pour que l'année puisse aussi se diviser en 10 mois, et le jour répondre exactement à un degré.» On a senti depuis ce temps que, le but de la réformation des poids et mesures étant de les rendre uniformes, il n'y avait pas de motif pour donner à la boussole un autre mode de division, que celui qui est uniformément suivi par les marins de toutes les nations.

LIGNE DE LOCH.

Le *loch* est un triangle de bois, portant à sa base un poids, qui le fait enfoncer verticalement dans l'eau. Au sommet de ce triangle est attachée une longue corde, divisée en intervalles de 47 pieds ¹/₂ chacun, longueur de la 120ᵉ partie du mille marin : ces intervalles sont appelés *nœuds*, parce que chaque division est indiquée par un petit bout de ficelle portant autant de nœuds qu'il a été filé d'intervalles. Lorsqu'on veut mesurer le *sillage* ou la vitesse du vaisseau, on jette la machine à l'eau, où elle reste stationnaire, la corde se déroulant à mesure que le vaisseau s'éloigne. On observe combien le vaisseau parcourt d'intervalles pendant une demi-minute, qui est également la 120ᵉ partie d'une heure, et l'on en conclut que le vaisseau parcourt autant de milles par heure, qu'il a passé de nœuds pendant l'observation. La demi-minute se mesure à l'horloge de sable, ou *ampoulette*, dont la durée est exactement de 30 secondes.

Lorsqu'on croyait pouvoir soumettre le temps à la division décimale, et partager le jour en 10 heures, l'heure en 100 minutes, on avait proposé (*ann. de l'an 7*), de régler l'ampoulette à 40 secondes de temps décimal, et de diviser la ligne de loch en intervalles ou nœuds de 10 mètres ou 1 décamètre; dans ce système, chaque nœud filé en 40 secondes aurait répondu à 2 *kilom*. 5 par heure décimale.

On voit que l'opération aurait été beaucoup moins simple que le mode actuellement employé, d'après lequel on compte, sans fraction ni calcul, autant de milles que de nœuds. La division décimale du temps ayant été abandonnée, il n'y a plus lieu de changer la durée de l'observation ni la longueur des intervalles. Si l'on veut appliquer le mètre ou le pied usuel à la mesure de l'intervalle ou nœud, il faudra, pour qu'il continue d'être la 120e partie du mille, lui donner 15 *mètr.* 432 de longueur.

LIGNE DE SONDE.

Les Français mesurent la profondeur de l'eau ou hauteur du fond, avec une ligne de sonde, divisée en *brasses* de 5 pieds : l'indication des différentes profondeurs ou hauteurs de fond sur les cartes hydrographiques se nomme *brassiage*. Le nom de *brasse* vient originairement de ce que les patrons de barques, qui n'y regardent pas de si près, ont pris pour division de la ligne de sonde, la longueur des 2 bras étendus.

Pour subordonner tout au système décimal, on avait proposé de fixer la division de la ligne de sonde à 2 mètres. Fleurieu remarque, dans l'ouvrage déjà cité, qu'en adoptant cette nouvelle mesure, nous perdrions l'avantage résultant de ce que notre brassiage a pour élément une mesure plus petite que celui des autres nations maritimes. Nous pouvons nous servir avec sécurité des cartes où les profondeurs de l'eau sont exprimées d'après leurs mesures, en prenant pour des brasses de France, les nombres écrits sur ces cartes, parce que nous avons la certitude, quelque mesure qu'indiquent ces chiffres, de trouver toujours plus d'eau sous la quille, que n'en donnerait le même nombre de brasses françaises. Notre brassiage gagne en effet 3 centièmes sur la *braza* des Espagnols, un 8ᵉ sur le *fathom* des Anglais, un 6ᵉ sur le *vaam* des Hollandais, un 10ᵉ sur le *famnar* des Suédois, un 6ᵉ sur le *fann* des Danois, 1 tiers sur la *sagène* des Russes, et 19 centièmes sur le *puu* des Chinois; parce que ces mesures sont égales à 6 pieds de chacun de ces pays, et que la longueur de ces pieds excède partout celle de 5 anciens pieds de France, dans les proportions indiquées.

Fleurieu pensait que l'on pourrait conserver le même avantage, en divisant la ligne de sonde, de mètre en mètre. « Il suffira, disait-il, quand on fera usage d'une carte étrangère, de compter une moitié en sus du nombre de brasses indiqué, et d'ajouter à la somme une unité pour chaque dizaine de brasses, pour avoir, avec une approximation suffisante, le nombre de mètres correspondant à celui des brasses. »

Toute opération de calcul pouvant donner lieu à quelque erreur, lorsqu'elle est faite avec précipitation, ce qui doit arriver souvent en mer, il est plus convenable de conserver la brasse actuelle de 5 pieds, en faisant les pieds d'un tiers de mètre, conformément à l'arrêté du 28 mars 1812. La nouvelle brasse n'excéderait l'ancienne que d'un pouce et demi, différence d'autant moins importante, que la mesure de la profondeur de l'eau ne demande pas une précision rigoureuse, et n'en est même pas susceptible.

Au reste, ce moyen conserverait à notre marine l'avantage que lui procure le brassiage actuel, sur le brassiage étranger; 5 pieds métriques se trouvant encore inférieurs aux brasses des autres nations maritimes.

Table LXXVII. *Conversion des Brasses en Mètres, et des Mètres en Brasses.*

Si l'on fait la brasse de 5 pieds usuels, la conversion sera facile : en multipliant le nombre des brasses par 5, on aura des pieds, qui, divisés par 3, donneront des mètres : en multipliant les mètres par 3, on aura des pieds, qui, divisés par 5, donneront des brasses.

La table suivante s'applique aux brasses de 5 pieds de roi; elles sont converties en mètres, et réciproquement.

Les décimales sont des millièmes. Pour convertir les dizaines, centaines ou milliers, on recule le point décimal d'un, 2 ou 3 chiffres.

§ 1. *Brasses en Mètres.*

brasses.	mètres.	brasses.	mètres.	brasses.	mètres.
1	1.624	4	6.497	7	11.369
2	3.248	5	8.121	8	12.994
3	4.873	6	9.745	9	14.618

§ 2. *Mètres en Brasses.*

mètres.	brasses.	mètres.	brasses.	mètres.	brasses.
1	0.616	4	2.463	7	4.310
2	1.231	5	3.078	8	4.926
3	1.847	6	3.694	9	5.541

ENCABLURE.

Les marins font encore usage d'une mesure qui leur est particulière, pour estimer à vue les petites distances, telles que l'ouverture d'un port, la largeur d'un passage étroit, etc. Cette mesure est l'*encâblure*, ou longueur d'un câble, fixée, dans la marine, à 120 brasses de 5 pieds, ou 100 toises anciennes.

On ne compte guère au-dessus de 4 ou 5 encâblures, les distances plus grandes s'évaluant en milles marins. L'encâblure répond à peu près au 10e de mille, qui est d'environ 950 toises. Nous en donnons ici l'évaluation en mètres.

encâbl.	mètres.	encâbl.	mètres.	encâbl.	mètres.
1	194.90	4	779.61	7	1364.33
2	389.81	5	974.52	8	1559.23
3	584.71	6	1169.42	9	1754.13

L'encâblure et les brasses rentreraient dans le système métrique, en faisant la première de 100 toises usuelles ou doubles mètres, et les brasses de 5 pieds usuels. Si l'on adopte cette mesure, la différence ne sera que d'un pouce et demi sur les brasses anciennes, ainsi qu'on l'a vu ci-dessus, et d'environ 5 pieds sur l'encâblure. Le kilomètre se diviserait alors exactement en 5 encâblures de 120 brasses chacune.

MESURES TOPOGRAPHIQUES.

On appelle ainsi les mesures qui servent à exprimer l'étendue superficielle des états, des départemens, et en général de toute portion considérable de territoire. La connaissance en est indispensable pour l'intelligence des ouvrages de statistique et de géogràphie, ainsi que des lois qui déterminent l'étendue des arrondissemens judiciaires ou administratifs.

On avait cru pouvoir appliquer à cet usage le *kilare* et le *myriare*, qui faisaient d'abord partie de la nomenclature des mesures agraires, correspondant, le 1er à 1000 ares ou 10 hectares, le 2e à 10,000 ares ou

100 hect. Comme mesures topographiques, ils auraient l'inconvénient de ne pas indiquer de rapport avec les mesures itinéraires qui, servant à exprimer les dimensions du territoire en longueur et en largeur, semblent également devoir être employées à en calculer la superficie. On a donc, avec raison, adopté de préférence les kilomètres et myriamètres carrés, qui d'ailleurs présentent plus d'analogie avec les anciennes lieues carrées.

Les kilomètres et myriamètres carrés ont, sur les anciennes lieues carrées qu'ils remplacent, un avantage important sous le rapport de l'arithmétique politique. Ces dernières laissaient à désirer le nombre d'arpens, d'acres, etc., compris dans le territoire : les kilomètres et myriamètres, au contraire, ayant, comme les mesures agraires, le mètre carré pour élément, une simple transposition du point décimal désigne à volonté les myriamètres et kilomètres carrés ou les hectares ; il serait également facile de les convertir en ares et en centiares ou mètres carrés. L'hectare étant l'hectomètre carré, 100 hectares forment 1 kilomètre carré ; 100 kilomètres carrés ou 10,000 hectares forment un myriamètre carré. Ainsi, 3 *myriam. carr.* 6215 équivaudront à 362 *kilomètr. carr.* 15, ou à 36215 *hectar.*, qui, en ajoutant 2 ou 4 zéros, forment 3,621,500 ares, ou 362,150,000 *centiares* ou *mètres carrés*. Cet accord des mesures topographiques avec les mesures agraires, double l'utilité du cadastre, dont les opérations peuvent ainsi devenir la base d'une carte générale du royaume.

Les tables que nous avons données, *p.* 385 et 387, pour les mesures itinéraires, ne peuvent être d'aucun usage pour les mêmes mesures devenues superficielles, les carrés ne suivant pas le rapport des nombres simples : les deux tables suivantes indiquent exactement les rapports des anciennes et nouvelles mesures de superficie.

TABLE **LXXVIII**. *Conversion des Lieues et Milles carrés en Myriamètres et Kilomètres carrés.*

Nous comparons ici aux kilomètres carrés les lieues et milles qui ont été précédemment considérés comme mesures itinéraires. Si, au lieu de kilomètres carrés, on désire avoir des myriamètres, il faut avancer le point de 2 chiffres.

Les décimales sont des millièmes, les 2 premières sont des hectares; en sorte qu'en supprimant le point, et retranchant la dernière décimale, on a la contenance en hectares des différentes lieues et milles carrés.

Pour convertir les dizaines, centaines et milliers, on recule le point d'un, de 2, ou de 3 chiffres.

Les dimensions linéaires des lieues et milles dont il s'agit, sont indiquées ci-dev., *p.* 384. En superficie, la lieue de poste contient 4,000,000 de toises carrées ; la lieue de 25 au degré, 5,199,905 ; la lieue de 20 au degré, 8,124,843, et le mille marin, 902,760.

81 lieues carrées de 25 au degré font 16 myriamètres ou 1600 kilomètres carrés ; 81 lieues carrées de 20 au degré font 25 myriamètres ou 2500 kilomètres carrés ; pour le même nombre de myriamètres et kilomètres carrés, il faut 729 milles marins carrés.

Nous ne donnons pas de table pour la lieue moyenne carrée, parce qu'elle est exactement le quart du myriamètre carré.

lieues ou milles carrés.	*lieue de poste.* kilom. c.	*lieue de 25 au degré.* kilom. c.	*lieue de 20 au degré.* kilom. c.	*mille marin.* kilom. c.
1	15.195	19.753	30.864	3.429
2	30.390	39.506	61.728	6.859
3	45.585	59.259	92.593	10.288
4	60.780	79.012	123.457	13.717
5	75.975	98.765	154.321	17.147
6	91.170	118.519	185.185	20.576
7	106.365	138.272	216.049	24.005
8	121.560	158.025	246.914	27.435
9	136.755	177.778	277.778	30.864
10	151.950	197.531	308.642	34.294

TABLE LXXIX. *Conversion des Myriamètres et Kilomètres carrés en Lieues ou Milles carrés.*

Nous comparons ici les myriamètres carrés aux lieues dont l'étendue superficielle est indiquée à la table précédente ; si l'on a des kilomètres carrés à convertir, il faut avancer le point de 2 chiffres.

Quoique la table ait été conduite seulement jusqu'à 10, elle peut servir à convertir les dizaines, centaines et milliers, en reculant le point décimal d'un, 2, ou 3 chiffres.

nombre de myriam. carrés.	lieues de poste, carrées.	lieues de 25 au degré, carrées.	lieues de 20 au degré, carrées.	milles marins, carrés.
1	6.581	5.0625	3.24	29.16
2	13.162	10.1250	6.48	58.32
3	19.743	15.1875	9.72	87.48
4	26.324	20.2500	12.96	116.64
5	32.905	25.3125	16.20	145.80
6	39.486	30.3750	19.44	174.96
7	46.068	35.4375	22.68	204.12
8	52.649	40.5000	25.92	233.28
9	59.230	45.5625	29.16	262.44
10	65.811	50.6250	32.40	291.60

Ancienne et nouvelle Division géométrique de la France.

L'ancienne division géométrique de la France, employée pour la carte de *Cassini,* a été établie sur la méridienne de l'observatoire de Paris, et sur la perpendiculaire menée à cette méridienne, au point même de l'observatoire. Pour déterminer les lignes de la division servant à former les feuilles de cette carte, on a placé l'observatoire au centre de la première feuille : il est résulté de cette disposition, que les parallèles menées à la méridienne et à la perpendiculaire de l'observatoire, pour former la division de la carte en différentes feuilles, partent, non de ces deux lignes, mais de la ligne de cadre de la feuille n° 1, dite *feuille de Paris.*

Les feuilles sont rapportées à l'échelle d'une ligne pour 100 toises, ou de 1 à 86400. Occupant sur le papier 400 lignes de base sur 250 de hauteur, chacune de ces feuilles représente un espace de 40000 toises sur 25000, ce qui donne un milliard de toises carrées. La base et la hauteur sont divisées en 5 parties, par des lignes qui partagent la feuille en 25 carreaux, ayant chacun 8000 toises de base sur 5000 de hauteur, et contenant 40 millions de toises carrées. Pour former des feuilles de même dimension, les carreaux devaient être développés à l'échelle d'une ligne pour 10 toises, ou de 1 à 8640.

On voit au premier aperçu ce qu'un tel système présente d'imperfection. N'ayant aucun rapport avec les mesures agraires, ni avec les degrés du méridien, basé sur la division en toises, qui présente des nombres considérables à énoncer, et sur une échelle difficile à saisir, il n'offre, ni à la statistique, ni à la géographie, les avantages que promet la nouvelle division géométrique, adoptée par le Dépôt général de la guerre, et basée sur le système actuel des mesures.

Cette nouvelle division part, comme l'ancienne, de la méridienne de l'observatoire, et de la perpendiculaire élevée sur cette méridienne, au point même de l'observatoire : ces deux lignes divisent le territoire de la France en 4 grandes régions, *Nord-Ouest*, *Nord-Est*, *Sud-Est* et *Sud-Ouest* ; des parallèles menées à la perpendiculaire, de grade en grade, (degré décimal contenant 10 myriamètres,) et à la méridienne, de 2 en 2 grades, forment les divisions du premier ordre, qui contiennent ainsi 2 grades ou degrés décimaux carrés, équivalant à 200 myriamètres carrés.

Ces grandes divisions seront désignées par le nom d'une ville principale, chef-lieu de département ; la base en sera partagée en 5 parties, de 40,000 mètres l'une, et la hauteur en 4 parties de 25,000 mètres ; ce qui formera 20 rectangles égaux, représentant chacun 10 myriamètres carrés, qui équivalent à 1000 kilomètres carrés, ou

100,000 hectares. Ces divisions du second ordre, qui seront nommées *feuilles*, rapportées à l'échelle de 1 à 50,000, auront 8 décimètres de base, sur 5 de hauteur.

En les divisant encore en 10 parties sur chacune de leurs dimensions, il en résultera 100 divisions du troisième ordre, ou *carreaux*, qui, développés à l'échelle de 1 à 5000, ou d'un mètre pour 5 kilomètres, obtiendront les mêmes dimensions que les feuilles, et représenteront chacun 10 kilomètres carrés, ou 1000 hectares. Cette échelle de 1 à 5000 a été prescrite par une instruction du ministre des finances, pour la confection des cartes figuratives et géométriques des communes, ordonnée par l'arrêté du 12 brumaire an 11.

C'est ainsi que la nouvelle division géométrique, se rattachant d'une part aux degrés du méridien terrestre par les grandes divisions, et d'un autre côté aux arpentages des communes par les divisions du 3ᵉ ordre, ou carreaux, nous promet une carte générale de France, extrêmement exacte, d'une application facile à toute espèce de recherches, et aussi détaillée qu'il pourra être utile aux vues du gouvernement.

CADASTRE.

Le Cadastre général, dont le but est d'amener une meilleure répartition de la contribution foncière, se lie au nouveau système des poids et mesures, 1° par l'arpentage des communes; 2° par l'expertise des différentes natures de propriétés, opération basée sur le rapport des nouvelles et anciennes mesures d'arpentage, et sur le prix moyen des denrées en mesures métriques.

§ 1. *Arpentage des Communes.*

Ordonné par les arrêtés des 12 brumaire an 11 et 27 vendémiaire an 12, l'arpentage des communes se fait en nouvelles mesures agraires.

Voici les mesures prises pour que les plans des communes puissent concourir à la confection de la nouvelle carte générale; voir ci-devant, *pag.* 403. Les plans sont levés à l'échelle de 1 à 5000, c'est-à-dire d'un millimètre pour 5 mètres, ou d'un mètre pour 5 kilomètres. Ils sont tous orientés plein nord, eu égard à la déclinaison de l'aiguille aimantée, calculée à l'observatoire de Paris, (22° 11', *ouest.*) Enfin ils se rattachent, par des opérations trigonométriques, à des points pris sur le territoire des communes voisines, tels que clochers, moulins et autres signes apparens; et par des lignes verticales et horizontales, à la méridienne et à la perpendiculaire de l'observatoire de Paris.

Ces lignes, tracées de décimètre en décimètre, forment, sur les plans, des carrés parfaits, dont chacun représente 25 hectares; des carrés plus petits, formés par des lignes tirées de centimètre en centimètre, représenteront 25 ares; en supposant de semblables carrés de millimètre en millimètre, ils représenteraient 25 mètres carrés, ou un carré de 5 mètres de côté : d'où il résulte que les plus petits détails peuvent être désignés sur ces plans : 2 millimètres sur 2 millimètres équivalent à un are ou décamètre carré; 2 centimètres sur 2 centimètres, à un hectare; 2 décimètres sur 2 décimètres, à 100 hectares ou à un kilomètre carré.

Le premier plan adopté pour le cadastre ne prescrivait l'arpentage des communes que par masses de culture; mais quand on s'est occupé de la confection des matrices cadastrales d'après ces plans de masse, on a reconnu que les contenances partielles cadraient difficilement avec les contenances totales, et que celles de chaque propriété se trouvaient fixées d'une manière très-incertaine. D'après ces considérations, on s'est déterminé à ordonner la confection de plans parcellaires, contenant l'arpentage particulier de tous les articles de propriété de chaque commune, et les instructions données à cet effet, en décembre 1807, ont été sanctionnées par la loi du 29 novembre 1808.

L'arpentage parcellaire s'exécute d'après une triangulation et un plan linéaire, qui présente la circonscription de la commune, les principaux chemins, les montagnes, les rivières, les forêts, la position des chefs-lieux et hameaux, la division des sections, et leurs subdivisions, si elles en sont susceptibles. Le parcellaire se compose d'autant de feuilles, qu'il y a de sections dans la commune, ou même de subdivisions de section, si les sections sont trop étendues : il en est formé un atlas, en tête duquel doit se trouver le tableau d'assemblage ou plan général de la commune. Ce tableau doit être à l'échelle de 1 à 5000, comme on l'a vu ci-dessus ; mais dans les communes dont le territoire excède 1200 hectares, l'échelle est de 1 à 10,000, et de 1 à 20,000, s'il excède 3000 hectares : ces modifications ont pour but de faire tenir le plan d'assemblage sur une seule feuille. Les plans parcellaires sont rapportés sur l'échelle de 1 à 2500, ou 2 millimètres pour 5 mètres.

A l'échelle de 1 a 20,000, les carrés de décimètres, centimètres et millimètres représentent 400 hectares, 4 hectares et 4 ares. A l'échelle de 1 à 10,000, ils représentent 100 hectares, un hectare et un arc ; à l'échelle de 1 à 2,500, comme celle des parcellaires, ils représenteront 6 hectares un quart, 6 ares un quart, et 6 mètres carrés un quart.

Le premier résultat de l'opération du cadastre est de donner à chaque commune un plan régulier de son territoire, de fixer les limites de chaque parcelle de propriété, et de constater la place qu'elle occupe sur le terrain. La matrice cadastrale, contenant les noms de tous les propriétaires actuels, avec l'indication de la contenance et du revenu des articles de propriété de chacun d'eux, établit l'égalité proportionnelle entre tous les propriétaires d'une même commune. La trace de tous les mouvemens des propriétés se conserve dans des livres de mutations, qui se rattachent, par une suite non interrompue, à la matrice originaire.

Quand toutes les communes d'un canton sont définitivement cadastrées, le préfet, aux termes de l'art. 33 de la loi du 15 sept. 1807, fixe l'*allivrement* cadastral ou revenu net de chacune de ces communes, et répartit entre elles la masse de leurs contingens actuels, au prorata de leur allivrement, ce qui met en rapport exact tous les propriétaires de ce canton. L'avantage de l'égalité proportionnelle s'étendra ainsi à une portion plus considérable du département, et la même marche continuant d'être suivie, fournira les moyens de rectifier aussi les inégalités d'arrondissement à arrondissement.

§ 2. *Conversion des mesures locales.*

Les experts chargés de procéder dans chaque commune à l'évaluation des différentes natures de propriétés, ont souvent besoin de réduire les mesures locales en mesures métriques. Pour parvenir à une réduction exacte, deux lettres du commissaire général du cadastre aux directeurs des contributions, en date des 10 ventôse et 8 floréal an 11, leur ont recommandé de prescrire aux contrôleurs l'usage de notre *Manuel*. Ils y trouveront, en effet, le moyen de convertir en nouvelles mesures, non seulement les anciennes mesures de Paris, mais toutes les autres mesures locales, en suivant les méthodes indiquées, *pages* 172 pour les mesures agraires, 253 *et* 263 pour les mesures de capacité. A l'égard des poids en usage dans les différentes communes, et qui ne seraient pas compris dans la table LIII, ci-devant, *pag.* 279, on connaîtra facilement leur rapport avec les poids métriques, en plaçant, sur un des plateaux d'une balance bien exacte, un quintal mesure locale, et sur l'autre, la quantité de kilogrammes et poids inférieurs nécessaire pour le mettre en équilibre. On peut être assuré de l'exactitude d'une balance, lorsqu'après avoir établi l'équilibre entre deux poids, ces poids se trouvent encore en équilibre, quoique changés de plateaux.

Deux tableaux comparatifs des anciennes et nouvelles mesures ont été dressés dans les départemens; quelques-uns sont inexacts; il importe de les vérifier: ceux, entre autres, qui ont été rédigés avant la fixation définitive du mètre et du kilogramme, doivent être rectifiés avec soin; voir ci-dev. *p.* 81.

§ 3. *Prix moyen des Denrées.*

Il est prescrit aux contrôleurs et experts de former, pour chaque commune, un relevé du prix des denrées, pendant 15 années, et d'en déduire le prix moyen, après avoir retranché les 2 années les plus fortes et les 2 plus faibles. Voici la manière la plus simple de rapporter ce prix moyen aux nouvelles mesures.

Soit le boisseau d'une commune égal à 0 *hectol.* 168, et valant 1 fr. 75 cent.; pour trouver le prix de l'hectolitre, divisez 1 fr. 75 c. par 0. 168. Les règles de la division décimale sont très-simples; dans tous les cas semblables à celui-ci, il faut rendre égal, s'il ne l'est pas, le nombre des décimales de chaque terme, en ajoutant les zéros nécessaires, et ajouter de plus 2 zéros au dividende; faisant ensuite la division comme à l'ordinaire, et sans égard au point décimal, ou trouve le prix de l'hectolitre égal au quotient, dont les deux derniers chiffres sont des centimes. Ici le quotient de 175,000 par 168, égale 10 fr. 42 c., prix de l'hectolitre. Si le setier valant 30 francs équivaut à 1 *hectol.* 95, il faut diviser 300,000 par 195, ce qui donne pour le prix de l'hectolitre 15 fr. 38 cent.

TABLE **LXXX**. *Hauteurs barométriques.*

Toricelli, en 1645, remplit un tube de mercure, et le plongea, en le renversant, dans une cuvette qui en était également remplie, le mercure resta dans le tube à la hauteur d'environ 28 pouces. Telle fut l'origine du *baromètre :* il fit connaître que la pression de l'atmosphère était égale au poids d'une colonne de mercure de 28 pouces de hauteur.

Le mercure ne se tenant pas constamment au même point, on en conclut que la pression de la colonne atmosphérique était également variable. L'observation apprit que ces variations annonçaient ordinairement des changemens de temps ; et c'est aujourd'hui le principal usage du baromètre, dont l'échelle, parcourant un espace d'environ 3 pouces, est soigneusement consultée par les voyageurs et les habitans des campagnes, et est devenue l'une des prin-

cipales bases des observations météorolo-
giques.

Pascal, qui répéta l'expérience de Toricelli, imagina, en 1647, de la rendre plus
décisive, en la faisant à différentes hauteurs. En portant le baromètre sur le Puy-
de-Dôme, on vit la colonne de mercure diminuer à mesure qu'on s'élevait, et la proportion parut être d'environ une ligne pour
75 pieds d'élévation perpendiculaire, (1
millimètre pour 10 *mètr.* 79.)

Si la dépression du mercure suivait une
marche uniforme, la hauteur totale de l'atmosphère pourrait s'évaluer en multipliant
les 336 lignes contenues en 28 pouces, par
les 75 pieds qui correspondent à chaque
ligne. Mais le résultat, qui serait de 4200
toises, est infiniment au-dessous de la réalité, s'il faut s'en rapporter aux expériences
de Lahire, qui, d'après l'observation des
crépuscules, a porté cette évaluation à 36
ou 37,000 toises.

La pression de l'air est proportionnelle à
sa densité; et cette densité étant elle-même
comme le poids qui la comprime, va en diminuant de bas en haut, par une dégrada-
tion insensible, chaque couche d'air, à
mesure qu'on s'élève, ayant de moins à
supporter le poids des couches inférieures.
Il en résulte que, quand les hauteurs croissent en progression arithmétique, les élé-

vations du mercure dans le baromètre décroissent en progression géométrique : la différence de niveau entre les différentes stations est donc proportionnelle à la différence des logarithmes des hauteurs du mercure dans le baromètre.

Cela posé, des tables basées sur les différences des logarithmes ordinaires sembleraient devoir suffire pour indiquer les différences de niveau, d'après celles des hauteurs du mercure ; mais le problême se complique par une infinité d'inégalités particulières, qui exigent des corrections plus ou moins importantes, suivant le degré de précision qu'on veut obtenir.

Des variations journalières du baromètre dans le même lieu, d'après celles de la constitution atmosphérique, il est aisé de conclure qu'une observation isolée ne pourrait donner un résultat certain : en multipliant les opérations, les erreurs se compensent et s'atténuent. On a d'ailleurs reconnu que l'intervalle compris entre 11 heures et une heure après midi est le plus favorable à la justesse des observations ; qu'elles doivent être faites par un temps calme, et les instrumens garantis de l'action immédiate du soleil.

Les expériences du pendule, ci-devant *pag.* 376, ont prouvé que la pesanteur est moindre, à mesure qu'on se rapproche de l'équateur; la même hauteur de mercure doit donc répondre, sous les différentes latitudes, à des intervalles différens. La table ci-dessous a été calculée pour le 45ᵉ parallèle; si on l'applique à des observations faites sous l'équateur, il faut ajouter un 352ᵉ à la hauteur en mètres indiquée; sous le pole, il faudrait en retrancher la même fraction. Pour les degrés intermédiaires, les quantités à ajouter ou à retrancher sont d'autant plus faibles, qu'on approche davantage du 45ᵉ degré : à 5 degr. de distance, c'est un 2000ᵉ environ; à 10 degrés, un 1000ᵉ; à 15, un 700ᵉ, etc. On voit que, pour la France et la plus grande partie de l'Europe, cette correction ne peut pas être d'une grande importance.

Le rapport varie encore, suivant la quantité plus ou moins grande de vapeur aqueuse qui se trouve suspendue dans les différentes couches, et à raison du décroissement de la pesanteur à mesure qu'on s'élève; il est tenu compte de ces variations dans la formule indiquée par M. Laplace, et dans les tables construites d'après cette formule, dont l'exactitude est démontrée par les expériences les plus positives.

Il est encore trois causes de variations qui exigent des corrections particulières.

1° L'élasticité de l'air augmente par la chaleur, de sorte qu'avec une densité moindre, il peut soutenir une colonne égale de mercure ; il faut donc, si la température moyenne des observations est supérieure ou inférieure à celle du point de départ, augmenter ou diminuer les résultats donnés par les tables, à moins qu'elles n'aient été calculées, comme celles de M. Biot, pour les divers degrés de température. Cette augmentation ou diminution étant la même pour chaque degré, il nous a paru plus simple de ne calculer la table que pour une première température, 12°.50 centigrades, et d'indiquer, dans une colonne séparée, la quantité à ajouter pour chaque degré du thermomètre centigrade, dont la température moyenne des observations excédera celle de la table, quantité qui devra au contraire être retranchée, si la température est moindre.

2° Le mercure, comme tous les autres corps, se condensant par le froid et se dilatant par la chaleur, si l'on observe dans une station plus froide, la colonne de mercure est moindre qu'elle ne devrait être, et réciproquement. Il résulte des expériences de M. Gay-Lussac, que cette variation suit une marche uniforme ; et de celles de MM. Lavoisier et Laplace, qu'elle est égale pour chaque degré du thermomètre centésimal, à un 5412ᵉ de la colonne de mercure. Pour ramener le baromètre à la température adoptée, il faudrait donc ajouter pour chaque degré au-dessous, et retrancher pour chaque degré au-dessus, un 5412ᵉ de la hauteur de mercure donnée par l'observation. Ce calcul n'étant pas sans difficulté, nous avons essayé de fondre cette correction dans celle à faire aux hauteurs de niveau pour l'augmentation ou diminution de l'élasticité de l'air d'après les variations de température : nous nous y sommes d'autant plus aisément déterminés, qu'elles sont toutes les deux additives ou soustractives dans les mêmes cas.

Les hauteurs de niveau croissant, lorsque celles du mercure décroissent, et dès-lors un retranchement dans la hauteur du mercure devant donner pour résultat une augmentation de niveau, et réciproquement, la valeur de la fraction du 5412ᵉ devenant moindre à mesure que la colonne de mercure diminue, lorsqu'au contraire à chaque millimètre d'abaissement la hauteur de niveau augmente dans une proportion croissante, ce qui établit une compensation exacte, nous avons trouvé que la correction à faire, à raison de la dilatation ou condensation du mercure, aux hauteurs de niveau indiquées par la table, est, pour toutes les hauteurs de mercure, de 1 *métr.* 51, par degré de température. Il nous a donc suffi d'ajouter cette quantité constante, aux différences variables indiquées par les tables barométriques de M. Biot, pour qu'une seule correction satisfît aux deux causes d'inégalités, résultant du changement de la température.

Si la différence de température était de 20 degrés centésimaux, ce qui supposerait la température moyenne des observations à 32 degrés et demi, celle de notre table étant à 12 degrés et demi, la correction 1 *mètr.* 51 par degré se trouverait un peu faible, et devrait être portée à 1 *mètr* 55. Cette différence ne donnant qu'une augmentation ou diminution de 8 décimètres sur la hauteur de niveau, pour la plus haute température moyenne que l'on puisse supposer, elle peut être négligée sans inconvénient.

Lorsque les deux corrections se font séparément, on peut employer deux thermomètres, l'un pour donner la température du mercure, l'autre pour celle de l'atmosphère; notre mode de correction n'admet qu'un thermomètre, qui doit suffire, s'il est bon.

La différence par degré centésimal de température sera retranchée, si la température moyenne des observations est au-dessous de 12 degrés et demi, et ajoutée, si elle est au-dessus.

3° L'action capillaire produit sur la colonne de mercure un abaissement d'autant plus grand que le diamètre du tube est plus petit. La table suivante, calculée par M. Laplace, d'après la théorie, indique la quantité constante qu'il faut ajouter aux hauteurs du baromètre, d'après le diamètre intérieur du tube. On aura soin d'ailleurs de pointer au sommet et non à la base de la petite calotte hémisphérique que forme le mercure.

diam. intér. millim.	quant. à ajouter. mill.	diam. intér. millim.	quant. à ajouter. mill.	diam. intér. millim.	quant. à ajouter. mill.	diam. intér. millim.	quant. à ajouter. mill.
2	4.56	6	1.15	10	0.42	14	0.16
3	2.90	7	0.88	11	0.35	15	0.12
4	2.04	8	0.69	12	0.26	16	0.10
5	1.51	9	0.54	13	0.20	17	0.08

L'échelle du baromètre ordinaire est divisée en auciens pouces et lignes; notre table a été calculée en millimètres, cette division se prêtant mieux aux opérations exactes : on en trouve la valeur en pouces et lignes, ci-devant, *page* 109 : 28 pouces correspondent à 758 millimètres.

Les hauteurs du mercure sont indiquées de 2 en 2 millimètres; pour le millimètre intermédiaire, on prendrait la moitié des 2 termes consécutifs.

Les hauteurs de niveau sont indiquées à partir de celui de la mer, supposé 0 *mètr.* 00, la colonne du baromètre étant à 0 *mètr.* 7629, et le thermomètre centigrade à 12° et demi, ce qui revient à 10° du thermomètre de Réaumur. Les 9 *mètr.* 73 indiqués par la hauteur du mercure, cotée 762, répondent à un abaissement de 9 dixièmes de millimètre.

Les décimales sont des centimètres.

hau. du bar.	niveau au-d. de la mer.	diff. p. o cent.	hau. du bar.	niveau au-d. de la mer.	diff. p. o cent.	hau. du bar.	niveau au-d. de la mer.	diff. p. o cent.
mil.	mètr.	mèt	mil.	mètr.	mèt.	mil.	mètr.	mèt.
762	9.73	1.53	710	590.80	2.67	658	1216.50	3.88
760	31.35	1.57	708	613.92	2.71	656	1241.53	3.93
758	52.97	1.61	706	637.24	2.76	654	1266.45	3.98
756	74.69	1.66	704	660.56	2.80	652	1291.78	4.03
754	96.41	1.70	702	684.08	2.84	650	1317.10	4.08
752	118.33	1.75	700	707.61	2.89	648	1342.53	4.13
750	140.16	1.79	698	731.23	2.93	646	1367.95	4.18
748	162.18	1.83	696	755.75	2.98	644	1393.28	4.23
746	184.20	1.88	694	778.27	3.02	642	1418.90	4.28
744	206.22	1.92	692	802.00	3.07	640	1444.63	4.33
742	228.34	1.96	690	825.92	3.12	638	1470.45	4.38
740	250.57	1.91	688	849.84	3.16	636	1496.18	4.43
738	272.79	2.05	686	873.67	3.21	634	1521.90	4.48
736	295.11	2.09	684	897.59	3.26	632	1547.93	4.53
734	317.53	2.13	682	921.62	3.30	630	1574.15	4.59
732	340.05	2.17	680	945.94	3.35	628	1600.38	4.64
730	362.47	2.22	678	970.26	3.40	626	1626.60	4.69
728	384.99	2.26	676	994.49	3.45	624	1652.83	4.74
726	407.51	2.30	674	1018.81	3.50	622	1679.25	4.79
724	430.24	2.35	672	1043.23	3.54	620	1705.88	4.84
722	452.96	2.39	670	1067.86	3.59	618	1732.50	4.89
720	475.78	2.44	668	1092.48	3.64	616	1759.04	4.94
718	498.70	2.48	666	1117.11	3.69	614	1785.72	4.99
716	521.63	2.53	664	1141.73	3.74	612	1812.54	5.05
714	544.55	2.57	662	1166.55	3.78	610	1839.52	5.10
712	567.77	2.62	660	1191.48	3.83	608	1866.65	5.15

MESURE DES SURFACES.

L'ARPENTAGE et le toisé ont pour objet la mesure des surfaces ; c'est aux élémens de géométrie qu'il appartient particulièrement d'en enseigner les règles : mais la conversion des anciennes mesures en nouvelles devant offrir souvent l'occasion d'en faire usage, nous croyons ajouter à l'intérêt de notre ouvrage, en y insérant quelques instructions relatives à cet objet. C'est le même motif qui nous a déterminé à donner ci-après l'instruction sur le *cubage* et le *jaugeage*, à laquelle celle-ci servira comme d'introduction.

Si, comme on l'a vu plus haut, *p.* 134, l'addition, qui est la plus simple des opérations de l'arithmétique, offre tant de difficulté, lorsqu'il faut l'appliquer aux anciennes mesures de superficie, on peut se faire une idée de l'attention qu'exigent en pareil cas les règles plus compliquées de la multiplication et de la division. L'établissement des nouvelles mesures, et la division décimale, qui en est la base, ont extrêmement simplifié ces opérations, puisqu'elles ont toujours lieu comme sur des nombres simples, quelle que soit d'ailleurs l'unité qu'on emploie, et que la réduction des multiples en sous-multiples, et réciproquement, se fait par un simple déplacement du point décimal.

Les surfaces ont 2 dimensions, longueur et largeur. Mesurer une surface, c'est déterminer combien de fois, ou dans quelle proportion, cette surface contient un carré choisi pour servir d'unité. Cette unité est le mètre, le décamètre ou le kilomètre carré, selon qu'il s'agit de mesures de superficie proprement dites, de mesures agraires, ou de mesures topographiques : voir ci-devant, *pag.* 132, 154 *et* 397.

La surface d'un *carré* se mesure en multipliant un de ses côtés par lui-même ; si le carré a 10 mètres de côté, la surface est de 100 ; le carré de 6 est 36 ; celui de 8 est 64, etc. L'occasion de multiplier un nombre par lui-même se présentant fort souvent, nous donnons ci-après, *p.* 435, une table contenant les carrés de tous les nombres entiers depuis 1 jusqu'à 100.

La surface d'un *rectangle*, ou carré long, se mesure en multipliant la longueur par la largeur ; ainsi la surface d'une porte qui a 2^m.25 de hauteur sur 1^m.13 de largeur, vaut en mètres carrés 2.5425 : s'il s'agit d'un champ qui ait 225 mètr. de longueur et 113 de largeur, la surface est de 25425 mètres carrés ou centiares, ce qui revient à 2 hectares 54 ares 25 centiares.

Le *parallélogramme* est une surface ter-

36

minée par 4 côtés parallèles, et dont les angles ne sont pas droits ; on le nomme *lozange*, si les côtés sont égaux. La surface du parallélogramme s'évalue en multipliant un de ses côtés par la ligne perpendiculaire qui le sépare de celui qui lui est parallèle.

On appelle *trapèze* une surface à 4 côtés, dont 2 seulement sont parallèles ; il s'évalue en multipliant la moitié de la somme des 2 côtés ou bases parallèles, par la ligne perpendiculaire qui les sépare.

La surface du *triangle* est égale au produit de la base par la moitié de la hauteur : on appelle base le côté opposé au sommet ; la hauteur est la ligne perpendiculaire conduite du sommet à la base : la surface d'un triangle est exactement la moitié de celle d'un rectangle ou d'un parallélogramme ayant même base et même hauteur.

Toutes surfaces, autres que celles dont nous avons parlé, ne peuvent se mesurer qu'en les divisant en 2 ou plusieurs triangles, qui s'évaluent séparément, et dont la somme présente la surface totale : Ainsi, le *trapézoïde*, figure quadrangulaire dont les côtés ne sont pas parallèles, se divise en 2 triangles, le *pentagone* en 3, l'*hexagone* en 4, etc., en conduisant des diagonales, d'un angle de ces figures aux autres angles.

Les surfaces régulières, c.-à-d. celles dont les angles et les côtés sont égaux, peuvent se diviser en autant de triangles qu'elles ont de côtés, en tirant des lignes du centre de la figure à chacun des angles : ainsi l'hexagone régulier se divise en 6 triangles égaux, ayant leurs bases à la circonférence, et leurs sommets au centre.

Le *cercle*, considéré comme un polygone régulier d'une infinité de côtés, est également censé se diviser en une infinité de triangles, ayant, comme dans l'hexagone, leur base à la circonférence et leur sommet au centre. La circonférence peut donc être regardée comme la somme des bases de tous ces triangles, et le rayon ou demi-diamètre, comme la hauteur commune, d'où il résulte que la surface du cercle est égale au produit de la circonférence par la moitié du rayon.

Dans les polygones réguliers, d'un nombre de côtés déterminé, on distingue le rayon droit du rayon oblique : celui-ci est la ligne allant du centre aux angles ; le rayon droit est la ligne perpendiculaire abaissée du centre sur les côtés du polygone : dans le cercle, le rayon droit et le rayon oblique se confondent.

La surface du polygone régulier est égale à la circonférence ou *périmètre*, multiplié par la moitié du rayon droit.

Le cercle est, de toutes les surfaces dont nous avons parlé, celle dont l'évaluation présente le plus de difficulté ; elle exige la connaissance exacte du diamètre et de la circonférence ; et, si le diamètre est une ligne droite et facile à mesurer, il n'en est pas de même de la circonférence. Communément, on regarde le diamètre comme le tiers de la circonférence ; suivant Archimède, le diamètre et la circonférence sont dans le rapport de 7 à 22 ; Adrien Métius les a trouvés comme 113 à 355, ce qui approche plus de l'exactitude. Ce dernier rapport équivaut à celui de 1 à 3.14159. Il faut donc, pour connaître la circonférence, multiplier le diamètre, soit par 3, s'il suffit d'une simple approximation, soit par 22 septièmes, ou par 3.14159, suivant qu'on se déterminera pour l'un ou l'autre des rapports d'Archimède ou de Métius. Si l'on n'a pas besoin d'une exactitude rigoureuse, on peut se contenter de multiplier par 3.14. On trouvera ci-après, *p.* 432, une manière de connaître la circonférence de tous les cercles d'après leurs diamètres.

La circonférence une fois connue, on la multiplie, comme nous l'avons dit, par la moitié du rayon ou le quart du diamètre ; le produit donne la surface du cercle.

La surface du cercle est à celle du carré formé sur le diamètre, comme 0.785397 à 1 ; d'où l'on déduit cette autre manière d'évaluer le cercle : Multipliez le carré du dia-

mètre par 785397, et séparez 6 décimales ;
s'il y en a déjà, avancez le point décimal de
6 chiffres. 0.785397 est le quart de 3.14159,
rapport de la circonférence au diamètre ; si
l'on n'a pas besoin d'une aussi grande exactitude, on peut multiplier seulement par
785, et retrancher trois décimales.

Nous donnons ci-après, avec la table des
carrés et des cubes, celle des circonférences
et des surfaces de tous les cercles, ayant
depuis 1 jusqu'à 100 de diamètre ; on y trouvera quelques observations sur cette figure,
ainsi que sur la surface de *l'ellipse*, du *cylindre*, de la *sphère*, et de quelques autres
surfaces courbes.

Nota. Pour ne pas commettre d'erreurs
dans les opérations relatives à la mesure des
surfaces, il faut se rappeler, 1° que la multiplication des nombres avec fractions décimales, se fait comme celle des nombres
entiers, en observant de séparer dans le
produit autant de décimales qu'il y en a
ensemble dans le multiplicande et le multiplicateur (ci-dev. *p.* 66 ;) 2° pour réduire
des mètres carrés, décimètres carrés, etc.,
à l'unité qui leur est immédiatement supérieure ou inférieure, il faut avancer ou reculer le point de 2 chiffres ; le rapport entre
les unités superficielles étant centésimal,
encore bien qu'il soit décimal dans les unités linéaires ou de longueur (ci-dev. *p.* 132)

Table LXXXI. *Des Carrés, des Cubes et des Cercles, d'après les côtés, diamètres et circonférences.*

Cette table, que la division décimale des mesures rendra d'un usage extrêmement commode, n'aurait été que d'une médiocre utilité avec les anciennes mesures. Elle n'aurait pu servir, par exemple, à trouver le carré de 6 pieds 8 pouces, ou le cube de 7 pouces 11 lignes, etc. ; et en admettant qu'à l'aide de la réduction en pouces, elle eût pu donner le carré de 6 pieds 8 pouces, faisant 80 pouces, on eût trouvé pour carré 6400 pouces carrés, qu'il aurait fallu diviser par 144, pour avoir des pieds carrés, et le quotient par 36, pour réduire en toises carrées, avec des restes à chaque division.

Pour le cube de 7 pouces 11 lignes, ou 95 lignes, on eût trouvé 857375 pouces cubes, qu'il eût fallu diviser par 1728, et ensuite par 216, pour avoir des pieds et toises cubes.

L'inconvénient serait devenu plus sensible pour les circonférences et les surfaces de cercle, qu'on ne peut obtenir sans décimales : ainsi, l'on eût trouvé que la circonférence d'un cercle de 7 toises 3 pieds, ou 45 pieds de diamètre, est en pieds, de 141.372 ; mais il eût fallu des réductions, pour savoir combien la fraction décimale 372 fait de pouces et lignes, et combien il y a de toises en 141 pieds.

La surface du même cercle est de 1590 pieds carr. 435 ; mais combien de toises carrées dans ces 1590 pieds carrés, et à combien de pouces et lignes carrés équivaut la fraction décimale 435 ?

Dans le nouveau système, au contraire, veut-on connaître le carré de 6 mètres 9 décimètres ? on trouve que le carré de 69 décimètres est 4761 décimètres carrés, et en séparant 2 décimales, 47 *mètres carr.* 61.

La circonférence d'un cercle dont le diamètre est de 4 myriamètres 5 kilomètres, ou 45 kilomètres, est de 141 *kilom.* 372, qui peuvent se réduire en myriamètres, en avançant le point d'un chiffre ; et la fraction décimale exprime des millièmes, qui, d'après l'unité choisie, sont des mètres.

La surface du même cercle est de 1590 *kilom.* carr. 435, que l'on peut exprimer par 15 *myriam. carr.* 90435, ou 159043 *hectom.* carr. 5, ou 15,904,350 décamètres carrés.

§ 1. *Des Carrés.*

La 2ᵉ colonne indique la surface des carrés qui ont pour côté les nombres contenus dans la 1ʳᵉ : ainsi, la surface d'un carré de 28 mètres de côté, est de 784 mètres carrés : côté, 33 décamètres ; surface, 1089 décamètres carrés ou ares. En arithmétique, on dit plus simplement, le carré de 28 est 784, le carré de 33 est 1089; et l'on nomme racine carrée, ou simplement racine d'un nombre, celui qui, multiplié par lui-même, a produit ce nombre : ainsi 28 et 33 sont les racines carrées de 784 et 1089.

On appelle aussi puissances d'un nombre, les différens degrés auxquels on élève ce nombre, en le multipliant toujours par lui-même; le carré est ainsi la 2e puissance, et le cube la 3e.

La 1re colonne représente des mesures de longueur; la seconde, des mesures de superficie. On sait qu'elles ne croissent pas dans la même proportion, et que le rapport, qui est décimal entre les différentes unités linéaires, devient centésimal pour les mesures de superficie : en conséquence, si l'on sépare par le point 1 ou 2 chiffres de la 1re colonne, il faut en séparer le double dans la 2e; et de même, si l'on ajoute un ou plusieurs zéros à la racine, il faut les doubler au carré. Ainsi, le carré de 36 étant, suivant la table, 1296, celui de 3.6 sera de 12.96; pour 3600, de 12960000, etc. Cette table peut donc servir à trouver les carrés de tous les multiples ou sous-multiples décimaux des 100 premiers nombres.

On aura de même les carrés des nombres intermédiaires, 165, par exemple, qui tient le milieu entre 160 et 170, en se conformant à la règle déjà citée, *pag. 179. Pour avoir le carré d'un nombre qui tient le milieu entre 2 autres nombres dont les carrés sont connus, il faut prendre la moitié de la somme des 2 carrés, moins le carré de la différence du nombre intermédiaire à l'un des 2 autres nombres.* Ici le carré de 160 est 25600, celui de 170 est 28900, ensemble 54500, dont la moitié est 27250 ; retranchant 25, carré de la différence 5, il reste 27225, carré exact de 165.

On a le carré d'un nombre double, triple, quadruple, etc. de l'un des nombres indiqués par la table, en multipliant le carré de ce nombre, par 4 pour le double, 9 pour le triple, 16 pour le quadruple, et ainsi de suite, par les carrés des facteurs ou multiples des premiers nombres.

La différence entre le carré d'un nombre et celui d'un nombre consécutif, est égale à la somme de ces 2 nombres ; ainsi la différence entre 25, carré de 5, et 36, carré de 6, est égale à 5 plus 6 ; et en général, *la différence entre les carrés de 2 nombres est égale à la somme de ces 2 nombres, multipliée par leur différence.* Ainsi, la différence entre 121, carré de 11, et 196, carré de 14, est égale à 75, somme de 11 et de 14, multipliée par 3, différence de ces 2 nombres. On peut déduire de ce principe, une manière aisée de trouver le carré d'un nombre plus grand que ceux indiqués dans la 1re colonne : veut-on, par exemple, avoir le carré de 314, ajoutez au carré de 310, que la table indique être 96100, la somme des 2 nombres 310 et 314, c'est-à-dire 624, multipliée par 4, qui en est la différence, et l'on a 98596, carré exact du nombre 314.

Connaissant la surface d'un carré, la 1re colonne en indique la racine ou côté : la racine de 1156 est 34 ; celle de 841 est 29, etc. Si le carré n'est pas dans la table, il faut procéder par approximation, en y cherchant le nombre qui en approche le plus ; ainsi, l'on voit que la racine de 737 tombe entre 27 et 28, celle de 1650 entre 40 et 41, etc.

Les perches, verges ou carreaux, élémens des mesures agraires, sont des carrés parfaits : la table XXVIII, ci-dev. p. 175, donne la conversion en centiares ou mètres carrés, de tous les carrés ayant depuis 4 jusqu'à 30 anciens pieds de côté, en croissant de pouce en pouce.

§ 2. *Des Cubes.*

La troisième colonne indique la solidité des cubes formés sur les nombres contenus en la 1re ; c'est le produit des 2 premières colonnes, ou des carrés par leur racine. Un dé à jouer représente exactement un cube.

On a vu, p. 184, que les mesures de solidité ne conservent pas entre elles le même rapport que les mesures de longueur; ce rapport, qui est décimal pour celles-ci, devenant millésimal pour les premières. Si donc on sépare, par le point décimal, 1 ou 2 chiffres de la première colonne, il faut en séparer 3 ou 6 dans la seconde; et de même, si l'on ajoute un ou plusieurs zéros à la racine, il faut les tripler au carré.

La surface du cube est égale à six fois celle du carré.

§ 3. *Des Diamètres et Circonférences.*

La colonne des diamètres et celle des circonférences représentent des mesures linéaires ou de longueur: en conséquence, si l'on sépare par le point décimal 1 ou 2 chiffres de la 1re colonne, on avancera d'autant le point dans la 4$^\text{e}$; et de même, si l'on ajoute à la première colonne un ou plusieurs zéros, on reculera le point d'autant de chiffres dans la 4$^\text{e}$; ainsi l'on aura:

Diamètre, ... 22	*Circonférence*,	69.115
.... 2.2	....	6.9115
...............220	....	694.15

Les circonférences croissent comme les diamètres; ainsi, un diamètre double donne une circonférence double, etc.

Si, connaissant la circonférence, on désire en inférer le diamètre, la même table peut également remplir cet objet. Il faut chercher, dans la 4e colonne, le nombre le plus approchant de la circonférence proposée, et le nombre de la 1re colonne qui y correspond, sera le diamètre approximatif, à moins d'une demi-unité près. *Ex.* Si l'on demande le diamètre d'un cercle ayant 88 mètres de circonférence, la table indique que le diamètre tombe entre 26 et 27. Veut-on l'avoir avec exactitude ? déduisez de 88 le nombre 81.681, qui répond au diamètre 26, il reste 1.319, qui se trouve dans la table répondre au diamètre 0.42 ; la circonférence 131.947 répondant au diamètre 42, on a, d'un côté comme de l'autre, avancé le point de 2 chiffres : le diamètre demandé sera donc 26 *mètr.* 42.

Quoique la colonne des diamètres aille seulement jusqu'à 100, elle peut servir à donner les circonférences de tous les cercles, quelque grand qu'en soit le diamètre. *Ex.* Pour un diamètre de 52475, en cherchant d'abord pour 50000, la circonférence sera celle qui répond au diamètre de 50, en reculant le point de 3 chiffres ; pour 2400, celle qui répond à 24, en le reculant de 2 chiffres ; et enfin celle qui répond à 75 : en additionnant ces 3 nombres, on aura la circonférence demandée.

Et réciproquement, quelque grande que soit la circonférence d'un cercle, cette table pourra servir à en indiquer le diamètre.

Par exemple, si l'on suppose une planète dont la circonférence serait de 120000 kilomètres, on trouve par la table, que la circonférence 119381 répond au diamètre 38000 ; pour le reste 619, on trouve la circonférence 596.90, répondant au diamètre 190 ; il y a encore un reste de 22.10, indiquant à fort peu près le diamètre 7, d'où il résulte que l'axe de cette planète, en la supposant parfaitement sphérique, serait de 38197 kilomètres.

§ 4. *Surface des Cercles.*

La 5ᵉ colonne indique la surface des cercles, dont la 1ʳᵉ exprime les diamètres.

Le rapport des surfaces étant centésimal, si l'on sépare par le point décimal un chiffre de la 1ʳᵉ colonne, il faut, dans la 5ᵉ, avancer le point de 2 chiffres ; si l'on en sépare 2, l'avancer de 4 chiffres ; et de même, si l'on ajoute au diamètre un zéro, il faut reculer le point décimal de 2 chiffres ; pour 2 zéros, de 4 chiffres, etc.; comme il n'y a que 3 décimales, dans ce cas on y ajoute un zéro : ainsi, l'on aura.

Diamètre, ... 46	*Surface du cercle,*	1661.902
.... 4.6	....	16.61903
.... 460	....	166190.3

Cette table peut donc servir à trouver la surface de tous les cercles dont les diamètres seront multiples ou sous-multiples décimaux des 100 premiers nombres. Pour avoir la surface d'un cercle, dont le diamètre serait double, triple ou quadruple d'un diamètre indiqué par la table, il faut múltiplier la surface qui y correspond, par 4 pour le diamètre double, par 9 pour le diamètre triple, par 16 pour le quadruple, et ainsi de suite par les carrés des facteurs ou multiples des diamètres. Hors les cas ci-dessus, il faut recourir à la règle indiquée, *p.* 424.

§ 5, *De quelques Surfaces curvilignes.*

Les principales sont l'ellipse ou ovale, le cône, le cylindre, la sphère ou globe, et les zones ou segmens de globe. Ces surfaces ayant le cercle pour élément, la table suivante sera d'une grande utilité pour en évaluer la superficie.

1° Pour connaître la surface de l'*ellipse* ou *ovale*, il faut prendre la surface du cercle d'après le petit diamètre, multiplier par le grand diamètre, et diviser le produit par le petit diamètre; ou, pour abréger, multiplier les diamètres l'un par l'autre, et le produit par 11; diviser ensuite par 14 : on aura plus d'exactitude, si l'on multiplie le produit des 2 diamètres par 0.7854, rapport du cercle au carré.

2° La surface du *cône* droit s'obtient en multipliant la moitié de la circonférence de la base, par la longueur du côté; celle du cône oblique, par la moitié de la somme des deux côtés opposés.

3° La surface du *cône tronqué* droit, en multipliant la moitié des deux circonférences par le côté ; celle du cône tronqué oblique, par la moitié des deux côtés.

4° La surface du *cylindre* est égale à la circonférence de la base, multipliée par la hauteur.

5° La surface de la *sphère* ou *globe* est égale à celle d'un cylindre ayant même diamètre et même hauteur, et par conséquent à la circonférence d'un grand cercle, multipliée par le diamètre ; ce qui équivaut à 4 fois la surface d'un grand cercle. Ainsi, pour avoir la surface d'une sphère dont le diamètre est 27, il faut quadrupler le nombre de la 5e colonne qui correspond à 27, ou multiplier par 27 le nombre de la 4e colonne qui y correspond.

6° Enfin, l'on connaît la surface d'une *zone* ou d'un *segment* de sphère, en multipliant la circonférence du grand cercle, par la portion d'axe correspondant à cette zone.

côté ou diam.	surface du carré.	solidité du cube.	circonference du cercle.	surface du cercle.
1	1	1	3.142	0.785
2	4	8	6.283	3.142
3	9	27	9.425	7.069
4	16	64	12.566	12.566

CARRÉS,

côté ou diam.	surface du carré.	solidité du cube.	circonférence du cercle.	surface du cercle.
5	25	125	15.708	19.635
6	36	216	18.850	28.274
7	49	343	21.991	38.485
8	64	512	25.143	50.265
9	81	729	28.274	63.617
10	100	1000	31.416	78.540
11	121	1331	34.558	95.033
12	144	1728	37.699	113.097
13	169	2197	40.841	132.732
14	196	2744	43.982	153.938
15	225	3375	47.124	176.715
16	256	4096	50.265	201.062
17	289	4913	53.407	226.980
18	324	5832	56.549	254.469
19	361	6859	59.690	283.529
20	400	8000	62.832	314.159
21	441	9261	65.973	346.361
22	484	10648	69.115	380.132
23	529	12167	72.257	415.476
24	576	13824	75.398	452.389
25	625	15625	78.540	490.874
26	676	17576	81.681	530.029
27	729	19683	84.823	572.554
28	784	21952	87.965	615.752
29	841	24389	91.106	660.520
30	900	27000	94.248	706.858
31	961	29791	97.389	754.768
32	1024	32768	100.531	804.248
33	1089	35937	103.673	855.297
34	1156	39304	106.814	907.920
35	1225	42875	109.956	962.114
36	1296	46656	113.097	1017.875
37	1369	50653	116.239	1075.210
38	1444	54872	119.381	1134.115
39	1521	59319	122.522	1194.590
40	1600	64000	125.664	1256.637

côté ou diam.	surface du carré.	solidité du cube.	circonférence du cercle.	surface du cercle.
41	1681	68921	128.805	1320.254
42	1764	74088	131.947	1385.442
43	1849	79507	135.089	1452.201
44	1936	85184	138.230	1520.529
45	2025	91125	141.372	1590.435
46	2116	97336	144.513	1661.903
47	2209	103823	147.655	1734.945
48	2304	110592	150.796	1809.558
49	2401	117649	153.938	1885.741
50	2500	125000	157.080	1963.495
51	2601	132651	160.221	2042.820
52	2704	140608	163.363	2123.715
53	2809	148877	166.504	2206.184
54	2916	157464	169.646	2290.217
55	3025	166375	172.788	2375.823
56	3136	175616	175.929	2463.009
57	3249	185193	179.071	2551.758
58	3364	195112	182.212	2642.080
59	3481	205379	185.354	2733.971
60	3600	216000	188.496	2827.433
61	3721	226981	191.637	2922.466
62	3844	238328	194.779	3019.071
63	3969	250047	197.920	3117.245
64	4096	262144	201.062	3216.992
65	4225	274625	204.204	3318.307
66	4356	287496	207.345	3421.186
67	4489	300763	210.487	3525.652
68	4624	314432	213.628	3631.681
69	4761	328509	216.770	3739.281
70	4900	343000	219.911	3848.451
71	5041	357911	223.053	3959.192
72	5184	373248	226.195	4071.504
73	5329	389017	229.336	4185.387
74	5476	405224	232.478	4300.840
75	5625	421875	235.619	4417.866
76	5776	438976	238.761	4536.458

côté ou diam.	surface du carré.	solidité du cube.	circonférence du cercle.	surface du cercle.
77	5929	456933	241.903	4656.620
78	6084	474552	245.044	4778.361
79	6241	493039	248.186	4901.661
80	6400	512000	251.327	5026.544
81	6561	531441	254.469	5153.009
82	6724	551368	257.611	5281.018
83	6889	571787	260.752	5410.599
84	7056	592704	263.894	5541.770
85	7225	614125	267.035	5674.501
86	7396	636056	270.177	5808.805
87	7569	658503	273.319	5944.679
88	7744	681472	276.460	6082.115
89	7921	704969	279.602	6221.134
90	8100	729000	282.743	6361.720
91	8281	753571	285.885	6503.877
92	8464	778688	289.027	6647.610
93	8649	804357	292.168	6792.909
94	8836	830584	295.310	6939.780
95	9025	857375	298.451	7088.217
96	9216	884736	301.593	7238.232
97	9409	912673	304.735	7389.812
98	9604	941192	307.876	7542.964
99	9801	970299	311.018	7697.684
100	10000	1000000	314.159	7853.975

MESURE DES SOLIDES.

On entend par ces mots l'art de réduire, à une mesure connue, le volume ou la contenance inconnue des diverses solides, espaces, ou mesures de capacité ; c'est l'objet particulier de la *stércométrie*.

Les solides, espaces et mesures de capacité présentent 3 dimensions, longueur, largeur, et hauteur ou profondeur. Evaluer le volume d'un solide, ou la capacité d'une mesure, c'est déterminer, par le calcul de ces trois dimensions, combien de fois et dans quelle proportion ce solide ou cette mesure contient le cube choisi pour unité. Cette unité est le mètre cube ou stère pour les bois de chauffage, travaux de construction, terrasse, etc.; le décistère pour le bois de charpente; le décimètre ou centimètre cube, pour les mesures de capacité et pour les objets de petite dimension.

Le décimètre cube équivaut au litre, et le mètre cube à 10 hectolitres; l'évaluation d'un vase quelconque se réduit donc, comme pour l'évaluation d'un solide, à connaître ce que ce vase contient en mètres et décimètres cubes. Il suit de-là que les règles du cubage ordinaire peuvent s'appliquer également aux solides et contenances de toute espèce.

Il est des objets dont la forme, quoique régulière, se compose de lignes courbes diversement combinées, comme les navires et bateaux, les futailles, et en général les mesures de capacité: le calcul de leurs dimensions exigeant une infinité d'opérations et de réductions qui peuvent n'être pas sans quelque arbitraire, les réglemens sont venus au secours de la science, en déterminant les bases d'après lesquelles on doit procéder au *jaugeage :* voir *p.* 446 *et suiv.*

Nous allons d'abord indiquer sommairement les règles du cubage, de manière à rendre ces opérations faciles pour ceux à qui les 4 premières règles de l'arithmétique sont familières.

CUBAGE.

Un avantage dû particulièrement à la division décimale et au rapport des mesures de solidité avec celles de capacité, c'est qu'il suffit d'un mètre, et de la multiplication simple, pour mesurer un bloc de pierre, la fouille d'une cave, le bois de chauffage et de charpente, un grenier de sel ou de blé, la contenance d'une chambre, d'un réservoir, et en général tout ce qui offre les trois dimensions, longueur, largeur, hauteur ou profondeur.

Pour les *bois de chauffage et de charpente,* voir ci-devant, *pag.* 204 *et* 219.

Solides réguliers, droits ou inclinés.

On connaît la contenance d'une chambre, d'un réservoir, etc., la solidité d'un massif de construction ou de terrasse, d'un bloc de pierre, d'un magasin de sel ou de blé, et en général de tout solide ou espace dont les côtés ou parois sont perpendiculaires à la base, en multipliant la surface de la base par la hauteur : par exemple, une chambre dont le plancher aurait 25 mètres carrés de superficie, sur une hauteur de 4 *mètr.* 27, serait d'une contenance de 106 *mètr. cub.* 25; un canal dont la longueur multipliée par la largeur donnerait une surface de 650 mètres carrés, et qui aurait 3 *mètr.* 56 de profondeur, pourrait contenir 2314 mètres cubes d'eau, équivalant à 23140 hectolitres.

Si la mesure ou le solide à évaluer ont pour base un cercle et un carré, la table LXXXI, ci-dev. *p.* 436, sera d'une grande utilité, parce qu'on y trouvera la surface de la base toute calculée : ainsi le volume d'un cylindre de 61 décimètres de diamètre, sur 75 de hauteur, est égal au produit de 2922.466 par 75, et donne dès-lors en décimètres cubes ou litres, 219184.950, ce qui répond à 2191 *hectol.* 85, ou 219 *mètr. cub.* 185. Si le solide est un cube, la 3ᵉ colonne de la table en indique la solidité.

Si les côtés ou parois sont inclinés à la base, mais néanmoins parallèles entre eux, la capacité est la même que si les parois étaient droits, en supposant les bases et les hauteurs égales. Il faut, dans tous les cas, mesurer la hauteur, par une ligne perpendiculaire à la base.

C'est ainsi que se mesurent les solides désignés sous le nom de *cubes, prismes, cylindres, parallélipipèdes,* etc.

Solides irréguliers. 1° En forme de comble.

On a supposé jusqu'ici la base supérieure et la base inférieure parallèles : si le plan supérieur était incliné, comme s'il s'agissait d'un grenier dont le comble serait à deux égoûts ou en appentis, il faudrait évaluer d'abord la partie carrée ou droite, en multipliant la surface du plancher, par la hauteur des murs depuis ce plancher jusqu'à la naissance du comble, et passer ensuite à l'évaluation de la partie irrégulière.

Si le solide, dont nous supposons que la base est un rectangle, a 2 côtés perpendiculaires et 2 seulement inclinés, dans la forme du toit d'une maison, les côtés ou pointes de pignon sont triangulaires, et la ligne supérieure ou *faîtage* est de la même longueur que la base ou plancher, dans ce cas, il faut multiplier la surface de la base par la moitié de la hauteur ; il en sera de même si, 3 côtés étant droits, le 4° seulement est incliné, comme pour les toits en appentis.

Lorsque le toit se termine en croupe, la portion faisant croupe se rapporte à la pyramide ; et, d'après les règles que nous donnons ci-dessous, la solidité de cette partie est égale au produit de la surface de la base par le tiers de la hauteur.

2° Voûtes, Dômes, etc.

Si, les 2 côtés de l'extrémité étant droits,

la partie supérieure est cintrée, comme s'il s'agit d'un arche de pont, d'un berceau de cave, etc., le parti le plus simple est de multiplier la surface de l'un des côtés par la longueur. Une coupole ou dôme s'évalue, pour la partie en plein cintre, comme la moitié d'une sphère; ci-après, *p.* 445.

3° *Cônes et Pyramides.*

Les solides qui se terminent en pointe, se rapportent au cône, si la base est un cercle, et à la pyramide, si la base est un carré, un triangle, ou tout autre polygone.

Les cônes et pyramides sont entiers ou tronqués; entiers, lorsqu'ils se terminent en pointe; tronqués, s'ils offrent deux bases dont une plus petite que l'autre. Ces deux bases, que nous supposons parallèles sont nécessairement de figure semblable.

Si les cônes et pyramides sont entiers, leur volume est égal à la surface de la base, multipliée par le tiers de la hauteur : la base est la surface opposée au sommet; la hauteur est la ligne perpendiculaire conduite du sommet sur la base, ou sur le plan qui prolonge la base.

Si les cônes ou pyramides sont tronqués, il faut multiplier la surface de la grande base par son diamètre ou côté; déduire la surface de la petite base, multipliée de même par son diamètre; diviser le reste par la différence des 2 diamètres, et multiplier le quotient par le tiers de la hauteur; le produit donne le volume ou capacité de la mesure ou solide proposé.

Si les bases sont des cercles ou des carrés, la table LXXXI, *p.* 436, en indique les surfaces, d'après les diamètres ou côtés.

Si les bases sont de toute autre figure, il importe peu par quels côtés ou dimensions on multiplie les surfaces supérieure et inférieure, pourvu que ce soit par des côtés ou dimensions correspondantes.

4° *Bases parallèles, avec talus.*

Lorsque les bases inférieure et supérieure du solide à évaluer sont parallèles, mais de différentes dimensions, comme s'il s'agit d'une terrasse formant talus, d'un fossé, d'un tas de blé ou sable, etc. ; si le talus n'existe que d'un côté ou de 2 côtés opposés, les autres étant droits et parallèles, il faut mesurer la surface de l'un des côtés droits, et la multiplier par la longueur, ou multiplier la moitié de la surface des deux bases, par la hauteur ou profondeur.

Si quelques côtés contigus forment talus, la partie faisant l'angle doit se rapporter à la pyramide, et se cuber comme ci-dessus, en multipliant la base par le tiers de la hauteur; les autres portions, censées contenues entre deux côtés droits, s'évaluent en multipliant la moitié de la somme des 2 bases par la hauteur.

5° *Des Polyèdres réguliers.*

On nomme polyèdre un solide à plusieurs faces, et polyèdres réguliers, ceux dont toutes les faces sont semblables, comme le cube. Les polyèdres réguliers se divisent en autant de pyramides qu'ils ont de faces, en supposant des lignes tirées du centre du solide à chacun des angles : on peut donc évaluer la solidité du polyèdre régulier, en en multipliant la surface totale par le tiers du rayon droit, ou ligne perpendiculaire abaissée du centre à chaque face.

6° *Corps sphériques.*

La sphère doit être considérée comme un polyèdre régulier, d'une infinité de faces, et composé dès-lors d'une infinité de pyramides ayant toutes leur base à la surface, et leur sommet au centre ; il en résulte que, pour évaluer la solidité d'une sphère, il faut en multiplier la surface par le tiers du rayon ou le 6ᵉ du diamètre. La surface de la sphère étant, comme on l'a vu, *page 435*, égale à la surface de 4 grands cercles, et celle du cercle, au produit de la circonférence par le quart du diamètre, on trouve la solidité de la sphère égale au carré du diamètre multiplié par le 6ᵉ de la circonférence. On peut donc, à l'aide de la table **LXXXI**, *p*. 435, calculer aisément le volume de tous les corps ou vases sphériques. Soit, par exemple, une sphère de 88 mètres de diamètre : en multipliant 7744, carré du diamètre, par 46.077, sixième de la circonférence, on aura pour solidité 356820 *mètr. cub.* 288.

La solidité de la sphère étant à celle du cube dans le rapport de 0.523598 à 1, on obtiendra la solidité de toute sphère dont le diamètre sera connu, en multipliant le cube du diamètre, tel qu'il est indiqué à la 5° colonne de la même table, par 0.523598, ou seulement par 0.5236, si l'on n'a pas besoin d'une exactitude rigoureuse.

JAUGEAGE DES VAISSEAUX.

La loi du 12 nivose an 2, en modifiant l'art. 34 de celle du 27 vendém. précédent, a déterminé, ainsi qu'il suit, la manière de calculer le tonnage des bâtimens.

« Ajouter la longueur du pont, prise de « tête en tête, à celle de l'étrave à l'étam-« bord, déduire la moitié, multiplier le « reste par la plus haute largeur du navire « au maître bau ; multiplier encore le pro-« duit par la hauteur de la cale et de l'en-« trepont, et diviser par 94.

« Si le bâtiment n'a qu'un pont, prendre

« la plus grande longueur du bâtiment ;
« multiplier par la plus grande largeur du
« navire au maître bau, et le produit par
« la plus grande hauteur, puis diviser
« par 94. »

Dans cette manière de calculer, où l'on
n'a égard qu'à la capacité intérieure du
bâtiment, et non aux tirans d'eau, soit
chargé, soit à vide, ni au poids du chargement, les dimensions se mesurent en pieds
de roi, et le résultat donne des tonneaux
de 42 pieds cubes avec des fractions de 94^{cs}.
Si l'on voulait exprimer les dimensions en
mètres, il faudrait, après avoir opéré
comme il est indiqué ci-dessus, diviser
par 3.22, pour avoir le tonnage en anciens
tonneaux de 42 pieds cubes, et par 2.24,
pour l'avoir en mètres cubes.

JAUGEAGE DES BATEAUX.

Le droit de navigation intérieure se perçoit à raison du chargement possible des
bâtimens et bateaux, ou de leur capacité
réelle en tonneaux de mer de 1000 kilogrammes.

Une instruction des ponts et chaussées,
du 6 fructidor an 13, détermine ainsi les
moyens de connaître cette capacité. Pour
le jaugeage des bâtimens de mer, elle ren-
voie à la méthode usitée et bien connue par

les préposés des douanes : quant aux bateaux, après avoir établi, d'après les règles de l'hydrostatique, que le poids d'un bateau chargé est égal au poids du volume d'eau qu'il déplace, et le poids des objets contenus, égal à celui du volume déplacé par le bateau chargé, moins le volume déplacé par le bateau vide ; cette instruction a réglé que, pour avoir le port d'un bateau, il suffit de multiplier le produit des longueur et largeur réduites, par la hauteur du tirant d'eau chargé, diminuée de celle du tirant d'eau à vide.

Le tirant d'eau d'un bateau chargé est le *maximum* de la hauteur d'enfoncement dans l'eau, fixée sur chaque canal et rivière par les lois et réglemens : le tirant d'eau à vide se mesurera sur le bateau même, s'il se présente à vide, ou sur un autre bateau de même grandeur et de même forme.

Ici l'on arrive exactement à l'évaluation d'une mesure de poids, par une mesure de solidité ou capacité. Les dimensions étant prises en mètres et en parties de mètre, le résultat, en négligeant les fractions, donne des mètres cubes d'eau, dont le poids est égal à celui du tonneau de mer.

Pour faire l'application de cette règle aux différentes formes de bateaux, il faut distinguer si les côtés sont perpendiculaires, ou inclinés sur le fond ; si les bouts sont à angle droit, ou terminés en pointe.

Si les côtés sont perpendiculaires, les dimensions se prennent rigoureusement ; s'ils sont inclinés, elles se mesurent au milieu de la hauteur du tirant d'eau occasionné par le chargement. Si les extrémités forment triangle, on prend pour longueur celle du corps du bateau, plus celle de l'un des deux triangles.

JAUGEAGE DES TONNEAUX.

Si les tonneaux étaient un cylindre parfait, le jaugeage se réduirait, comme pour les mesures de capacité, à multiplier la base par la hauteur : mais on remarque dans le milieu du tonneau un renflement occasionné par la courbure des douves, et qu'on nomme *bouge* ; le diamètre du bouge est plus grand que celui des fonds. Le cylindre calculé sur le diamètre des fonds serait donc plus petit que la contenance réelle ; sur le diamètre du bouge, il serait trop grand : il en résulte la nécessité de rapporter les tonneaux à un cylindre de même longueur, mais d'un diamètre plus petit que celui du bouge, et plus grand que celui des fonds.

Or, quel est ce diamètre réduit ? d'après une instruction publiée en pluviose an 7, *les tonneaux doivent être calculés comme un cylindre qui aurait pour hauteur la longueur interne de la futaille, et pour diamètre, celui du bouge, moins le tiers de la différence qui se trouve entre ce diamètre et celui des fonds.*

Le diamètre réduit s'obtient aisément, en ajoutant le diamètre des fonds au double de celui du bouge, et en divisant par 3.

On a imaginé, pour le jaugeage des tonneaux, différens instrumens, dont le plus simple était la *velte*, nommée en quelques endroits *verge*, *verle*, *verte*, etc. C'est une règle de fer ou de bois, graduée de manière qu'en la faisant entrer obliquement par le bondon de la pièce qu'on veut jauger, et l'appuyant sur le bas de la circonférence de l'un des fonds, elle marque le nombre de mesures que la futaille contient, selon que la règle se trouve plus ou moins plongée dans la liqueur. Ces mesures portaient précédemment le même nom que l'instrument; ainsi l'on disait : la velte marque 32, le tonneau contient 32 veltes.

Un tel instrument ne pouvant remplir son but qu'autant qu'il s'applique à des tonneaux faits dans les mêmes proportions, le moyen le plus simple d'évaluer la contenance des tonneaux est de recourir au calcul, en employant la table des cercles, *p.* 435 ou le moyen indiqué, *p.* 263.

TABLE LXXXII. *Dimensions à donner aux Futailles, d'après le système métrique.*

En considérant les futailles destinées au commerce des vins et autres liqueurs, comme mesures, on avait d'abord cru devoir les soumettre à l'uniformité qui fait la base du nouveau système : pour y parvenir, il fallait non seulement que leur contenance eût un rapport exact avec l'hectolitre, mais que leur construction fût assujettie à une forme déterminée et invariable.

Quelques réglemens avaient déterminé la forme des futailles de différens pays. Dans les pièces Bordelaises, la longueur intérieure, le diamètre du bouge et le diamètre des fonds doivent être comme 11, 9 et $7\,^7/_8$; dans les pièces Mâconnaises, comme les nombres 10, 9 et 8. Pour se rapprocher, autant qu'il est possible, des usages reçus, l'instruction de pluviose an 7 avait réglé la forme des nouvelles futailles, de manière que la longueur intérieure, le diamètre du bouge et le diamètre des fonds fussent toujours dans le rapport des nombres $10\,^1/_2$, 9 et 8. C'est d'après ce principe que la table suivante a été construite : elle offre les dimensions de toutes les pièces dont le commerce pourrait avoir besoin, depuis 50 litres jusqu'à 1000.

NOMS ET CONTENANCE DES PIÈCES.		long. intér.	diam. bouge.	diam. fonds.
	litres.	millim.	millim.	millim.
Demi-hectolitre, ...	50	454	389	345
	75	520	445	395
Hectolitre, ...	100	572	490	435
	125	616	528	469
	150	655	561	499
Double hectolitre, ...	200	720	618	548
	250	776	665	591
	300	825	707	628
	400	908	778	691
Demi-kilolitre, ...	500	978	838	745
	600	1039	891	791
	700	1093	938	833
	800	1144	980	871
	900	1190	1049	906
Kilolitre, ...	1000	1232	1095	938

Un examen plus approfondi a fait reconnaître que les tonneaux ne peuvent pas être assimilés aux mesures de capacité, et qu'il y aurait de grands inconvéniens à les assujettir indéfiniment à des dimensions uniformes ; l'instruction du 2 frimaire an 11, en considérant les tonneaux comme de simples mesures de confiance, s'était donc bornée à exiger l'exécution de la proclamation du 11 thermid. an 7, portant qu'il ne pourra être exposé en vente des vins ou autres liqueurs en tonneaux, si la futaille ne porte l'indication de leur contenance en litres ou décalitres.

L'ordonn. du 18 décembre 1825 dit textuellement, *art*. 28 : Les vases ou futailles servant de récipient aux boissons, liquides ou autres matières, ne seront pas réputés mesures de capacité ou de pesanteur.

D'après une ordonnance de police, de février 1811, les tonneaux employés à la vente de la bière, dans le ressort de la préfecture de la Seine, doivent être de la contenance de 75 litres.

Mesures hydrauliques. *Pouces d'eau.*

Les produits des prises et conduites d'eau destinées aux besoins civils se mesurent au *Pouce de Fontainier*, dit aussi *pouce d'eau ;* c'est la quantité que fournit un orifice circulaire, d'un pouce de diamètre, percé dans une paroi verticale, avec une charge d'eau de 7 lignes sur le centre ou d'une ligne sur le sommet de l'orifice. Le produit de cette mesure est à peu près de 14 pintes, ou 672 pouces cubes par minute, équivalant à 560 pieds cubes ou 20150 pintes, (19 *métr. cub.* 195, ou 19,195 litres,) par 24 heures.

Indépendamment des inconvéniens inhérens à ce mode de mesure, résultant de ce que la longueur de l'ajutage ou l'épaisseur de la paroi restent indéterminées, et que la petitesse de la charge d'une ligne sur le sommet la rend très-difficile à régler exactement ; on ne peut conserver long-temps, dans le système métrique, un mode basé sur une ancienne mesure linéaire, et dont le produit ne peut s'exprimer en nouvelles mesures que par un nombre fractionnaire.

Pour obvier à ces inconvéniens, M. de Prony a proposé d'adopter pour unité sous le nom de *Module d'eau,* une quantité de 10 mètres cubes, (10,000 *litres,*) dont le double s'obtiendrait en 24 heures, par un orifice circulaire ayant 2 centimètres de diamètre, chargé sur son centre de 5 centimètres d'eau, l'écoulement ayant lieu par un ajutage de 17 millimètres de longueur.

Cette nouvelle unité serait d'une application très-facile. On a reconnu qu'à Paris la consommation moyenne d'une famille de 10 personnes est de 70 litres ou 3 voies d'eau par jour, ce qui fait 7 litres par tête ; en portant ces 7 litres à 10, afin de pourvoir abondamment à tous les besoins privés, chaque *module* contenant 10,000 litres suffirait pour 1000 habitans, ce qui fournit un élément d'une grande simplicité.

La *Ligne d'eau,* égale au 144ᵉ d'un pouce d'eau, produit environ 133 litres en 24 heures.

Mesures dynamiques. *Force des Machines.*

Avant l'adoption des machines à vapeur, les travaux auxquels on les applique, s'exécutaient en grande partie avec des chevaux ; l'usage d'en rapporter la puissance à celle des chevaux n'a donc rien qui doive surprendre : on dit ainsi qu'une machine est de la force de 10, 15 ou 20 chevaux, suivant l'analogie supposée des produits.

La force du cheval serait un bon type de mesure, si l'on avait sa valeur absolue par des données exactes et généralement convenues ; mais, loin de là, il existe dans les auteurs anglais et français, qui ont fait de cette matière l'objet d'études suivies, 8 ou 10 évaluations différentes de la force du cheval, offrant des variations très-considérables, et rendant presque insolubles les difficultés qui peuvent survenir entre les vendeurs et les acquéreurs de ces machines.

On peut juger dès-lors combien il serait important d'avoir, dans une matière aussi intimement liée aux intérêts de l'industrie et aux fortunes privées, un mode d'évaluation bien déterminé, et qui pourrait devenir obligatoire.

La force d'une machine quelconque, abstraction faite du moteur employé, pouvant s'exprimer par la quantité d'eau élevée à une certaine hauteur dans un temps connu, M. *de Prony* a proposé, dans une note lue à l'académie des sciences, le 15 mai 1826, de prendre pour *unité dynamique* la quantité de 10 mètres cubes d'eau, élevés en un jour à la hauteur de 10 mètres. On a vu que 10 mètres cubes d'eau forment également la nouvelle unité hydraulique, ou module d'eau.

Ce nouveau mode serait d'une extrême simplicité. Aurait-on, par exemple, à évaluer la puissance d'une machine, élevant 2400 mètres cubes d'eau par jour, à une hauteur de 35 mètres ; multipliant ces deux nombres l'un par l'autre, et retranchant les 2 derniers chiffres, on a 840 unités dynamiques, représentant la force de cette machine ; le retranchement des deux derniers chiffres a pour objet de diviser par 100, produit des 10 mètres de poids par les 10 mètres de hauteur.

D'après le résultat d'expériences faites avec le plus grand soin, le travail de l'homme, appliqué à une roue de tambour, est par jour de 24 heures, en unités dynamiques, de 2.419, et celui du cheval attelé à un manège, de 11.664 ; on trouve ainsi que les 840 unités de la machine dont il s'agit répondent à la force habituelle et effective de 72 chevaux, et que la force du cheval équivaut à peu près à celle de 5 hommes.

DIVERSES APPLICATIONS DU CALCUL DÉCIMAL.

§ 1. *Fraction de centime, ou fort centime.*

Lorsqu'il s'agit, soit de convertir une ancienne mesure en nouvelle, ou des livres tournois en francs, soit de réduire à une plus simple expression une quantité suivie de beaucoup de décimales, on néglige les fractions surabondantes, en observant seulement d'augmenter d'une unité le dernier des chiffres conservés, si ceux qu'on supprime excèdent 5, 50, etc. Cette règle, fondée sur ce que dans ce cas il suffit d'un résultat approximatif, n'est pas applicable à la perception des deniers publics, ni au paiement d'une dette ; le débiteur étant tenu de parfaire, doit, en cas de fraction, si petite qu'elle soit, *forcer* le centime. Les réglemens des 19 mess. an 11, 27 vend. et 1er flor. an 12, et 3 vend. an 14, sur les droits de navigation intérieure, portent : « En cas de fraction, le centime entier sera « perçu. » La loi du 27 brum. an 7, sur l'enregistrement, contient la même disposition. Cet usage avait également lieu autrefois ; il était connu sous le nom de *fort denier.*

§ 2. *Centime par franc, ou tant p. 0/0.*

Si l'on a à prélever sur une somme un nombre

donné de centimes par franc, il faut multiplier la somme par le nombre de centimes, et avancer le point de 2 chiffres : 8 centimes par franc sur 1268 fr. 30 égalent 101 fr. 46, en abandonnant les dixièmes de centime.

La même opération est applicable au calcul des intérêts annuels, et des provisions, commissions ou remises, à raison de tant pour 100, ainsi qu'à l'évaluation des diminutions ou augmentations cotées sur les cours d'effets publics et marchandises : pour savoir ce que produisent 6 pour 100, 12 pour 100, 75 pour 100, il faut multiplier la somme par 6, 12 ou 75, et avancer le point de 2 chiffres.

S'il n'y a qu'un centime par franc, ou 1 pour 100, il suffit d'avancer le point de 2 chiffres. Le 10ᵉ, ou 10 pour 100 s'obtiennent en l'avançant d'un seul. Pour le 5ᵉ, ou 20 pour 100, doubler, et avancer le point d'un chiffre : pour un 20ᵉ, ou 5 pour 100, avancer le point décimal d'un chiffre, et prendre la moitié.

Si l'on avait à faire un prélèvement par 1000 et non par 100, on multiplierait également par le taux contenu, mais on avancerait le point de 3 chiffres ; ainsi, 73 pour 1000 sur 189 fr. 30 donnent 13 fr. 82.

§ 3. *Réimposition, répartition ou distribution au marc le franc.*

Si l'on a une somme à répartir en remises ou dégrèvement, à réimposer d'après un rôle de contribution, ou à distribuer au marc le franc entre des créanciers, on a besoin de connaître combien on doit répartir de centimes par franc : pour y parvenir, il faut, s'il n'y a de centimes à aucune des 2 sommes, ajouter 2 zéros à la somme à répartir, et la diviser par celle qui doit servir de base à la répartition ; s'il y a des centimes aux 2 sommes, il faut de même ajouter 2 zéros au dividende ; s'il n'y a de centimes qu'au dividende, la division se fait sans ajouter de zéros ; s'il n'y en a qu'au diviseur, il faut ajouter au dividende 4 zéros au lieu de 2 ; et, dans tous les cas, opérer sans égard au point. Le quotient indiquera le nombre de centimes à répartir. Si l'on a besoin d'une plus grande précision, on continuera la division, en ajoutant 1, 2 ou 3 zéros, suivant que l'on voudra avoir des dixièmes, centièmes ou millièmes de centime.

A-t-on, par exemple, à répartir, réimposer ou distribuer une somme de 6578 fr. 64 c. sur un rôle ou entre une masse de 27273 fr. 12 c., ajoutez 2 zéros à la somme à répartir, et divisez 65786400 par 2727312; le quotient donnera 24 c. par franc, ou 24 fr. pour 100 fr. Si l'on veut plus de précision, on ajoutera 2 zéros de plus, et le résultat sera 24 fr. 12 c. par 100 fr. ou 24 centimes 12 centièmes par franc.

Ces opérations, qui se faisaient autrefois à raison de tant de deniers par livre, étaient plus difficiles, et exigeaient des calculs compliqués; l'usage du calcul décimal, et la nouvelle division des monnaies les ont extrêmement simplifiées.

§ 4. *Taux commun, ou prix moyen.*

Après avoir évalué, dans chaque commune, le revenu par hectare des différentes classes de chaque nature de propriété, si l'on désire en fixer le taux commun d'évaluation, il ne suffit pas, ainsi qu'on le pratique souvent, d'additionner les évaluations arrêtées pour chaque classe, et de diviser la somme par le nombre des classes; il faut multiplier le nombre d'hectares de chaque classe, par le prix auquel on l'a évaluée, et diviser ensuite le total des produits par le total des hectares. L'exemple suivant suffira pour en faire sentir la raison. Soit 1200 hectares de terres labourables, ainsi distribués :

1re CLASSE,	360 *hect.*	à 30 *fr. l'hect.*	10800 *fr.*
2e...........	240	à 24.........	5760
3e...........	600	à 12.........	7200
TOTAL...	1200 *hect.*	....	23760

En divisant le total des produits par le total des hectares, le taux commun de ces 1200 hectares sera de 19 fr. 80 c. ; tandis qu'en divisant par 3 la somme des trois prix d'évaluation, on trouve 22 fr., ce qui est évidemment trop fort, puisque 1200 hectares à ce prix donneraient 26400 fr.

De même, si l'on veut connaître ou déterminer le prix moyen des marchandises, le cours des grains, etc., il ne suffit pas de prendre le terme moyen entre le prix le plus élevé et le prix le plus bas : il faut calculer le produit des quantités de kilogrammes ou hectolitres vendues à chaque prix, et diviser le produit total, par le nombre total des kilogrammes ou hectolitres. Si l'on faisait autrement, il suffirait à la malveillance ou à la cupidité de simuler la vente d'une quantité même très-faible, à un prix élevé, pour faire monter le cours dans une proportion qui pourrait être considérable.

Cette règle, qu'en arithmétique on nomme *règle d'alliage*, sert à faire connaître le prix moyen, qui doit résulter des différens prix de liqueurs, grains, métaux, etc., que l'on aurait mêlés ou fondus, pour en former une qualité moyenne.

§ 5. *Contributions indirectes, Octrois, etc.*

Si les droits sont établis d'après la valeur des objets déclarés, il faut, pour connaître la somme à percevoir, recourir à la règle du *centime par franc*, ci-dev. *pag.* 455. Ainsi, le droit sur les objets dont il s'agit étant, par exemple, de 16 centimes par franc de leur valeur, si cette valeur est de 45 fr. 60, il faut multiplier 45.60 par 16, et avancer le point de 2 chiffres ; le droit à payer est 7 fr. 30.

Si les droits se perçoivent d'après le poids, le nombre ou la contenance, à raison de tant par cent, par quintal, par hectolitre, etc., c'est par la multiplication qu'on détermine la somme à payer pour une quantité donnée. D'après les règles du calcul décimal, la multiplication se fait sans égard au point décimal, en observant seulement de séparer au produit autant de décimales qu'il y en a tant au multiplicande qu'au multiplicateur ; s'il se trouve plus de 2 décimales au produit, on supprime le surplus, en augmentant d'un le dernier chiffre, lorsque les chiffres supprimés ne sont pas des zéros.

Exemples : 1° Soit à percevoir le droit de 40 cent. par hectolitre, sur 37 *hectol.* 72 ; multipliez 3772 par 40, produit 150880 ; le droit est de 15 *fr.* 09.

2° Pour le droit de 12 fr. par quintal, sur 159 *quint.* 12 ; multipliez 15912 par 12, produit 190944 ; la somme à payer est de 1909 francs 44 centimes.

FIN.

TABLE DES MATIÈRES.

9 782016 137406